全国建筑院校毕业生就业指导丛书

建筑学毕业生
就业指导手册

黄春华　任　震　江海涛

谷　郁　李尊雨　李好明　**编著**

孙　杨

中国建筑工业出版社

图书在版编目（CIP）数据

建筑学毕业生就业指导手册 / 黄春华等编著. —北京：中国建筑工业出版社，2022.1
（全国建筑院校毕业生就业指导丛书）
ISBN 978-7-112-26997-6

Ⅰ.① 建… Ⅱ.① 黄… Ⅲ.① 建筑学–高等学校–毕业生–就业–手册 Ⅳ.① TU-0

中国版本图书馆CIP数据核字（2021）第266954号

增值小程序码

责任编辑：何　楠　徐　冉
书籍设计：锋尚设计
责任校对：赵　颖

全国建筑院校毕业生就业指导丛书

建筑学毕业生就业指导手册

黄春华　任　震　江海涛　谷　郁　李尊雨　李好明　孙　杨　编著

*

中国建筑工业出版社出版、发行（北京海淀三里河路9号）

各地新华书店、建筑书店经销

北京锋尚制版有限公司制版

北京君升印刷有限公司印刷

*

开本：787毫米×960毫米　1/16　印张：19¼　字数：334千字
2022年6月第一版　2022年6月第一次印刷
定价：**68.00**元（含增值服务）
ISBN 978-7-112-26997-6
（38794）

前言

　　2010年，为辅助建筑学专业学生开展建筑师业务实习，我们编写出版了《建筑学专业实习手册》，意在以简明扼要和通俗易懂的方式，解决学生实践中遇到的问题，帮助学生熟悉工作环境，了解所参与的工作内容和要求，找准工作定位，顺利开展业务实践，提高实习收效。

　　接到中国建筑工业出版社徐冉编辑对原实习手册的更新提议，此次更新变更书名为《建筑学毕业生就业指导手册》，以就业指导为题，涉及毕业生所关注的就业计划、工作单位、工作内容、执业要求、行业概况、建设项目、建设法规、建设标准等内容。鉴于近年来建筑行业的高质量发展需求和专业领域的整合拓展，建筑学毕业生面临更高的综合性专业技能要求和多元化择业趋势，从业单位包含了各类设计企业、房产开发企业、管理咨询公司及政府相关部门等，可从事的工作涉及咨询分析、产品研发、前期策划、技术设计、项目管理、设计管理等方面。本手册不仅系统介绍了建筑设计工作及其各阶段工作内容、程序和要求，还详细介绍了项目设计管理工作在项目前期策划与实施阶段的管理模式、组织流程及建筑设计工作的配合要求，在更新的设计案例部分，增加了目前推行的BIM应用设计案例，系统梳理了工程建设所涉及的相关现行法规、标准和标准设计，以便专业学生从设计、管理、法规等方面系统了解工作概况与要求，提高择业规划和执业认识水平。另外，作为增值服务，手册还检索收录了全国甲级建筑设计单位、房产开发一级资质单位名录，读者可扫码查询。

　　本书由山东建筑大学任教老师和山东省建筑设计研究院有限公司执业建筑师共同编写，参与编写的人员分工如下：任震，山东建筑大学建筑城规学院，第1章；江海涛，山东建筑大学建筑城规学院，第2章；谷郁，山东省建筑设计研究院有限公司，第3章；谷郁、李尊雨、孙杨，山东省建筑设计研究院有限公司，第4章；黄春华，山东建筑大学建筑城规学院，第5章并主持统稿；李好明，山东省建筑设计研究院有限公司，附录部分。

　　衷心感谢中国建筑工业出版社徐冉、何楠编辑对本书的策划；感谢山东省建筑设计研究院有限公司及韩少龙、王宗杰两位院长对编写工作的大力支持，感谢康翠霞、王书同、孙杨、王玉、刘光利、王大众、王安东等项目设计人员为本书提供了宝贵的案例资料，感谢王大众、李梦晗、李鑫田、王安东为第3、4章编制了图表；感谢山东建筑大学建筑城规学院寇俊涛、王钰同学在设计院分类与工作单位的选择中所做的工作，感谢王志杰同学在第2章中的文字整理工作，感谢庄丽宏、史文慧同学为梳理建设法规条文。此外，编写中参考了大量的专著、教材、图集等文献和网站信息，在此一并向相关作者、单位表示感谢。

　　由于作者水平有限，书中难免有疏漏与不足，恳请读者、同行专家学者批评指正。

目录

第 1 章

步入职业生涯的准备

在经历了大学四年的专业学习，完成了建筑学基本理论和相关知识、建筑设计方法和技能的学习之后，学生就要迎来五年级的建筑师业务实习和毕业设计两大实践教学环节了，其中建筑师业务实习是开始职业生涯的前奏。通过亲身参与具体的工程实际业务，锻炼对所学理论知识的应用能力，了解建筑师的业务内容，增进对所从事行业的感性认识，提高在社会中的综合适应能力，对以后的择业及从事专业领域的工作有着积极的影响。

去设计单位从事建筑、规划设计等相关工作是建筑学专业学生最主要的就业方向。在迈出走向社会的第一步时，我们应当为未来的职业发展进行哪些准备？本章主要就自身能力的检视和建筑行业的发展、工程建设项目的基本概况、注册建筑师制度与建筑师的职业内涵等几方面内容进行了阐述和介绍，以期对学生工作后的角色转换起到指导作用。

1.1 基本要求

学生步入职场前自我准备的基本要求主要有：技术准备、心理转变和时间安排三方面。

1.1.1 技术准备

1. 规范的掌握运用

学生通过在校学习对于民用建筑设计、建筑防火、建筑节能、居住区规划等方面常用的设计规范有了基本的了解，并掌握了一定的查阅和使用方法，但是对于实际的设计工作来说还远远不够，尤其是实际运用的经验和新知识的积累不足。另外，作为我国法律体系的重要组成部分，工程建设法规虽然也开设了专门的课程，但是由于缺少像规范、标准那样在建筑设计课程中的反复运用，因此，学生对它的重要性认知不够，也需要提前加以熟悉以更好地满足未来建筑师工作范畴的拓展需要（相关具体内容将在本书第5章展开）。

2. 软件的熟练使用

天正建筑、AutoCAD、SketchUp、Photoshop等基本设计软件以及Word、PowerPoint、Excel等Office办公软件是进行设计绘图和文本制作、编制汇报文件等最常用的工具。仅从以往学生在设计院实习后反馈的信息来看，即便是在学校时属于专业水平比较高的学生，经历实际工作之后，还是会暴露出作图熟练程度不够、制图不规范等问题。随着时代的发展，不断有更多的建模渲染软件被学生所偏爱和运用，如在处理复杂造型方面具有优势的Rhino（犀牛），配合Grasshopper等参数化建模插件，可以快速做出各种优美曲面的建筑造型，还有在渲染和动画处理方面具有强大功能的V-Ray和Lumion，在排版方面方便高效的InDesign等。此外，BIM（Building Information Modeling）技术作为一种应用于工程设计、建造、管理的数据化工具，是未来智能建造与建筑工业化协同发展的要求，在民用建筑设计中常用的Revit软件也被越来越广泛地应用。

1.1.2 心理转变

工作后带来的是从学校到社会的大环境转变，身边接触的人和事也转换了角色：老师变成老板、同学变成同事、课程设计变成真刀真枪……此外，在去工作之前，学生还普遍有一种不自信的表现，对自己在学校所学的知识和技能能否适应设计院的实际工作要求充满了困惑。

要适应这些变化，除了本身应具备基本的业务修养和加强自学能力以外，还有一个重要的方面就是积极地转变心态，学会去适应社会的要求，不再单纯用学生的眼光来看待问题。具体来说，一是要在实际设计任务中从做好专业技术服务出发，不能像在学校做课程设计时那么以自我为中心，要从业主和社会的角度分析、思考问题，做到换位思考，当然也不能违反职业道德和社会公平；二是要培养与人交流沟通、团队协作的能力，尤其在新的环境中，虚心向同事学习、真诚待人、遵守单位纪律等，都是非常必需的；三是对于设计院的工作节奏和压力要有充分的准备，保持良好的体魄和工作习惯。

1.1.3　时间安排

随着越来越多的学生把考研深造作为毕业后的首要选择，最后一年，学生普遍面临的一个问题是如何处理复习考研和设计院实习的关系。由于实习学期正好处于考研冲刺阶段，有些学生因为复习备考的缘故，往往不认真完成实习工作，出现实习时长不能满足要求、用非本人参与完成的图纸作为实习成果等问题。针对这一现象，除强调实习的重要性以引起学生重视以外，一个根本有效的办法就是将两件事作出统筹安排，合理分配好时间，或将两件事结合起来。比如灵活安排教学计划，将实习提前至7月份暑假开始，这样就可以在10月初结束三个月的实习工作，从而留出较为充足的考研复习时间；或者将实习地点选择在报考的学校所在城市，这样可以兼顾实习和考研复习。

1.2　工程建设项目流程与参与者

在城乡建设从增量拓展转为存量提升的转型期，城市更新将成为城市发展的主要方式。乡村振兴作为国家重大战略导向带动了建筑师的下乡服务，疫情带来了国家对于公共卫生的加大投入，扩大经济内循环促动了市政工程、文旅产业的发展，老龄化社会的加剧带来了健康养老等新的行业发展热点。另外，随着建筑行业的发展，设计市场的竞争越发激烈，建筑师的职业范畴分化越来越细致，所从事的具体工作也越来越专业，此时，对于未来的职业发展有了更多的机会和选择。以上工作都围绕着工程项目展开，通过对我国工程建设项目基本流程的总结，使学生了解国家的基本建设程序、工程建设项目的内容以及需要打交道的对象和各个工作环节中建筑师的作用，以尽快适应工作要求和角色转换。

1.2.1 工程建设项目简介[①]

工程项目是以工程建设为载体的项目，是作为被管理对象的一次性工程建设任务。它以建筑物或构筑物为目标产出物，需要投入一定的资本、按照一定的程序、在一定的时间内完成，并应符合质量要求。

1. 建设项目的组成

按照建设性质，建设项目可分为新建项目、扩建项目、改建项目、恢复项目；按照投资管理体制，建设项目可分为基本建设项目和更新改造项目。这里将重点对常接触的民用建设项目的有关概念进行阐述。

建设项目：经政府主管部门批准，能独立发挥生产功能或满足生活需要的建设任务，其经济上实行独立核算，行政上具有独立的组织形式，实行统一管理并严格按照建设程序实施，一般以一个企业、事业单位或独立工程作为一个建设项目。如工业建设中的一座工厂，民用建设中的一座医院、一所学校、一个小区等均为一个建设项目。

建设项目包括多种工程，根据编审建设预算、制定计划和会计审核的需要，建设项目一般划分为单项工程、单位工程、分部工程、分项工程。

单项工程：具有独立的设计文件，竣工后可以独立发挥生产能力或效益的工程。一个建设项目可由一个单项工程组成，也可由若干个单项工程组成。如一个工厂由若干个能独立发挥效益的车间组成，则一个车间就是一个单项工程。

单位工程：单项工程的组成部分，也是具有单独设计、独立施工条件的工程。一个单项工程一般划分为若干个单位工程。如在工业建设项目中，一个车间是一个单项工程，而车间的厂房建筑和设备安装则是单位工程。一个民用建筑工程可以细分为土建工程、水暖卫工程、电器照明工程等单位工程。

分部工程：单位工程的组成部分。它是建筑工程和安装工程的组成部分，是按照建筑安装工程的结构、部位或工序划分的。如一般房屋建筑可分为土方工程、地基与基础工程、砌体工程、地面工程、装饰工程等。

分项工程：分部工程的组成部分，是施工图预算中最基本的计算单位。它是

---

① 本节主要资料来源：工程项目管理［M］. 第五版. 北京：中国建筑工业出版社，2017.

按照不同的施工方法、不同材料的不同规格等，对分部工程的进一步划分。如钢筋混凝土分部工程，可分为现浇和预制分项工程。

2. 建设项目的分类

建设项目有多种分类：按项目总规模或计划投资可分为大型、中型、小型三类；按建设性质可分为新建、扩建、改建、迁建和恢复建设项目五种；按项目投资主体分为国家投资、地方政府投资、企业投资、合资和独资建设项目；按项目用途可分为生产性和非生产性建设项目。此外，按项目寿命又可分为临时性和永久性建设项目。一般常按工业与民用来划分，称工业建筑工程和民用建筑工程，其中民用建筑工程又可分为公共建筑和住宅建筑。

1.2.2 建设项目基本程序与审批流程

1. 工程建设项目的基本程序

工程建设项目的基本程序是指工程项目建设从策划、评估、决策、设计、施工到竣工验收、投入生产使用的全过程中，各项工作必须遵循的先后顺序的章程，是人们在认识客观规律的基础上制定出来的，是建设项目科学决策和顺利进行的重要保证。

我国的基本建设程序一般分为三大阶段，即投资决策前期、筹备建设中期和生产使用后期（图1-1）。各阶段又包括以下内容：前期主要是提出项目建议书、选定建设地址、进行可行性研究；中期包括开展各项设计，完成施工准备，组织建设施工，经负荷运转合格，进行竣工验收，交付使用；后期包括竣工投产和使用后的评价。

工程建设项目基本程序中各阶段工作内容如下：

1）项目建议书阶段

项目建议书是由项目投资方向其主管部门上报的文件，目前广泛应用于项目的国家立项审批工作中。它要从宏观上论述项目设立的必要性和可能性，把项目投资的设想变为概略的投资建议。项目建议书的呈报可以供项目审批机关作出初步决策，它可以减少项目选择的盲目性，为下一步可行性研究打下基础。

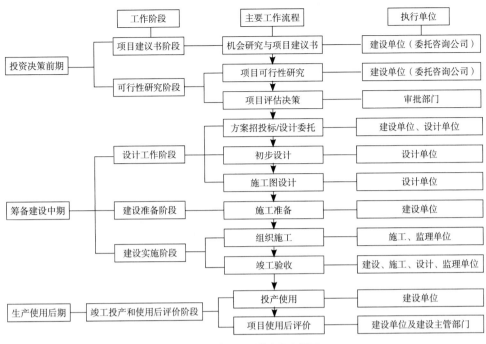

图1-1 建设项目基本程序简图

（来源：作者自绘）

2）可行性研究阶段

项目建议书经批准后，应紧接着进行可行性研究。可行性研究是对建设项目在技术上和经济上（包括微观效益和宏观效益）是否可行进行科学分析和论证工作，是技术经济的深入论证阶段，为项目决策提供依据。

可行性研究由有资格的设计机构或工程咨询部门承担，主要任务是通过多方案比较，提出评价意见，推荐最佳方案。

3）设计工作阶段

在项目建议书、可行性研究报告审批完成，最终立项之后，建设单位即可办理工程报建手续，进入工程设计阶段。

设计是编制出工程设计文件，对拟建工程的实施在技术上和经济上所进行的全面而详细的安排，是项目建设计划的具体化，是组织施工的依据。民用建筑工程一般分为三个阶段，即方案设计阶段、初步设计阶段和施工图设计阶段。技术上复杂而又缺乏设计经验的项目，在初步设计后增加扩大初步设计环节。

4）建设准备阶段

在报批各项开工手续的同时，主要准备工作包括：征地、拆迁和场地平整；完成施工用水、电、路等工程；组织设备、材料订货；准备必要的施工图纸；组织施工招标投标、择优选定施工单位，签订承包合同。

5）建设实施阶段

建设项目经批准开工建设，项目便进入建设施工阶段。这是项目决策实施、建成投产并发挥效益的关键环节。施工活动应按设计要求、合同条款、预算投资、施工程序和顺序、施工组织设计，在确保质量、工期、成本计划等目标的前提下进行，达到竣工标准要求，经验收后移交建设单位。竣工验收是工程项目建设程序的最后一道环节，是投资成果转入生产或作用的标志，是全面考核工程项目建设成果，检验设计和施工质量的重要环节。

在实施阶段还要进行生产准备。生产准备是项目投产前由建设单位进行的一项重要工作，是建设阶段转入生产经营的必要条件。

6）竣工投产和使用后评价阶段

建设项目使用后评价是工程竣工投产、生产运营一段时间后，对项目的立项决策、设计施工、竣工投产、生产运营等全过程进行系统评价的一种技术经济活动。它是工程建设管理的一项重要内容，也是工程建设程序的最后一个环节。它可以使投资主体达到总结经验、汲取教训、改进工作，不断提高项目决策水平和投资效益的目的。

2. 工程建设项目审批程序

为了创造良好的营商环境和进一步推进"放管服"改革有关工作，2019年3月国务院办公厅印发《关于全面开展工程建设项目审批制度改革的实施意见》，对工程建设项目审批制度进行全流程、全覆盖改革。《意见》中明确，工程建设项目审批流程主要划分为四个阶段：

1）立项用地规划许可阶段，主要包括项目审批核准、选址意见书核发、用地预审、用地规划许可证核发等；

2）工程建设许可阶段，主要包括设计方案审查、建设工程规划许可证核发等；

3）施工许可阶段，主要包括设计审核确认、施工许可证核发等；

4）竣工验收阶段，主要包括规划、土地、消防、人防、档案等验收及竣工验收备案等。

其他行政许可、强制性评估、中介服务、市政公用服务以及备案等事项纳入相关阶段办理或与相关阶段并行推进。每个审批阶段确定一家牵头部门，实行"一家牵头、并联审批、限时办结"，由牵头部门组织协调相关部门细化、完善相关配套政策和运行规则，提升并联审批、联合审图、联合验收等的效率，严格按照限定时间完成审批。

1.2.3 建设项目参与者

建设项目是由多个部门共同参与配合完成的，通常包括建设单位、项目咨询单位、勘察单位、设计单位、项目管理单位、施工和设备安装单位以及工程监理单位等。

1. 建设单位

既是建设项目的投资人又是组织监督者和执行者，在整个项目建设中起主导作用，履行基本建设工作的一切法律手续。

2. 项目咨询单位

遵循独立、科学、公正的原则，运用工程技术、科学技术、经济管理和法律法规等多学科的知识和经验，为投资方的工程建设项目决策和管理提供咨询活动的工程咨询企业，其工作包括前期立项阶段咨询、勘察设计阶段咨询、施工阶段咨询、投产或交付使用后的评价等。

3. 勘察单位

从事工程测量、水文地质勘察和岩土工程等工作的单位。建设工程勘察单位可为建设项目的设计实施提供准确可靠的建设场址基础资料。

4. 设计单位

各类设计咨询机构的总称。其基本任务是：根据批准的项目建议书、可行性报告等的要求和内容认真编制设计文件，并按规定时间提交建设单位，设计单位必须对拟建工程的设计质量全面负责；确定合理的设计方案，采用可靠的技术数据，采用的设备、材料等应切实可行；设计文件的深度应符合建设使用和规范、审批要求。除此之外，设计单位还应配合施工，提供解答设计疑问、了解实施情况、及时编制设计变更等各类现场服务。

5. 项目管理单位

代表建设单位对工程项目的组织实施进行全过程或若干阶段的管理和服务的工程管理企业。工程项目管理企业不直接与该工程项目的总承包企业或勘察、设计、供货、施工等企业签订合同，但可以按合同约定，协助业主与工程项目的总承包企业或勘察、设计、供货、施工等企业签订合同，并受业主委托监督合同的履行。

6. 施工和设备安装单位

各种从事建筑安装施工活动企业的总称。它包括土建公司、设备安装公司、机械施工公司及各种附属部门等。施工单位在项目建设中的基本任务是根据批准的项目建设计划、设计文件和国家制定的施工验收规范以及与建设单位签订的合同要求，具体组织、管理施工活动，按期完成项目建设任务，提供质量优良的建筑安装产品。

7. 工程监理单位

受建设单位的委托，依照国家相关法律法规和建设单位要求，在委托范围内对建设项目的实施过程，在工程质量、工程进度和工程投资等方面进行专业化监督管理的各类咨询监理机构的总称，一般不包括设计和设计过程管理。

以房地产开发建设项目为例，房地产开发是指在依法取得国有土地使用权的土地上，按照城市规划要求进行基础设施、房屋建设的行为。长期以来，我国强调计划经济为主，国家在房地产投资方面一直占据垄断地位。随着市场经济体制的确立，国家对房地产市场的垄断逐步削弱，从而让位于民间投资，但这不等于国家不再投资于房地产市场，相反，国家在大型的基础工程、基础设施工程中仍然是主要的投资者。

房地产开发与城市规划紧密相关，是城市建设规划的有机组成部分。为了确定城市的规模和发展方向，实现城市的经济和社会发展目标，必须合理地制定城市规划和进行城市建设，以适应社会主义现代化建设的需要。

从行业发展的角度来看，新型城镇化的持续推进将继续赋予房地产业多元化发展机遇。2021年4月27日，国务院总理李克强主持召开国务院常务会议即明确提出，支持县域商业设施建设，完善县域商业设施建设的用地、金融等政策。户籍制度改革的不断深入和人才争夺战的日趋激烈，也将持续赋予房地产市场发展活力。与此同时，房地产市场分化也将由城市继续下沉至区域。未来中国房企因为资本带来的利润要求，一定会格外重视产品和服务，而这来于非常精细化的经营提升和专业分工，因此，未来"投资商、开发商、运营商、服务商"分离是大势所趋，这个阶段房地产行业已经度过拐点，开始进入逐步收缩阶段，这个阶段企业需要围绕房地产核心主业开展周边新业务，从而维持企业稳健增长。因此，在这一背景下，建筑师将会在房地产项目建设中发挥越来越重要的作用。

1.3 设计单位

从事建筑、规划设计等相关工作是建筑学专业学生最主要的就业方向。随着建筑业外部市场分化、行业内部分工细化和房地产业进入平稳发展期，对设计单位的改制、业务转型等产生了巨大的影响。本节主要对占据国内设计市场主体份额的民用建筑设计领域内单位，就发展历程、经营方式、资质等级、业务范围等进行了分类总结，并对学生选择设计单位的程序和技巧作了较为全面的介绍，以供学生就业参考。

1.3.1 发展历程

我国勘察设计行业是借鉴苏联的模式发展起来的。初期，为适应国家计划经济建设的需要，国务院生产性部门成立了一批部门所属勘察和设计单位，其主要职责是为部门项目决策提供科学依据，对本部门拟建项目进行技术经济分析、规划、选址，为工程建设编制各个阶段的设计文件，配合项目施工，并参加试运转和竣工验收。

改革开放以后，勘察设计单位实施了企业化管理，1984年国家计委颁布了工程设计和工程勘察取费标准，全国大部分勘察设计单位实行了技术经济责任制，通过勘察设计单位与建设单位之间所形成的供需关系和价值的交换，逐步建立起了勘察设计市场。1995年国务院颁布的《中华人民共和国注册建筑师条例》确立了建筑师执业注册制度，随后注册结构师、注册城市规划师（现名"国土空间规划师"）制度也相继建立，勘察设计按市场机制运作已逐步成熟。1997年颁布的《中华人民共和国建筑法》、2000年国务院颁布的《勘察设计管理条例》，从法律上对勘察设计作为经济社会中的一个行业给予了确认。

随着时代的发展，改制与上市已经成为设计公司实现快速发展的重要推动力，上市也为设计公司的持续高速发展创造了条件。以2018年之前上市的25家A股设计公司为例，在改制至上市前的时间内，净资产的平均年复合增长率高达37.62%[①]。设计院在由事业单位改制后，员工激励更加到位、企业活力被充分激发是大部分公司取得净资产快速增长的主要原因。

1.3.2 经营方式与专业特色

从未来的发展趋势来看，技术力量不占优势、只输出普通住宅施工图等产品的低附加值生产型设计院，因设计收费低，难以留住人才，发展前景堪忧。如一些地方设计院，短时期依靠服务意识好，各专业齐全，还能够继续生存。而在某方面专而精的专业型设计院，未来会有更好的发展动力，如主打医疗建筑、文旅康养、城市综合体等的设计院。被多样化市场需求认可的个性强烈的先锋实验型设计事务所，依然还有很多机会。北上广一线城市的方案创意型设计公司，继续以高附加值的设计产品处于行业上游，占领市场并与国外事务所形成竞合关系。

---

① "见微知筑"建筑细分行业深度解读系列二，华泰证券研究所（2018.3）

我国目前的设计单位中，按照其经营组织形式，存在独资、合伙人制、股份制公司、国营设计院和境外事务所在国内的分支机构等多种模式，起到了共同繁荣设计市场的作用。

1. 独资

独资是一种最简单的经营形式，经营的决策全部由一个人作出，利润和风险全归一个业主，适用于著名建筑师个人的独立开业和独立经营，最早如获得全国建筑设计大师称号的著名建筑师陈世民与1996年创立的陈世民建筑师事务所。

2. 合伙人制

合伙人制公司是设计事务所常见的组织形式，一度是西方国家存在数量较多、发展最为稳健的设计公司形式。传统的合伙人制是由两个以上的合伙人共同管理公司，分享公司利润和承担损失，每个合伙人都享有平等的决策权和投票权。例如美国著名的大型设计事务所SOM、KPF等，事务所的名字都是以合伙人的名字首字母缩写组成的。

不可否认的是，这种无限责任公司的传统合伙人制对建筑师有极大的挑战，一旦发生意外，不仅会倾家荡产，还会连累所有的合伙人，因此"有限合伙制"作为一种新型的企业形式逐渐占据建筑事务所。所谓有限合伙制，是将合伙人和有限责任相结合的一种企业性质，在这种形式下，如果企业出现问题，由图纸上签字的合伙人承担法律责任，其他合伙人不承担刑事责任，由公司承担经济责任，全体合伙人按照占有公司股份的数额来享受收益及分担赔偿金额，这比传统的无限责任的合伙人制更易控制风险和保障合伙人的利益。当代合伙人制中国建筑事务所开始于20世纪90年代中期，首先在上海、深圳、广州三个城市试点，是在国家改革体制，实行现代企业制度，加强竞争、繁荣创作的前提下展开的。

为学生所熟知的MAD建筑事务所于2002年由建筑师马岩松创立于美国，2004年转移至北京，建筑师早野洋介、党群先后加入成为合伙人。MAD的实践立足于中国，又具有极强的国际性，着眼于现实社会和城市问题，拥有塑造未来的理想。2006年，MAD赢得了加拿大多伦多的超高层建筑——梦露大厦的国际公开竞赛，成为第一个获得国际大型建筑设计权的中国建筑设计事务所。

3. 股份制公司

股份制是适应社会化大生产和市场经济发展需要、实现所有权与经营权相对分离、利于强化企业经营管理职能的一种企业组织形式，这是目前国有设计院实现改制的主要形式。例如原为济南市直属科研机构的济南市建筑设计研究院于2001年实施改制，成立了完全由职工持股的有限责任公司，成为民营科技型企业，改制后更名为济南同圆建筑设计研究院有限公司，随着企业的发展壮大，业务开始向省外拓展，后更名为同圆设计集团有限公司。

4. 国营设计院

国营设计院沿袭于计划经济时代的一种大而全的设计院模式。为了适应市场经济的需求，自20世纪90年代以来，国营设计院逐步开始了体制改革，由原有的设计单位逐步过渡到股份制等其他形式。以中国建筑设计研究院有限公司为例，目前已基本形成了集设计、技术、科研于一体的集团化产业构架，包括建筑工程设计与咨询、城镇规划与城市设计、EPC工程总承包与咨询、风景园林与景观规划、建筑历史研究与文化遗产保护、科研与技术转化等六大业务板块。实力雄厚的大型国营设计院承担了许多大型的公共建筑项目，如中国建筑设计研究院有限公司在雄安新区、北京城市副中心、2022年北京—张家口冬奥会场馆等国家重大任务中承担了重要的设计工作，除此之外，还是国家建设主管部门重要的技术支撑单位。

5. 境外事务所在国内的分支机构

在我国如愿加入WTO的同时，也加速了我国建筑设计行业与国际接轨的步伐，勘察设计行业壁垒逐渐被打破，越来越多的国外设计机构瞄准了中国这块建筑设计宝地，纷纷在中国设立分支机构或者以与国内的大中型设计院进行合作、合资的形式进入中国市场。2009年7月27日，住建部公告第364号显示，全外资夏恩尼曦（上海）建筑设计事务所有限公司获得建筑设计事务所甲级资质，这是境外设计机构首次在国内获此资质。它标志着我国建筑设计行业的改革开放正在进一步深化，也预示着境外设计机构在我国将获得跨越式的发展。

现在可以看到很多城市的标志性建筑都是出自境外建筑师之手，这些境外设计机构在设计理念、人才储备，还是在管理模式、运作机制上，都具有一定优势，在一些大型项目上与本土企业形成了竞争，同时也通过其成熟精致的职业服务、国际化的视野和经验以及鲜明的个性和设计创新能力而引发了一些大中型设计院在体制、管理、技术等多方面的变革。

此外，按照业务经营范围，设计单位还可分为城市规划、建筑工程、人防工程、市政公用、园林绿化、电力电信、广播电视、邮政工程等专项或综合设计单位，除了设计行业内具有特殊工艺流程要求的工业建筑以外，专项设计院越来越多地涉足民用建筑设计领域，建筑师得以发挥的空间越来越大。

1.3.3 资质等级与业务范围

《中华人民共和国建筑法》第十三条规定：从事建筑活动的建筑施工企业、勘察单位、设计单位和工程监理单位，按照其拥有的注册资本、专业技术人员、技术装备和已完成的建筑工程业绩等资质条件，划分为不同的资质等级，经资质审查合格，取得相应等级的资质证书后，方可在其资质等级许可的范围内从事建筑活动。

建设部于2007年3月根据《建设工程勘察设计管理条例》和《建设工程勘察设计资质管理规定》修订的《工程设计资质标准》中将资质分为四个序列：

1. 工程设计综合资质

工程设计综合资质是指涵盖21个行业的设计资质。

2. 工程设计行业资质

工程设计行业资质是指涵盖某个行业资质标准中的全部设计类型的设计资质。

3. 工程设计专业资质

工程设计专业资质是指某个行业资质标准中的某一个专业的设计资质。

4. 工程设计专项资质

工程设计专项资质是指为适应和满足行业发展的需求，对已形成产业的专项技术独立进行设计以及设计、施工一体化而设立的资质（表1-1）。

　　工程设计综合资质只设甲级。工程设计行业资质和工程设计专业资质设甲、乙两个级别。根据行业需要，建筑、市政公用、水利、电力（限送变电）、农林和公路行业可设立工程设计丙级资质，建筑工程设计专业资质设丁级。建筑行业根据需要，设立建筑工程设计事务所资质。《建筑工程设计资质分级标准》将建筑工程设计专业资质分为甲、乙、丙三个级别，其中甲级设计单位承担建筑工程设计项目的范围不受限制。工程设计专项资质包括建筑装饰工程设计、建筑幕墙工程设计、轻型钢结构工程设计、建筑智能化系统设计、照明工程设计、消防设施工程设计等专项工程设计业务，可根据行业需要设置等级。取得某等级的建筑设计专项资质的建筑设计单位，则获得该等级的所有建筑设计专项资质[①]。

　　具有特殊意义的是工程设计综合甲级资质为首次设立，目的是推动大型设计企业向工程总承包和工程项目管理方向发展。获得该资质的企业必须满足资历和信誉、技术条件、技术装备及管理水平等方面的要求。获得该资质的大型设计院可以承接包括化工石化医药、石油天然气、电力、冶金、铁道、公路、电子通信广电、民航、市政、建筑等我国工程设计行业划分表中全部21个行业的设计业务。工程设计综合甲级资质可以说是我国工程设计企业资质中等级最高、涵盖业务领域最广、条件要求最严的资质。截至2019年9月30日，依据住建部"全国建筑市场监管公共服务平台"收录的数据，共有78家工程设计综合甲级资质企业，在全国2万多家勘察设计类企业中可谓寥寥。其中有35家同时具备工程勘察综合甲级资质，32家同时具备施工总承包资质，16家兼具工程设计综合甲级资质、工程勘察综合甲级资质以及施工总承包资质（表1-1）。

工程设计资质分类　　　　　　　　表1-1

所属	领域	类型	行业	专业	专项
工程咨询	包含建筑、规划等30个专业	甲、乙、丙级	可从事业务包括：规划咨询、编制项目建议书、编制项目可行性研究报告、项目申请报告、资金申请报告、工程设计、工程项目管理		
规划	城乡规划编制	甲、乙、丙级			

---

① 《工程设计资质标准》，中华人民共和国住房和城乡建设部，2007年3月29日施行。

所属	领域	类型	行业	专业	专项
勘察设计	勘察	甲、乙、丙级			
	设计施工一体	一、二级	指建筑行业下的6个专项可以兼设计与施工，最常见的是建筑智能设计施工一体化和幕墙设计施工一体化		
	设计	综合资质（甲级）	包含21个行业		
		行业资质（甲、乙、丙级）	煤炭、化工石化医药、石油天然气（海洋石油）、冶金、军工、机械、商物粮、核工业、轻纺、铁道、民航、农林、水利、海洋		
			电子通信广电		
			建材		
			电力		
			公路		
			建筑	人防工程	
				建筑工程（行业）	建筑装饰
					建筑幕墙
					轻型钢结构
					建筑智能化系统
					照明工程
					消防设施
			市政	给水工程	
				排水工程	
				城镇燃气工程	
				热力工程	
				道路工程	
				桥梁工程	
				城市隧道工程	
				公共交通工程	
				载人索道	
				轨道交通工程	
				环境卫生工程	
		专项资制（甲、乙、丙级）			风景园林

1.3.4 组织模式与机构设置

综合所与专业所是国内建筑设计院的两种常见组织模式（表1-2）。

国内传统型的建筑设计院基本上都采取综合所的模式。在综合所模式下，各专业生产资源按各业务类型的需要，分别配置到各个独立的二级综合所（院）内，管理资源也根据各业务类型的需要大量配置到二级综合所（院）中，由各综合所（院）负责本个体内所有项目的计划管理，并利用二级综合所（院）内的各专业生产资源完成项目生产任务。而专业所则是借鉴了境外设计事务所高度专业化分工的组织模式。在专业所模式下，专业生产资源按专业集中配置在各个专业所内，管理职能集中配置在院级部门，由院级职能部门完成对所有项目的计划管理，各专业所按院生产作业计划要求与其他专业所配合完成本专业的设计生产任务。用一句话简单来说，也就是一个综合所内包括建筑、结构、机电、设备等各专业工种，一般的设计任务在一个综合所里面就能够单独完成，而专业所是全部由其中某一专业组成的，一个完整的设计任务需要由几个专业所共同配合完成。

设计院组织模式 　　　　　　　　　　　　表1-2

模式	优点	缺点
综合所	人员配备全面，能独立运作完成各类生产项目，可统筹协调设计院生产资源，提升项目管理能力，有利于为客户提供长期稳定的服务	更专注于管理能力与业绩的增长，各专业疲于应付诸多的生产项目，而对专业能力、技术进步等方面的关注则不如专业所模式，有的综合模式甚至会严重破坏设计院的专业能力建设
专业所	专业所的管理人员除了组织好本室员工完成设计任务外，还有更多精力关注本专业的技术能力建设，打造优势	人员分配、协调、管理方面成本大，不利于项目管理能力建设；各专业所独立运营，本部门利益高于设计院整体利益，各专业所相对独立，各专业衔接不畅；本专业人员难以深入了解其他专业的工作，不利于培养复合型的高端专业人才
工作室	主创建筑师有稳定的团队合作，可提高工作效率，团队有共识，有利于创作水平的发挥，突出个人品牌，以此来让设计院形成更强的整体品牌效应，彰显设计院的影响力	在特殊的项目上，个人风格受限制，需要注重当地的风格和需求

除此之外，参照国外建筑师事务所建立以知名建筑师为首的建筑师工作室制度业已成为国内设计院集中优势、增强自身行业影响力的举措。

国内建筑设计院目前大致可以按照其影响的地域范围和企业自身定位分为三大类：一是立足于全国竞争的大院，这一类设计院已经不满足于仅仅在局部地区获得竞争优势，如中国建筑设计研究院有限公司、上海现代建筑设计集团等；二是区域性的大院，此类设计院在其所在的省及邻近省份具有相当的竞争力，目前大部分二线城市的原省级建筑设计院或少部分发展较快的原地级设计院比较适合这一类型；三是地方性的建筑设计院，此类设计院主要由大量的原地级和县级设计院构成。

随着经济水平的提高、建筑市场的细分，人们对于专业类建筑的功能、使用的要求也越来越高，导致建筑设计日益趋向于专业化，办公建筑、体育场馆、旅馆建筑、文化教育、医疗卫生、交通市政、工业建筑等每一领域的专业化要求都大大提高，要求设计者不仅应拥有基本的设计技能等基础专业能力，还应该在某一领域内有所钻研，在设计知识和经验上有一定的深度。比如现在医疗建筑的业主在选择设计单位时，就会倾向于在医疗建筑方面有丰富经验的设计院以及要求设计者有相应的工程设计经验。目前，已有很多建筑设计院在市场对象细分方面迈出了成功的一步。比如深圳华森建筑与工程设计顾问有限公司在住宅设计方面就做到了专业细分、品牌强化，年产值70%以上是住宅建筑设计；再比如何镜堂院士领衔的华南理工大学建筑设计研究院，在国内大学校园规划设计方面已经打出了品牌。

在和境外机构竞争的过程中，国内设计龙头企业积极整合自身资源，提高规模效应。以中国建筑设计研究院有限公司（以下简称中国院）的发展轨迹为例来看：2003年，对原有的组织架构进行全面调整，组建建筑院、结构院、机电院、环艺院，还成立了以崔愷、李兴钢等主持建筑师姓名来命名的多个工作室。调整后，咨询、规划、建筑、室内、园林景观、电气智能化、房地产等专业形成了一条完整的设计产业链，由原来的纵向并列结构变为横向并列结构，由综合走向专业，项目在各专业院之间的管理、协调由管理中心统筹安排，专家工作室为生产、科研单位，财务独立核算。从中国院这一组织模式的调整情况来看，调整后各专业工种独立成个体单元，更加强调各专业设计部分的特色专长。到2021年，建筑院已经发展为五个分院，结构、机电等设计院整合为工程设计研究院，下设"九所一中心"，分别为3个结构专业所，2个给水排水专业所，2个暖通空调专业所，2个电气专业所以及工程咨询研究中心。随着经济水平的提高、建筑市场的细分，人们对于专业类建筑的功能、使用要求也越来越高，建筑设计日益趋向于专业化，为了应对市场的变化，中国院建立了医疗科研建筑、空港发展等专业类建筑设计研究所。针对近些年开始逐渐发展的EPC模式，还成立了EPC咨询事业部[①]。

以同圆设计集团有限公司为例，其面对的主要竞争对手还是区域性和其他地区性设计院，竞争力主要体现在快速的反应过程以及更精准和个性化的市场服务能力上。在这种形式下，大多数还在采用原有的综合所模式或者综合所+专业所的模式。在建筑设计方面，有设计一院、二院、三院等综合所模式的分部，也有卫东（建筑）工作室、文斌（建筑）工作室等以建筑方案设计为主导的工作室。除此之外，设计院逐渐向专攻模式转变，拥有人居环境、医疗医养、装配式建筑、BIM研究中心等专业型院所[②]。

1.3.5　专业分工及岗位职责[③]

国内设计院内部机构一般由三大部分组成：经营管理部门、设计生产部门和辅助部门。其中建筑、规划部分是设计单位的生产部门，也是设计人员就业的主要部门。在综合性民用建筑设计单位中，建筑是龙头专业，其他专业还有结构、给水排水、暖通、电气等。以小区设计为例，各专业分工如表1-3所示。

设计院各专业分工　　　　　　　　　表1-3

专业	分工
建筑专业	小区规划总平面；竖向设计；道路及交通规划；绿化规划；建筑的位置图；总平面图；道路设计；竖向设计；绿化设计及建筑小品；建筑平面、剖面、使用功能划分、防火分区划分及管线综合图；建筑构造大样如隔热层做法、防水层做法、墙身做法、天棚构造、室内一般装修及栏杆扶手等
结构专业	砖石结构、砖混结构、钢筋混凝土结构、钢结构的计算与设计

① 中国建筑设计研究院有限公司网站：https://cadg.com.cn/
② 同圆设计集团有限公司网站：http://www.tyjt.net/
③ 中国建筑标准设计研究院，北方工业大学建筑学院. 国家建筑标准设计图集05SJ810建筑实践教学及见习建筑师图册［M］. 北京：中国计划出版社，2005.

专业	分工
给水排水专业	小区的给水、排水、污水处理规划（市政所承担的除外）；小区的室外给水排水管网、消防管网、加压泵、小型污水处理；室内生活给水、热水系统、饮水系统的管网，加热系统和处理工艺；生活排水、雨水排水系统管网，局部污水处理，中水系统管网及处理；消防水系统，各种特殊消防系统，灭火器配置
暖通专业	采暖及空气调节系统；通风换气系统；制冷机房；冷却水循环系统；消防排烟系统与燃气供应
电气专业	小区供电规划、电信规划；变配电房设计、柴油发电机房设计；照明、防雷接地；动力配电及控制；火灾自动报警系统、音响广播；保安监视、有线电视

　　一份完整的专业设计文件要经过各专业设计人员的共同合作才能完成，同时还有校对、审核、审定这些严格的三级校审来保证质量，具体工作内容、任职资格、职责权限详见表1-4。

设计院人员分工和主要岗位职责　　　　表1-4

	工作内容	任职资格	职责权限
设计总负责人	设计总负责人是工程项目设计的技术负责人，对项目的综合质量全面负责	应由具有一级注册建筑师执业资格的专业人员担任	1. 在设计工作中贯彻执行有关设计工作的政策、规范、标准、法规及本院的质量管理体系文件； 2. 根据下达的设计任务，编写《设计策划表》，负责编制《专业配合进度表》； 3. 组织各专业负责人对建设方提供的设计资料进行验证，组织设计人员考察现场； 4. 组织各专业设计人员及时、有效地互提设计资料，协调各专业之间的技术问题
专业负责人	配合设计总负责人组织和协调本专业的设计工作，对本专业设计项目负主要责任	应由具有注册建筑师资格的专业人员担任	1. 执行本专业应遵守的标准、规范、规程及本单位的技术措施，完成设计项目本专业部分策划报告，编制本专业技术条件； 2. 负责验证建设单位和外专业提供的设计资料，并及时反馈有关设计资料，做好专业之间的配合工作； 3. 依据各设计阶段的进度控制计划制定本专业相应的作业计划和人员配备计划，组织本专业各岗位人员完成各阶段设计工作，完成图纸的验证，参加会审、会签工作，并在图纸专业负责人栏内签字； 4. 承担创优项目时，负责制定和实施本专业的创优措施； 5. 进行施工图交底，负责处理设计更改，解决施工中出现的有关问题，履行洽商手续，参加工程验收，服务总结专业性工程回访； 6. 负责收集整理本专业设计过程中形成的质量记录，设计文件归档

	工作内容	任职资格	职责权限
设计人	在专业负责人指导下进行设计工作，对本人的设计进度和质量负责	应由具有初级及以上专业技术职称的专业人员担任	1. 根据专业负责人分配的任务熟悉设计资料，了解设计要求和设计原则，正确进行设计，并做好专业内部和与其他专业的配合工作； 2. 配合专业进度，制定详细的作业计划，并按照岗位要求完成各阶段设计、自校工作，减少差错； 3. 做到设计正确无误，选用计算公式正确、参数合理、运算可靠，符合标准、规范、规程及本单位技术措施； 4. 正确选用标准图及重复使用图，保证满足设计条件； 5. 受专业负责人委派下施工现场，处理有关问题，处理结果及时向专业负责人汇报，工程修改及洽商应报专业负责人和审核人审核并签字
校对人	在专业负责人指导下，对设计进行校对工作，负责校对设计文件内容的完整性	应由具有中、高级技术职称或具有注册建筑师资格的专业人员担任	1. 校对人应充分了解设计意图，对所承担的设计图纸和计算书进行全面校对，使设计符合正确的设计原则、规范、本单位的技术措施，数据合理，避免图面错、漏、碰、缺； 2. 协调本专业与有关专业的图纸，协助做好专业间的配合工作，把好质量关； 3. 对在校对中发现的问题提出修改意见，督促设计人员及时处理存在的问题； 4. 填写《校对审图记录单》，对修改的内容进行验证合格之后，在图纸校对栏内签字，设计人如无正当理由拒绝修改，校对人有权不在图纸校对栏内签字
审核人	审核人按照作业计划审核设计文件（包括图纸和计算书等）的完整性及深度是否符合规定要求，设计文件是否符合规划设计条件和设计任务书的要求以及是否符合审批文件的要求	应由具有中、高级技术职称或具有注册建筑师资格的专业人员担任，其中大型、复杂项目必须由具有高级技术职称或具有一级注册建筑师资格的专业人员担任	1. 审核设计文件是否符合方针政策以及工程所在地区的标准、规程、规范以及本单位的技术措施，避免图面错、漏、碰、缺； 2. 审查专业接口是否协调统一，构造做法、设备选型是否正确，图面索引是否标注正确、说明清楚； 3. 填写《校对审图记录单》，对修改的内容进行验证合格之后，在图纸审核栏内签字，设计人如无正当理由拒绝修改，审核人有权不在图纸审核栏内签字

	工作内容	任职资格	职责权限
审定人	负责指导本专业的设计工作，并决定设计中的重大原则问题，审定本专业统一的技术条件	应由总建筑师或副总建筑师，或指定具有一级注册建筑师资格的专业人员担任	1. 审定工程项目设计策划、设计输入、设计输出、设计评审、设计验证、设计确认等各项程序的落实； 2. 审定设计是否符合规划设计条件、任务书、各设计阶段审批文件、标准、规范、规程及本单位技术措施等； 3. 审定设计深度是否符合规定要求，审查图纸文件及记录表单是否齐全； 4. 评定本专业工程实际成品质量等级； 5. 对审定出的不合格品进行评审和处置； 6. 填写《校对审图记录单》，修改的内容验证合格之后，在图纸审定栏内签字，如设计人、专业负责人、设计总负责人无正当理由拒绝修改，审定人有权不在图纸审定栏内签字

1.4 建筑学教育与注册建筑师

要成为一名注册建筑师，要经历从学校教育到一个规定阶段的从业之后，通过国家的注册建筑师考试方可实现。本节对我国的建筑学教育及注册建筑师制度、考试和执业职责等进行了介绍。

1.4.1 建筑学教育

我国对现代意义的建筑学的引进以及建筑师的建筑设计与服务活动、建筑教育的开展始于清末，成型于20世纪20—30年代，一批留学西方学习建筑学的人员归国后开创了中国最早的现代建筑教育，如老一辈建筑教育家梁思成、刘敦桢、杨廷宝等人。尽管我国现代建筑教育起步较晚，且在发展的过程中深受西方老学院派和前苏联新学院派模式的影响，但我国的建筑教育一直在探索一条适合中国国情的兼容并蓄的发展道路，历代建筑教育工作者都为此付出了心血。改革开放以来，经济社会的繁荣发展，更是为建筑学的发展带来了巨大的推动力，在这一背景下，建筑学专业教育率先在我国高等教育领域与国际接轨的道路上迈出了可喜的一步。1992年6月，国务院学位委员会第十一次会议原则通过了《建筑学专业学位设置方案》，确定了中国高等院校建筑学专业学位的授予首先从5年制建筑学本科专业教育质量评估开始，并以此作为建筑学专业学位的授予标准。

专业学位作为具有职业背景的一种学位，是为培养特定职业的高层次人才而设立的。除涉及学术水平外，更重要的是具有很强的职业针对性。建筑师是与人民生命和财产安全密切相关的职业，因此，世界上很多国家都设立了相应的建筑学专业学位。

借鉴西方国家的建筑学教育评估制度，通过专业教育评估建立起科学合理的建筑学专业教育的教学计划和课程体系，使之与我国社会经济发展相适应，并与发达国家的建筑教育标准相协调，为与世界上其他国家相互承认同等专业的评估结论及相应学历创造条件。2008年4月9日，经中华人民共和国住房和城乡建设部、国务院学位委员会办公室批准，全国高等学校建筑学专业教育评估委员会与英联邦建筑师协会、英国皇家建筑师学会、美国建筑学教育评估委员会、加拿大建筑学教育认证委员会、韩国建筑学教育评估委员会、澳大利亚皇家建筑师学会、墨西哥建筑学教育评估委员会，在澳大利亚堪培拉共同签署了《建筑学专业教育评估认证实质性对等协议》。

《建筑学专业教育评估认证实质性对等协议》的主要内容是：①签约各方相互承认对方的建筑学专业教育评估认证体系具有实质对等性；②签约各方相互认可对方所作出的建筑学专业教育评估认证结论；③经签约成员评估认证的建筑学专业点，在专业教育质量等各主要方面具有可比性，达到签约各方相互认可的标准；④经任一签约成员评估认证的建筑学专业学位或学历，其他签约成员均予承认[①]。

《建筑学专业教育评估认证实质性对等协议》的签署，标志着我国建筑学专业教育评估实现了国际互认，有利于我国建筑学专业人才取得国外注册建筑师执业资格，进入国际建筑市场。截至2020年12月，全国共有71所高等院校开办的建筑学专业通过了本科教育评估，获得了建筑学学士学位授予权。

---

① 中华人民共和国住房和城乡建设部.建学评公告［2008］第1号. 2008.

1.4.2　注册建筑师制度

注册建筑师，是指经考试、特许、考核认定取得中华人民共和国注册建筑师执业资格证书，或者经资格互认方式取得建筑师互认资格证书，依法登记注册，取得中华人民共和国注册建筑师注册证书和中华人民共和国注册建筑师执业印章，从事建筑设计及相关业务活动的专业技术人员。国家对从事人类生活与生产服务的各种民用与工业房屋及群体的综合设计、室内外环境设计、建筑装饰装修设计，建筑修复、建筑雕塑、有特殊建筑要求的构筑物的设计，从事建筑设计技术咨询，建筑物调查与鉴定，对本人主持设计的项目进行施工指导和监督等专业技术工作的人员，实施注册建筑师执业资格制度。

我国的建筑师注册制度形成较晚，是在我国顺应经济全球化潮流、主动参与国际竞争与合作的背景之下，借鉴欧美的建筑师注册制度后开始实施的。1994年2月成立了全国注册建筑师管理委员会，负责承办建立注册建筑师制度的各项事宜并开始试行职业建筑师注册考试制度。1995年9月23日国务院第184号令颁布了《中华人民共和国注册建筑师条例》[①]，并在同年正式实施职业建筑师注册考试制度。1997年试行、1999年1月1日开始正式实施的注册建筑师制度，使建筑师在职业教育、职业考试、职业注册、职业立法等一系列活动之后，得到了社会的正式认可。

考虑到国情，我国注册建筑师分为一级和二级注册建筑师。一级注册建筑师严格按照国际标准实行，以使其能同国际接轨，得到国际互认，其执业范围不受建筑规模和工程复杂程度的限制。二级注册建筑师适当降低了标准，执业范围只限于国家规定的民用建筑工程等级分级标准三级（含三级）以下项目。

首批两个等级的注册建筑师均由考核认定产生，之后要取得注册建筑师执业资格必须先参加相应等级的注册建筑师执业资格考试，考试合格取得相应的注册建筑师资格后才能申请注册。

注册建筑师考试实行全国统一考试，由全国注册建筑师管理委员会统一部署，每年进行一次。1994年10月在辽宁省范围内进行了一级注册建筑师试点考试，1995年1月建设部与人事部联合下发《全国一级注册建筑师考试大纲》及《一

---

① 该条例在2019年4月23日修订。

级注册建筑师考核认定条件的规定》。首次全国范围的一级注册建筑师考试于1995年11月11—14日在全国31个考点进行，来自美国、英国、日本等国家的专家团观摩了考试工作。二级注册建筑师试点考试于1995年在辽宁省、浙江省和重庆市进行，《二级注册建筑师考试大纲》及《二级注册建筑师考核认定条件的规定》于1995年10月由全国注册建筑师管理委员会印发，首次考试于1996年3月16—17日举行。

《全国一级注册建筑师资格考试大纲（2002年版）》规定，一级注册建筑师考试现分为九个科目：设计前期与场地设计（知识）；建筑设计（知识）；建筑结构；建筑物理与设备；建筑材料与构造；建筑经济、施工及设计业务管理；建筑方案设计（作图）；建筑技术设计（作图）；场地设计（作图）。2021年，全国注册建筑师管理委员会对《全国一级注册建筑师资格考试大纲（2002年版）》进行了修订，形成《全国一级注册建筑师资格考试大纲（2021年版）》，2023年度正式实施，其中一级注册建筑师考试从九个科目改成六个科目，对部分科目进行了整合，分别为：设计前期与场地设计（知识）；建筑设计（知识）；建筑结构、建筑物理与设备（知识）；建筑材料与构造（知识）；建筑经济、施工与设计业务管理（知识）；建筑方案设计（作图）（表1-5）。

一级注册建筑师考试科目与时间表　　　　表1-5

级别	考试时间	题型	科目
一级	2.5 小时	单选	设计前期与场地设计
	3.5 小时	单选	建筑设计
	4.0 小时	单选	建筑结构、建筑物理与设备
	2.5 小时	单选	建筑材料与构造
	2.5 小时	单选	建筑经济、施工与设计业务管理
	6.0 小时	作图	建筑方案设计

二级注册建筑师考试现分为四个科目：建筑构造与详图（作图）；法律、法规、经济与施工；建筑结构与设备；场地与建筑设计（作图）（表1-6）。

一、二级注册建筑师资格考试为滚动管理考试。一级注册建筑师考试的科目考试合格有效期为8年，在有效期内全部科目考试合格的，由全国注册建筑师管理委员会核发国务院建设主管部门和人事主管部门共同用印的一级注册建筑师执业资格证书；二级注册建筑师考试的科目考试合格有效期为4年，在有效期内全部科目考试合格的，由省、自治区、直辖市注册建筑师管理委员会核发国务院建设主管部门和人事主管部门共同用印的二级注册建筑师执业资格证书。取得执业资格证书的人员，必须经过注册方可以注册建筑师的名义执业，未经注册，不得称为注册建筑师。

二级注册建筑师考试科目与时间表   表1-6

级别	考试时间	题型	科目
二级	3.5 小时	作图	建筑构造与详图
	3.0 小时	单选	法律、法规、经济与施工
	3.5 小时	单选	建筑结构与设备
	6.0 小时	作图	场地与建筑设计

2019年4月修订的《中华人民共和国注册建筑师条例》中规定，符合下列条件之一的，可以申请参加一级注册建筑师考试：

（1）取得建筑学硕士以上学位或者相近专业工学博士学位，并从事建筑设计或者相关业务2年以上的。

（2）取得建筑学学士学位或者相近专业工学硕士学位，并从事建筑设计或者相关业务3年以上的。

（3）具有建筑学专业大学本科毕业学历并从事建筑设计或者相关业务5年以上的，或者具有建筑学相近专业大学本科毕业学历并从事建筑设计或者相关业务7年以上的。

（4）取得高级工程师技术职称并从事建筑设计或者相关业务3年以上的，或者取得工程师技术职称并从事建筑设计或者相关业务5年以上的。

（5）不具有前四项规定的条件，但设计成绩突出，经全国注册建筑师管理委员会认定达到前四项规定的专业水平的。

前款第三项至第五项规定的人员应当取得学士学位（特别说明的是，此条是此次修订新增加的要求）。

申请注册建筑师初始注册，应当具备以下条件：

（1）依法取得执业资格证书或者互认资格证书。

（2）只受聘于中华人民共和国境内的一个建设工程勘察、设计、施工、监理、招标代理、造价咨询、施工图审查、城乡规划编制等单位。

（3）近三年内在中华人民共和国境内从事建筑设计及相关业务一年以上。

（4）达到继续教育要求。

1.4.3 执业范围与职责

《中华人民共和国注册建筑师条例》第二十条规定了注册建筑师的执业范围，内容包含：建筑设计、建筑设计技术咨询、建筑物调查与鉴定、对本人主持设计的项目进行施工指导和监督、国务院建设行政主管部门规定的其他业务等。

《中华人民共和国注册建筑师条例》第二十八条还规定了注册建筑师应当履行的义务：

（1）遵守法律、法规和职业道德，维护社会公共利益。

（2）保证建筑设计的质量，并在其负责的设计图纸上签字。

（3）保守在执业中知悉的单位和个人的秘密。

（4）不得同时受聘于二个及以上建筑设计单位执行业务。

（5）不得准许他人以本人名义执行业务。

2017年12月，住房和城乡建设部建筑市场监管司发布了《关于在民用建筑工程中推进建筑师负责制的指导意见（征求意见稿）》，提出推进民用建筑工程全寿命周期设计咨询管理服务，从设计阶段开始，由建筑师负责统筹协调各专业设计、咨询机构及设备供应商的设计咨询管理服务，在此基础上逐步向规划、策划、施工、运维、改造、拆除等方面拓展建筑师服务内容，发展民用建筑工程全过程建筑师负责制。具体来说，建筑师负责制是以担任民用建筑工程项目设计主持人或设计总负责人的注册建筑师（以下称为建筑师）为核心的设计团队，以所在的设计企业为实施主体，依据合同约定，对民用建筑工程全过程或部分阶段提供全寿命周期设计咨询管理服务，最终将符合建设单位要求的建筑产品和服务交付给建设单位的一种工作模式。这一变化为建筑师的能力和责任提出了更高的要求。

建筑师的工作性质决定了建筑师必须具备高度的社会责任感。设计在营造空间、满足社会要求的过程中，很多活动都是以建筑师为主来组织和控制的。因此，作为建筑师要注重道德操守和承担起社会责任，真正好的建筑应该是从社会利益出发的建筑。

1998年，国际建筑师协会职业实践委员会通过了《关于道德标准的推荐导则》，导则中对建筑师总的义务作了约定：维持和提高自身的建筑艺术和科学知识，尊重建筑学的集体成就，在建筑艺术和科学的追求中首先保证以学术为基础，并对职业判断不妥协。建筑师要提高职业知识和技能，并维持职业能力；要不断提高美学、教育、研究、培训和实践的标准；要推进相关行业，为建筑业的知识和技能做出贡献。

作为勘察设计行业人员，建筑师职业道德规范包括如下八个方面：

（1）发扬爱国、爱岗、敬业精神，既对国家负责，同时又为企业服好务。珍惜国家资金、土地能源、材料设备，力求取得更大的经济、社会和环境效益。

（2）坚持质量第一，遵守各项勘察设计标准、规范、规程，防止重产值、轻质量的倾向，确保群众人身及财产安全，对工程质量负责到底。

（3）钻研科学技术，不断采用新技术、新工艺，推动行业技术进步；树立正派学风，不搞技术封闭，不剽窃他人成果；采用他人成果要标明出处，要征得对方同意，尊重他人的正当技术、经济权利。

（4）认真贯彻勘察设计行业的各项方针政策，合法经营，不搞无证勘察设计，不搞越级勘察设计，不搞私人勘察设计，不出卖图签图章。

（5）遵守市场管理制度，平等竞争，严格按规定收费，不超收、不压价，勇于抵制行业不正之风，不因收取"回扣""介绍费"等而选用价高质次的材料设备，不贬低别人、抬高自己。

（6）信守勘察设计合同，以高速、优质的服务，为行业赢得信誉。

（7）搞好团队协作，树立集体观念，甘当配角，艰苦奋斗，无名奉献。

（8）服从单位法人管理，有令则行，有禁必止。

总之，建筑师所应履行的执业职责是恪守职业道德规范、满足业主的需要、符合社会的发展，突破新领域，与时俱进，创作具有良好创新的优秀设计。

1.5 工作单位的选择和申请

　　但从当前的就业形势来看，设计院仍是未来就业的主要去向。以东南大学建筑学院为例，2020届本科毕业生主要有三个去向：海外留学46人，占2020届本科毕业生总数的28.93%；国内升学55人，占比34.59%；直接就业58人，占比36.48%[①]，其中大部分进入设计行业。而与之相反的地方高校则主要面向本地城乡建设领域输出适配人才，这一类高校除了也有近30%考研、出国以外，绝大部分学生毕业后直接从事了建筑设计相关的传统职业——设计院。那么，针对这一选择，在求职过程中有哪些需要了解的具体程序和注意事项呢？接下来我们就谈谈这个话题。

1.5.1 如何选择适合你的设计单位

1. 了解自己的能力需求

　　对学生而言，首先要了解自己的能力与需求，为个人的职业发展制定一个长远规划。自我认识是职业规划的起点，选择一个适合自己的岗位和单位是非常重要的。先清楚地认识自己，把自己摆在正确的位置上，更好地选择自己的职业道路，才能更好地发挥我们的价值。

　　一般应届毕业生在求职中对于自身应该主要考虑以下几点：

　　（1）工作能否提高个人能力。作为一名应届毕业生，对工作抱有最大的学习热情和奋斗激情，更想在第一份工作中获得成长，应思考工作是否能提升个人能力，是否让自我有意义、有价值。如果不能在设计单位吸取新的知识，一直在消耗自我，很快就会感到无趣。

　　（2）工作中如何与人相处。对于90后、00后来说，更期待舒适的工作环境、简单的人际关系。与同事的沟通交流也占工作的很大一部分，和谐的工作关系更能提升工作效率，使人感到愉悦。

---

① 数据来源于"Archibucks"微信公众号。

（3）职业规划中晋升的空间。个人的职业规划是否与单位的发展方向契合，单位是否提供激励个人发展的选择和机会，单位是否为个人成长提供技术指导和政策支持，这些发展愿景是求职者普遍关注的。

2. 权衡择业的现实因素

选择设计单位也要考虑工作的地点与薪资待遇等现实因素，例如许多应届毕业生在择业时把城市放在第一位，先确定城市，再去确定单位和岗位。南北城市的气候差异、不同的生活成本、经济文化背景都会成为择业的影响因素。

一般应届毕业生在求职中所考虑的现实因素主要有以下几点：

（1）单位类型。同一条件下，设计单位的类型决定了工作状态，在之前章节提到的众多设计单位类型中，成熟的大公司，其制度、福利更加规范、齐全，工作节奏和压力相对中小型公司较宽松。民营设计院注重经济效益，具有较为成熟的运营模式，项目繁多，工作节奏快，工作中优胜劣汰，更具有挑战性。而国营设计院近年来不断改制为股份制等其他形式，主要承接大型公共建筑项目，项目时间长，工作节奏相对合理，工作和收入都比较稳定，如今年轻人更注重个人的生活品质和生活空间，渴望保持轻松快乐的工作状态，从而更多地选择此种类型。

（2）工作地点。工作地点决定了薪资水平，一线城市的薪资水平高，更能开拓人的视野，对新事物的接受度也更高，设计院的风格更前卫，技术也更先进，短时间内能积累一定的财产。但一线城市的生活成本高，通勤距离长，生活节奏快，短时间内很难有落脚处，生活中有漂浮感，更适合喜欢挑战自己的人以及向往繁华都市生活的人去奋斗打拼。选择二、三线城市的原因主要是在家乡附近区域内工作，更能适应生活习惯，更了解风土人情，也能够更好地利用人脉资源，为个人的事业添砖加瓦，但要考虑是否满足自己对事业的上进心。

（3）薪资待遇。设计单位的薪资一般由月基本工资和年终产值奖金组成。基本工资就是按照每月出勤到岗的情况发放，收入的主要来源是年终产值奖金，是年终根据你一年来参与的项目、职责和工作量，按一定比例分配项目奖金，产值奖金的总额就是所有项目奖金的总和。另外，健全的五险一金是不可忽视的一笔隐形收入，它为你提供了稳定的社会保障，从这一点来看，国有大院背景的设计单位比小型民营设计企业更具有优势。

3. 分析双方的供需诉求

应届毕业生社会经验少，所以对设计院的岗位的认识也相对较少。我们可以通过网络、杂志等各种渠道，了解设计单位的工作内容、岗位要求等信息，还可以通过向已经工作的前辈进行咨询，获取职业信息。通过对学生的访谈和问卷调查总结得知，现在学生选择设计单位时，普遍较为关注的是以下方面：①设计单位岗位的发展前景；②设计单位能提供的薪资待遇；③设计单位对员工的培养、指导情况；④设计单位对工作时间和强度的要求；⑤设计单位的企业文化；⑥设计单位的知名度与专业特长。

而对设计单位的问卷调查表明，他们也对求职新人提出了几点希望和要求：①有良好的沟通、团队协作能力；②职业责任感及团队精神；③善于解决问题、学习能力卓越；④有较强的抗压能力，踏实肯干；⑤成绩优秀，专业功底扎实。

在了解了自我和各个岗位的职能之后，权衡好各方面的因素，就可以进行求职选择了。在选择过程中，我们可以按照"择己所长、择己所爱、择世所需"的原则问自己：我能做什么？我想做什么？设计单位需要什么？想清楚这三个问题，就能基本确定自己的岗位了。

1.5.2 申请工作的前期准备

在申请设计单位时，需要准备一份个人简历和作品集，也可以是两者相结合。一份出色地展示自己的专业水平与个性的作品集，会起到至关重要的作用。下面就着重谈谈准备简历和作品集的着眼点。

1. 简历

一般简历中主要包含以下内容：

个人信息：姓名、电话、邮箱、求职意向等；

教育经历：从最高学历倒叙写起，写清自己的学校、专业、毕业时间，如果在校取得了良好的成绩和荣誉，要有材料佐证；

软件和外语能力：对各种常用设计软件和外语的掌握情况；

实践情况：这是简历中最重要的部分，包括假期的各类兼职、毕业实习、志愿者活动等社会实践，也可以写上社团经历、学生会经历、学术项目经历、兼职经历等校园经历；

自我评价：自我评价就是简历中的核心总结，尽量不要堆砌"吃苦耐劳""活泼开朗"等过于模板化的内容，要突出自己与众不同的亮点。

以上几点是简历中的必备模块。除此之外，在撰写简历时要遵循以下几点要求：

（1）对照求职单位的岗位招聘要求，圈出关键词。明确设计单位想要招入什么样的员工，对照自身条件，审视个人是否符合应聘要求。

（2）梳理总结自己的实践经历，与招聘岗位的要求逐条匹配。将与求职岗位有联系的相关实践经历全部罗列出来，再从中挑选出匹配度高的放到简历里。

（3）采用扬长避短的表达方法。许多学生在求职时缺乏表达能力，把自己的经历用十分干瘪的话描述出来，没有说服力与吸引力，可以用STAR法则（图1-2）来丰富自己的经历。

2. 作品集

建筑学专业学生的作品集，可以更直观地表现学生对设计的美学理解和独特的艺术素养。最重要的是用人单位能从中获取以下信息，作为判断学生能力的重要因素：

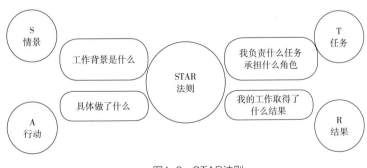

图1-2　STAR法则
（来源：作者自绘）

1）求职者的专业修养

评判一个设计师的标准，主要是他的作品。了解一个设计师，也是从其作品开始的。

学生通过对自己学习阶段的作品进行筛选集合，可以展示其所接受的专业训练的内容与程度，所接触过的建筑类型以及图面表达能力等，这是作品集给人的最重要的印象。

作品集所包含的内容不限于建筑设计项目，美术作品、手工模型和计算机渲染的图片甚至摄影作品等与专业有关的内容都可以囊括，为的是尽可能地展示综合素质。此外，在能够展示最高水平的作品上，要加以详细的展示，这样远比粗略地展示多个一般作品的效果要好。优秀的作品集能够展现出学生在建筑理论、建筑历史、建筑技术和城乡规划、风景园林等方面的基础知识以及广泛的建筑相关领域的知识。

2）求职者的逻辑思维能力

作品集是以图来说话的，看表面好像不如文字有逻辑性，其实不然，选取、组织素材成集的时候更是要有一个明确的表达思路和条理在里面，选取的每一个设计都表达了作者的设计思想和态度。作品集就像一部戏剧的剧本，可以采用不同的叙事方式，或者是纵向展示学生专业学习的历程，看出一个人的进步，或者是横向通过不同的版块来展示各个不同的方面。优秀的作品集能够展现学生严谨的科学精神、较强的创新思维、整合建筑形象思维和逻辑思维的能力以及较强的设计和实践能力。

3）求职者的文字表达能力

作品集中的文字不仅仅是对项目的基本描述，还有作者从中得到的收获以及体验等，能够体现出个人高尚的道德素质、丰富的人文素质、健康的身心素质。通过富有感染力的文字，对每个作品进行简要、精确的描述，对个人的能力与优势及对未来职业与发展的构想等加以展示，以此来打动阅读者并产生共鸣。在项目实践中，能够写出好的设计说明是一项很实用的技能，假如通过你的文字能使设计单位认为你具备这种能力，那么就起到了很好的推荐作用。

4）求职者的排版构图能力

在包含上述内容的条件下，要重视对作品集的页面排版、构图的推敲，以此来诠释和展现求职者的个性。图纸会影响方案所要传达的个人设计能力和艺术素养。清晰的图面表达是讲述设计逻辑最有力的方式，而优秀的排版可以提高表达的有效性，并引起读者的阅读欲望和引导读者的阅读方向。恰到好处的排版和配色、适可而止的图纸和描述，在作品集中用最简单的设计语言传达出最明晰的想法，就是优秀作品集的体现。

1.5.3 如何联系设计用人单位

了解申请设计单位的程序和准备技巧，将会对学生找到理想的设计单位起到事半功倍的作用。

1. 现场招聘会

现场招聘会分社会招聘和校园招聘两种方式。校园招聘更看重有潜质、可塑性强的应届生，将其作为企业后续发展的技术和管理人才储备。社会招聘看重工作年限和项目经验，以满足企业实际用人需求。

校园招聘会目前已成为企业与大学生求职者实现利益共赢的最佳招聘方式，企业可以通过校园招聘会招聘到具有较高素质的人才，而且还可以为企业自身作宣传。而学生也可以通过校园招聘活动提前确定自己的工作单位，避免四处奔波求职之苦。学生带着自己的简历参加招聘会，如果符合设计单位的招聘需求，学生就可以在短期内接到通知去参加实习，实习合格后就可以成为正式员工。

2. 网络平台招聘

（1）设计单位的官方渠道。比如企业官方网站、微博、微信。建筑设计企业基本每季度都会在这些渠道发布公司的社会招聘信息，包含专业类别、招聘岗位、岗位要求、工作地点等信息，可以直接向公司人事部门发送简历，这是网络求职的首选途径。

（2）建筑新媒体运营平台。新媒体时代出现了建筑媒体运营平台，比如"有方空间""青年建筑"等，也会经常发布一些招聘信息（图1-3），多为年轻前卫的工作室或事务所，业务范围也更广泛。

（3）建筑专业的求职平台网站。比如建筑英才网、古德设计网、筑龙人才网、建业通等资讯网站（图1-4）。在网络平台上不但可以看到企业发布的招聘

图1-3　建筑媒体微信公众号的招聘信息

（来源："有方空间""青年建筑"微信公众号）

图1-4　求职平台网站的招聘信息

（来源：建筑英才网）

信息，同时通过主动在网站上注册、完善个人求职信息，更能方便用人单位主动联系你，这种方式成本较低、覆盖面较广，具有初步筛选功能。

3. 介绍和内部推荐

因专业特点，建筑学专业老师一般都与社会保持着比较紧密的联系，借助专业教师的人脉资源积极联系，为学生推荐工作单位是一种比较常见的模式，尤其是老师比较了解的、素质比较不错的学生，更能被推荐到求职竞争激烈的大院。另外，与四处撒网去联系工作单位的"碰运气"相比，借助往届学长的用人需求信息去联系则更为可靠，为此要注意日常的人际关系积累，这对将来走向社会也是一个很好的历练。

1.5.4　设计单位的面试内容

用人单位在对求职者的简历和作品集初步筛选后，会对符合条件者进一步考察，普遍采用快题考试加面试两种方式。这是你能够得到一份工作的关键，在短时间的测试与交流中，尽可能地展现出自己的优势，提前做好准备对求职者至关重要。

1. 快题考试

在方案构思阶段，徒手勾画草图作为建筑师"捕捉灵感"的一种特殊工作方式，常用于推敲设计方案和训练思维模式，有着电脑无法比拟的快速性和直观性。此外，其所包含的基本功是建筑学专业学生应具备的一项重要能力，是高校建筑设计课程教学的重要内容。

快题设计是在较短的时间内完成某一项设计任务的构思，并以徒手或借助工具的形式将其完整流畅地表达出来的设计过程，它是建筑设计中方案阶段的一种特殊工作形式。从时间和目的上来看，快题设计可从几小时到几天不等，既可以用作选拔人才的考核依据，又可以用于实际工作中建筑师对设计前期多方案的构思和比较。此外，在国家注册建筑师考试中，设计类科目的考试也都采用手绘形式。因此，应加强对快题设计的重视，改变"重电脑、轻手绘"的学习倾向。

不同于学校教学中的建筑快题训练，入职考试中的快题大多是来自设计单位的实际项目，相对而言更要注重实际。因此，设计的可落地性是首要考虑的，当然不排除非常具有创新性的想法被看中的可能性，但这种想法也是基于较强的合理性和可实施性的。多进行一些针对性的快题训练，查看求职单位的实际项目，了解求职单位的建筑风格等信息，更能提高求职的成功率。

2. 面试

做好面试准备对求职者至关重要。面试之前，首先要了解求职单位的基本情况，要对求职岗位的工作内容有充分的把握。重温一下简历内容，确保做过的项目、相关的工作经历都能用简短的语言复述。每一段经历，都应该准备相关的佐证材料，会给面试官留下深刻的印象。

面试中的很多问题都是开放式的，以下列举一些常见的问题：①为什么从事建筑设计？②谈谈你的职业规划。③谈谈应聘岗位的工作内容和对该岗位的理解。④说说你喜欢的建筑师。⑤针对你竞聘的岗位未来三年的工作目标，你认为是否还有提升空间？⑥如果你应聘上岗成功，请阐述下一步工作计划及今后的工作目标。

设计单位主要考察求职者随机应变、承受压力的能力以及表达能力等，所以一定要思路清晰、行为稳重、说话有条理，克服紧张情绪，和面试官建立自然真诚的交流感。

综上，确定工作单位后，应积极转变身份认知，迅速适应求职身份的新变化。一切进入正轨以后，就要认真遵守工作单位的各项规章制度，用扎实、勤奋的态度来开始新的人生发展阶段。

第 2 章

建筑设计工作

学生在进入建筑设计单位开始实习以前，首先要对建筑设计工作的基本情况进行了解，这有助于对设计单位进行选择，并初步了解设计单位的服务范围、服务的基本内容和程序以及建设项目运作的模式等，避免由于对建筑设计的理念不清而造成工作的盲目性和工作程序颠倒等问题。在实习的初期，首先要对整个建筑行业进行全面、宏观的了解，搞清楚建设项目的运作（组织）模式、建筑设计工作的基本内容与程序、建筑师的工作内容以及能够为业主提供哪些专业服务，从而避免工作的单一和不全面。

2.1 建筑设计工作简介

2.1.1 建筑师服务范围

国际通行的建筑师职业服务程序和范围，是通过咨询、设计、管理服务从而贯穿整个工程建设项目的全过程。服务范围已由初步设计、扩初设计、施工图设计和施工管理这些基本服务延伸到许多新的领域，像城市区域规划、场地分析、可行性研究、概预算和造价控制、项目计划书、建筑物运行和管理分析等，已成为更加综合的建筑设计服务。建筑师对业主而言不仅是专业代理人，也是工程建设过程当中技术与公正的监管者。而国内传统的建筑工程建设机制由于分工过于明确，建筑师的服务大多仅限于单纯的设计制图。然而，随着中国经济的发展、市场竞争的加剧以及建筑行业逐渐与国际接轨，建筑设计行业对建筑师的能力提出了更高的要求，建筑师的服务范围也会进一步扩大。目前，根据工程建设项目基本程序，设计服务工作一般分为设计前期、建筑设计、设计后期和使用后评估四个阶段（图2-1）。

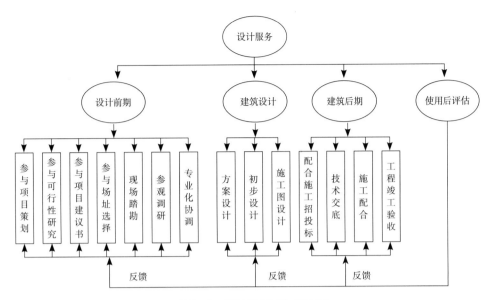

图2-1 设计服务工作示意图

1. 设计前期服务

国内建筑师在设计前期工作中的主要任务是：协同业主参与项目策划；参与可行性研究以及进行项目建议书的编制；参与项目场址的选择并进行现场踏勘；参观相关调研工作，最后对项目进行专业化协调。

1）建筑策划

建设项目投资决策的技术服务工作。它是清晰地表达投资业主的目标需求和思想，突破客观条件的制约，探求公共利益、客体利益和投资主体利益相协调的策略性筹划过程及成果。投资业主是整个建筑策划的最终决策者，建筑师或建筑策划师是建筑策划决策群的协调者。

建筑策划工作应包含目标的确立、信息的采集、问题点的寻找、策划创意的构想及完善、策划书等环节，通常将建筑策划分为七个阶段（图2-2）：

（1）明确目标；

（2）基础调查；

（3）探寻问题（客观条件与建设目标支持点和制约点的梳理研究）；

（4）创意策划；

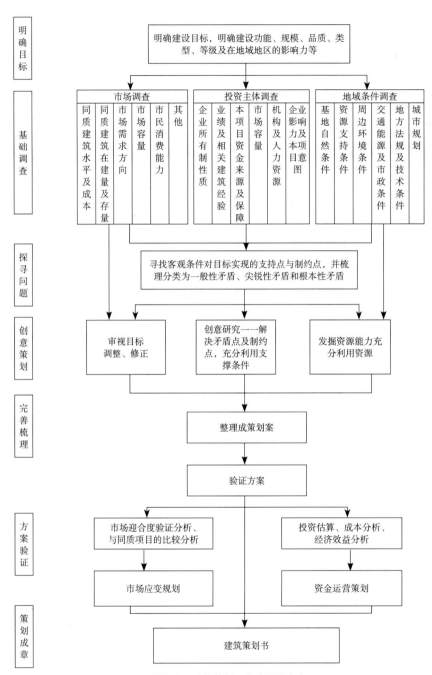

| 明确目标 | 明确建设目标，明确建设功能、规模、品质、类型、等级及在地域地区的影响力等 |

| 基础调查 | 市场调查 | 投资主体调查 | 地域条件调查 |
| | 同质建筑水平及成本 / 同质建筑在建量及存量 / 市场需求方向 / 市场容量 / 市民消费能力 / 其他 | 企业所有制性质 / 业绩及相关建筑经验 / 本项目资金来源及保障 / 市场容量 / 机构及人力资源 / 企业影响力及本项目意图 | 基地自然条件 / 资源支持条件 / 周边环境条件 / 交通能源及市政条件 / 地方法规及技术条件 / 城市规划 |

| 探寻问题 | 寻找客观条件对目标实现的支持点与制约点，并梳理分类为一般性矛盾、尖锐性矛盾和根本性矛盾 |

| 创意策划 | 审视目标调整、修正 | 创意研究——解决矛盾点及制约点，充分利用支撑条件 | 发掘资源能力充分利用资源 |

| 完善梳理 | 整理成策划案 |

| | 验证方案 |

| 方案验证 | 市场迎合度验证分析、与同质项目的比较分析 | 投资估算、成本分析、经济效益分析 |

| | 市场应变规划 | 资金运营策划 |

| 策划成章 | 建筑策划书 |

图2-2　建筑策划工作步骤及内容

（5）完善梳理；

（6）方案验证；

（7）策划成章。

2）项目建议书

项目建议书是项目建设筹建单位在符合国家、地方中长期规划的前提下，经过调研分析而向政府主管部门申请的有关拟建项目的申请文件，是对拟建项目提出的框架性的总体设想。

项目建议书包括以下内容：

（1）投资建设项目的必要性和依据，背景材料，拟建地点的长远规划，行业及地区规划资料，所在地区的环境现状，可能造成的环境影响分析，当地环境保护部门的意见和委托及存在的问题；

（2）产品方案、拟建规模和建设地点的初步设想及论证；

（3）资源情况、交通运输及其他建设条件和协作关系的初步分析；

（4）主要工艺技术方案的设想；

（5）投资估算和资金筹措设想；

（6）设计、施工项目及进度安排；

（7）经济效果和社会效益的分析与初估；

（8）有关的初步结论和建议。

3）可行性研究报告

建设项目的可行性研究是对建设项目的技术可行性和经济合理性的分析，从而提出该项目是否值得投资和怎样进行建设的意见，为项目决策提供可靠的依据。

其主要内容包括：

（1）项目提出的背景，投资的必要性和经济意义，研究工作的依据和范围；

（2）需求预测及拟建规模；

（3）资源、原材料、燃料及公共事业；

（4）建设的条件和建筑方案。

项目建议书和可行性报告主要由建设单位来实施决策，但这一决策过程如果有相关专业人士的参与，将能够为建设单位提供更加专业、有效的可行性意见和计划，有利于项目的顺利开发和建设，因此，建设单位通常将这部分工作委托于设计咨询部门或设计单位，以协助他们共同完成。

在进行前期策划服务时，一般由项目经理组织，项目主持人及有关专业负责人参加。首先，通过现场勘察，收集相关基础资料，掌握并确定工程项目批文、城市规划要求、选址报告、地形图、场地周边情况、基础设施建设、现场环境等；通过参观调研，包括实物参观和资料调研，对在功能、定位、规模、环境等方面相近的实际案例进行分析。其次，通过组织协调由相关专业和建设单位参与的研讨，了解目标需求，包括市场定位、投资规模、产品形态和特征，共同确定方案和技术措施。最后，通过专业化的市场研究与投资机会分析、投资估算与资金分析、规划和建设可能性分析，在概念性咨询方案的基础上形成一个完整的产品设定和分析成果。

4）项目评估报告

项目评估就是在直接投资活动中，在对投资项目进行可行性研究的基础上，从企业整体的角度对拟投资建设项目的计划、设计、实施方案进行全面的技术经济论证和评价，从而确定投资项目未来发展的前景。

项目评估报告的依据：

（1）项目建议书及其批准文件；

（2）可行性研究报告；

（3）报送单位的申请报告及主管部门的初审意见；

（4）项目（公司）章程、合同及批复文件；

（5）有关资源、原料、燃料、水、电、交通、通信、资金、组织征地、拆迁等项目建设与生产条件的有关批文或协议；

（6）项目资金落实文件及各投资者出具的资金安排的承诺函；

（7）项目长期负债和短期借款等文件；

（8）必备的其他文件和资料。

项目评估报告的内容：

（1）项目建设必要性评估；

（2）项目建设和生产条件评估；

（3）生产工艺、技术功能、设备等的先进性评估；

（4）项目效益评估，包括项目财务、经济及社会效益评估；

（5）项目总评估，为项目决策提供科学依据。

项目评估报告要对拟建项目投资是否可行给出结论，要对可行性研究报告中的多个方案进行论述评估，提出投资比较合理的优化方案，确定最佳投资方案。

项目评估报告决策内容：

（1）全面审核报告中反映的各项情况是否确定；

（2）分析报告中的各项指标是否正确；

（3）从企业、国家和社会三个方面，综合分析和判断工程项目的经济效益和社会效益；

（4）分析和判断报告的可靠性、真实性和客观性，对项目给出取舍的结论性意见和建议，最后根据投资额的大小和项目隶属关系，由国家发改委或国务院决策。

2. 建筑设计服务

工程项目的设计根据建设程序和设计深度的不同分阶段进行。民用建筑工程设计一般分为方案设计、初步设计、施工图设计和专项设计四个阶段（对于技术要求不高的民用建筑工程，经有关部门同意，并且合同中有不做初步设计的约定，可在方案设计审批后直接进入施工图设计）。

（1）方案设计服务：完成了设计前期的准备工作，宏观上，建筑师对项目有了一个总体的概念，接下来进入建筑方案设计阶段。通过确定项目的基本性质，明确环境、功能和空间的要求，努力寻找解决建筑总体布局、功能需要、结构选型、环境景观、可持续发展以及经济性等多方面的一系列重大矛盾的最佳方案，同时与其他专业配合确定结构选型、设备系统等设想方案，并估算出工程造价，组织方案审定或评选，写出定案结论，并绘制方案报批图，最终形成能反映建筑项目性质与特点的场地总平面图，建筑方案平、立、剖面图。

（2）初步设计服务：初步设计是介于方案设计和施工图设计之间、承前启后的设计阶段。方案设计审批后，根据方案设计，进一步确定结构方案，选择建筑材料，确定设备、电器配置系统，控制投资，初步完成各专业的协调，配合建设单位办理相关的报批手续。

（3）施工图设计服务：施工图设计是初步设计服务后的一个阶段，在取得初步设计审批文件之后，根据审批意见对初步设计进行必要的调整，各专业达到施工和设备采购的深度要求，在施工招标时向委托人提供专业建议。

（4）专项设计服务：专项设计包括建筑幕墙设计、基坑与边坡工程设计、建筑智能化设计和预制混凝土构件加工图设计等专项内容的设计。

3. 设计后期服务

对于一个建筑师而言，完成施工图并不代表建筑设计工作已经完成，在将施工图交付业主之后，还有施工招投标配合和技术交底、施工现场配合与工程竣工验收等工作，从而保证项目的实施与最终的设计图纸和说明书一致。

（1）施工招投标配合：在进行施工招投标时，建筑设计师根据完成的设计文件解答参与投标的施工单位提出的问题。

（2）技术交底：施工和监理单位在组织施工前，针对设计图纸中的疑问与设计人员进行沟通与交流，并做相应记录。在此阶段，建筑师的工作主要是参与技术交底与图纸会审会议，听取施工单位以及监理单位提出的问题，并对这些问题给予解答。

（3）施工现场配合：定期下工地了解施工情况，签发设计变更通知。

（4）工程竣工验收：建筑师在这个时期是竣工验收委员会的成员之一，参与工程的竣工验收，提出问题，及时解决，保证工程质量。

2.1.2　设计工作的基本程序和基本内容

所谓设计工作的基本内容主要指建筑设计服务阶段和设计后期的部分工作内容。建筑设计服务阶段的工作内容，即方案设计、初步设计和施工图设计，按照工程建设项目基本程序来划分，三者在时间进程上和设计深度要求上是依次递进的，相应的设计工作内容也不尽相同，而且由于实际工程的具体要求和复杂程度不同，各设计阶段的工作在实际操作上也并非完全按照以上顺序依次进行，可能有所合并，比如以方案设计代替初步设计，也可能是交叉或多次反复地逐步深化，以下列出了各阶段基本的设计工作内容和程序以供参考（图2-3）。

1. 设计准备

（1）接受任务：设计单位承接设计任务后，根据工作规模、项目管理等级、岗位责任制确定项目组成员。项目组在设计总负责人的主持下开展设计工作。

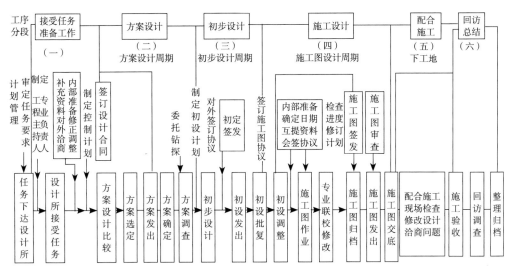

图2-3 建筑设计工作流程图

（2）收集相关资料及调研：设计总负责人首先要和有关的专业负责人一起研究设计任务书和有关批文，搞清建设单位的设计意图、范围和要求以及政府主管部门批文的内容。然后组织有关人员去现场踏勘并与甲方座谈沟通，收集有关的设计基础资料和当地政府的有关法规等。当工程需采用新技术、新工艺或新材料时，应了解技术要点、生产供货情况以及使用效果、价格等情况。见习建筑师必要时还应到有经验的设计单位请教。建筑专业设计通常需要收集的资料见表2-1。

建筑专业设计通常所需收集的资料　　　　表2-1

序号	资料	内容
1	有关文件	工程建设项目委托文件、主管部门审批文件、有关协议书
2	自然条件	地形地貌：海拔高度、场地内高差及坡度走向；山丘河湖和原有林木、绿地及有保留价值的建筑物等的分布状况
		水文地质：土层、岩体状况、软弱或特殊地基状况；地下水位；标准冻深；抗震设防烈度
		气象：工程建设项目所处气候区类别；年最高和最低温度、年平均温度、最大日温差；年降雨量；主导风向；日照标准
3	规划市政条件	道路红线、建筑控制线、市政绿化及场地环境要求

序号	资料	内容
3	规划市政条件	建筑物高度、密度的限制；基地内容积率、绿地率、广场、停车场等方面的要求
		基地四周交通、供水、排水、供电、供热、供燃气、通信等状况
		基地附近商业网点服务设施、教育、医疗、休闲等的配套状况
4	建设方意图	使用功能、室内外空间安排、交通流线等基本要求；体形、立面等形象艺术方面的要求
		建设规模、建设标准、投资限额
5	施工条件	当地建设管理部门及监理公司等方面的状况，地方法规及特殊习惯做法
6	其他	当地施工队伍的技术、装备状况；当地建筑材料、设备的供应与运输状况

2. 确定本专业设计技术条件

在设计工作正式开展前，专业负责人应组织设计人、校对人与审定（核）人一起确定本专业设计技术条件。内容包括：

（1）设计依据的有关规定、规范（程）和标准；

（2）拟采用的新技术、新工艺、新材料等；

（3）场地条件特征，基本功能区划、流线、体形及空间处理创意等；

（4）关键设计参数；

（5）特殊构造做法等；

（6）专业内部计算和制图工作中需协调的问题。

3. 进行专业间配合和互提资料

为保证工程整体的合理性，消除工程安全隐患，减少经济损失，确保设计按质量如期完成，在各阶段设计中，各专业要各尽其责、互相配合、密切协作。在专业配合中应注意以下几点：

（1）按设计总负责人制定的工作计划，按时提出本专业的资料；

（2）核对其他专业提来的资料，发现问题及时返提；

（3）专业间配合与互提资料应由专业负责人确认；

（4）应将涉及其他专业方案性问题的资料尽早提出，发现问题尽快协商解决。

4. 编制设计文件

编制设计文件时，设计单位的工作人员应当充分理解建设单位的要求，坚决贯彻执行国家及地方有关工程建设的法规。设计应符合国家现行的建筑工程建设标准、设计规范（程）和制图标准以及确定投资的有关指标、定额和费用标准的规定，满足《建筑工程设计文件编制深度规定》对各阶段设计深度的要求，当合同另有约定时，应同时满足该规定与合同的要求。对于一般工业建筑（房屋部分）工程设计，设计文件编制深度尚应符合有关行业标准的规定。在工作中做到以下几点：

（1）贯彻确定的设计技术条件，发现问题及时与专业负责人或审定（核）人商定解决；

（2）设计文件编制深度应符合有关规定和合同的要求；

（3）制图应符合国家及有关制图标准的规定；

（4）完成自校，要保证计算的正确性和图纸的完整性，减少错、漏、碰、缺。

5. 专业内校审和专业间会签

设计工作后期，在设计总负责人的主持下，各专业共同进行图纸会签。会签主要解决专业间的局部矛盾和确认专业间互提资料的落实，完成后由专业负责人在会签栏中签字。

专业内校审主要由校对人、专业负责人、审核人、审定人进行，要达到确认设计技术条件的落实、保证计算的正确性和设计文件满足深度要求。设计人修改后，有关人员在相应签字栏中签字。

6. 设计文件归档

设计工作完成之后应将设计任务书、审批文件、收集的基础资料、全套设计文件（含计算书）、专业间互提资料、校审记录、工程洽商单、质量管理程序表格等提交相关部门归档。

另外，施工图设计完成并不意味着建筑师工作的结束，之后还需要进行施工配合工作：向建设、施工、监理等单位进行技术交底；解决施工中出现的问题；出工程洽商或修改（补充）图纸；参加隐蔽工程的局部验收。

2.2 方案设计与设计招投标

对于一名刚踏入设计单位的毕业生，方案设计是接触较多且较为容易上手的工作。因此，充分了解方案设计的要点和招投标的过程，能够帮助毕业生调整在学校当中养成的方案设计习惯，快速并充分地融入设计单位的工作当中，完成符合要求的设计方案。

2.2.1 方案设计

方案设计是一个工程项目的灵魂，是全部设计阶段中最具挑战性的一个环节。方案设计的好坏是决定项目投标或设计竞赛能否成功的重要衡量条件，也是实习阶段学生主要参与的环节。

1. 方案设计前的准备工作

（1）当一个项目明确后，首先由设计单位领导明确项目的总负责人、各个专业配合的设计负责人以及设计小组成员等设计力量。

（2）仔细阅读项目的建议书和可行性研究报告，收集设计中所需的技术资料，做好方案的构思。

（3）对方案中可能将要采取的新技术、新结构、新材料进行资料收集和调研。

2. 方案设计阶段的工作重点

（1）协调处理建筑物各功能空间之间的关系，包括各功能空间与空间形态的协调性选择，不同使用空间的组成与布置，功能空间的交通组织与疏散以及对于使用者特殊要求的满足等。

（2）协调处理空间与结构之间的关系：根据建筑的功能空间形态、结构体系特点及技术的经济性来确定结构方案，在保证空间使用的安全性的前提下确保造价经济合理。

（3）协调处理建筑物与周围环境的关系：在前期场地分析的基础上，确定建筑物的位置，建筑物退让道路红线的距离，建筑物与建筑物之间的日照间距、视觉间距要求，室外消防通道的位置，建筑的出入口，建筑高度及建筑竖向空间的使用等。

（4）协调处理建筑美观问题：建筑形体、建筑风格等各方面的问题都应该从美学的角度来解决，并处理好空间、结构、材料之间的关系。

（5）协调处理建筑设备的特殊要求：在方案设计阶段需要确定建筑设备各系统的可行性，并对设备系统的特殊要求予以提前考虑。特殊的设备要求是决定建筑层高的主要因素，同时，也可能对建筑空间提出特殊要求。

（6）协调处理建筑经济性问题：在方案阶段，要对项目的总体投资进行估算，以便建设方掌握项目总体费用。建筑专业人员要了解并学会控制基本的投资情况。

3. 方案设计阶段的工作步骤及主要内容（表2-2、表2-3）

方案设计阶段的工作步骤与主要内容   表2-2

项目分析	场地分析	通过前期的资料收集和实地考察，对项目的用地状况和周边环境的限制条件进行分析，其中包括地形、地貌、周边环境、自然景观、有害因素、不良地质以及道路交通和周边的配套服务设施
	功能分析	功能分析是针对客户要求的行为空间的专业性还原和重组。这是实现建筑品质的最本质的手段。首先要明确客户的功能要求，包括建筑在城市中的功能、建筑的外部功能和建筑内部功能。通过以上各功能的单独分析和总体分析，帮助设计者找到空间的需求、各功能的最佳表达和最佳组合、各种流线关系、动静分区、污染和干扰的分离
	典型实例的分析	利用平时积累下的丰富资料，找出国内外同类型建筑中的成功典例或者相近实例，与客户共同探讨相关的问题，也可以单独或者与客户一起亲临实例建筑的现场进行实地的调查研究，从而在实例的分析过程中，找到与客户共同认可之处，这样就可以给项目设计以准确的定位
	其他分析	地方材料和新材料、新设备分析，工期和造价分析等
方案的形成与确定	多方案形成与比较	主要工作内容是多草图比选和定稿。在这个阶段，思维和想象是最重要的
	各专业配合建筑深化	在完成建筑研究讨论的基础上确定方向，分发各专业：建筑专业首先给其他相关专业提供资料，整理好建设单位提供的相关设计文件、资料，为各个专业设计提供依据；各个专业在接收建筑专业的资料以后应根据工程情况向建筑专业反馈技术要求和调整意见，协助建筑专业完善、深化方案设计

方案的形成与确定	最终方案的评审与提出	由项目主持人主持方案的评审，对确定的拟投标方案的设计图纸、文字说明、主要技术经济指标、各专业设计方案说明等进行综合的评判审核，检查方案是否满足招标书要求，各专业是否存在技术问题，创新是否新颖，设计概念是符合项目定位
方案的完成与成果	设计细部的完善	对概念方案进行深化落实，利用更大的比例尺，更准确的工作草图、工作模型，推敲平面和造型的每一个细节，把方案落实、深化到最终方案深度。然后，细化Sketchup模型，做立面和小透视，并提交给效果图公司做鸟瞰和重点角度的透视图，同时深化平、立、剖面图，绘制准确的CAD图纸
	表现成果	通过表现透视图和表现模型以及分析图、意象图片等对设计概念和设计成果进行包装和制作。建筑的表现仅是一个建筑探索过程中的小结和预期目标。从这个目标到真正的建筑，还有着大量艰巨的工作要做
	编制设计文件	设计依据、设计要求、主要技术经济指标
		总平面设计说明书
		建筑设计说明书
		总平面设计图纸
		建筑方案设计图纸
	配合报建	进行方案的汇报，政府部门对设计成果进行审核，通过后，对设计成果进行修改，完成最终成果的提出和归档

方案设计（建筑专业）文件编制内容　　　　表2-3

分类名称		主要内容
设计说明书	设计依据设计要求主要技术经济指标	1. 列出相关设计依据性文件名称与文号； 2. 所依据的主要建设法规与标准； 3. 设计基础资料，如区域位置、气象、地形地貌、水文地质、抗震设防烈度等； 4. 建设方与政府部门对项目设计的相关要求； 5. 所委托的设计内容和范围； 6. 工程规模与设计标准； 7. 主要技术经济指标
	总平面设计说明	1. 场地现状及周边环境概述； 2. 总体方案构思、布局特点及竖向交通、景观绿化、环境保护等具体措施简述； 3. 方案规划实施计划
	建筑设计说明	1. 建筑平面和竖向构成：空间处理、立面造型、环境营造及环境分析（通风、采光、日照）； 2. 建筑功能布局和出入口、交通组织； 3. 建筑防火设计和安全疏散； 4. 无障碍、节能和智能化设计； 5. 建筑声学、热工、防水、屏蔽、防护及人防等特殊设计说明

分类名称		主要内容
设计图纸	总平面设计	1. 场地区域位置； 2. 场地范围（用地和建筑物交点坐标或定位尺寸、道路红线）； 3. 场地内及周边原有环境状况； 4. 场地内拟建道路、停车场、广场、绿地及建筑的布置、尺寸与间距； 5. 主要拟建建筑名称、出入口、层数、设计标高； 6. 指北针或风玫瑰、绘图比例； 7. 按需要绘制反映方案特征的分析图，如功能分区、空间组合、景观分析，交通分析、地形分析、绿地分析、日照分析、分期建设等
	建筑设计	1. 平面图；2. 立面图；3. 剖面图；4. 透视表现图。根据需要制作模型

2.2.2 设计招投标

根据《建筑工程方案设计招标投标管理办法》的规定，重点建筑工程的方案设计主要以招投标方式确定。因此，很多大型建设项目要进行建筑项目的设计招标，邀请多个设计单位对该项目进行方案设计，然后设计单位的建筑师将工程信息转化为图纸语言，提供可行的规划与建筑方案供建设方选择，评审委员会对多个投标方案进行综合的比较，最终确定一个最佳的方案设计作为实施方案。

1. 定义

招标是指由招标人发出招标公告或通知，邀请潜在的投标人进行投标，最后由招标人通过对各投标人所提出的成果文件进行综合比较，确定其中最佳的投标人为中标人，并与之最终签订合同的过程。

投标是指投标人接到招标通知后，根据招标通知的要求完成招标文件（也称标书），并将其送交给招标人的行为。

可见，从狭义上讲，招标与投标是一个过程的两个方面，分别代表了采购方和供应方的交易行为。

2. 方案设计招标方式

方案设计招标分为公开招标和邀请招标两种方式。

（1）公开招标，是指招标人以招标公告的方式邀请不特定的设计单位或个人进行投标。

（2）邀请招标，是指招标人以投标邀请书的方式邀请特定的设计单位或个人进行投标。

3. 建筑工程设计可不进行招标的情形

（1）采用不可替代的专利或者专有技术的；

（2）对建筑艺术造型有特殊要求，并经有关主管部门批准的；

（3）建设单位依法能够自行设计的；

（4）建筑工程项目的改建、扩建或者技术改造，需要由原设计单位设计，否则将影响功能配套要求的；

（5）国家规定的其他特殊情形。

有保密或特殊要求的项目，经所在地区省级建设行政主管部门批准，可以不进行方案设计竞标。

4. 方案招标书的内容

（1）项目基本情况；

（2）城乡规划和城市设计对项目的基本要求；

（3）项目工程经济技术要求；

（4）项目有关基础资料；

（5）招标内容；

（6）招标文件答疑、现场踏勘安排；

（7）投标文件编制要求；

（8）评标标准和方法；

（9）投标文件送达地点和截止时间；

（10）开标时间和地点；

（11）拟签订合同的主要条款；

（12）设计费或者计费方法；

（13）未中标方案补偿办法。

招标文件一经发出，招标人不得随意变更。如果确需进行必要的澄清或者修改，应当在提交投标文件截止日期前，书面通知所有招标文件收受人。

5. 方案投标文件编制深度要求

设计投标方案应符合国家、地方及行业的有关法律法规的规定。投标文件主要包括技术标和商务标，其编制深度见表2-4。

方案投标文件编制深度一览表 表2-4

技术标		商务标
建筑方案设计	概念方案设计	
1. 工程方案设计综合说明书； 2. 主要技术经济指标； 3. 方案设计图； 4. 工程投资估算和经济分析； 5. 设计效果图或建筑模型； 6. 招标文件要求提交的技术文件电子光盘或多媒体光盘	1. 总体构思，建筑、结构及节能等简要设计说明； 2. 主要概念方案设计图； 3. 主要技术经济指标（估算）； 4. 主要设计效果图或工作模型； 5. 招标文件要求提交的技术文件电子光盘或多媒体光盘	1. 投标公函及其附件； 2. 投标人的资格和资信证明； 3. 联合体协议书、法定代表人授权委托书等； 4. 项目设计负责人、工种负责人、主要设计人的人员组成名单及资历和设计业绩； 5. 设计周期及其保证设计进度、配合施工等服务措施

6. 评标

1）方案评定标准

评标委员会必须严格按照招标文件确定的评标标准和评标办法进行评审。评委应遵循公平、公正、客观、科学、实事求是的评标原则。

评价标准主要包括以下方面：

（1）对方案设计符合有关技术规范及标准规定的要求进行分析、评价；

（2）对方案设计水平、设计质量的高低，对招标目标的响应度进行综合评审；

（3）对方案的社会效益、经济效益及环境效益的高低进行分析、评价；

（4）对方案结构设计的安全性、合理性进行分析、评价；

（5）对方案的投资估算的合理性进行分析、评价；

（6）对方案规划与技术经济指标及其准确度进行比较、分析；

（7）对保证设计质量、配合工程实施、提供优质服务的措施进行分析、评价；

（8）对招标文件规定的废标或被否决的投标文件进行评判。

2）有下列情形之一的，评标委员会应当否决其投标：

（1）投标文件未按招标文件要求经投标人盖章和单位负责人签字；

（2）投标联合体没有提交共同投标协议；

（3）投标人不符合国家或者招标文件规定的资格条件；

（4）同一投标人提交两个以上不同的投标文件或者投标报价，但招标文件要求提交备选投标的除外；

（5）投标文件没有对招标文件的实质性要求和条件作出响应；

（6）投标人有串通投标、弄虚作假、行贿等违法行为；

（7）法律法规规定的其他应当否决投标的情形。

2.3 初步设计

通常，项目的实施图纸要经过初步设计和施工图设计两个阶段。初步设计是一个承前启后的阶段，介于方案设计和施工图设计之间，它是方案设计的延伸与扩展，也是施工图设计的依据和纲领。初步设计文件主要用于方案研究、审批和概算。初步设计是建筑专业与外部各方，如业主、审批部门等，以及与内部各专业交流最频繁、图纸调整最集中的阶段，其工作内容繁杂，工作量也很大，是格外重要的一个阶段。

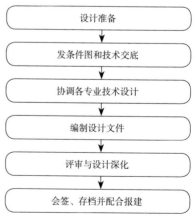

设计准备

↓

发条件图和技术交底

↓

协调各专业技术设计

↓

编制设计文件

↓

评审与设计深化

↓

会签、存档并配合报建

2.3.1 初步设计阶段建筑专业工作程序

初步设计阶段建筑专业工作程序如图2-4所示。

图2-4 初步设计阶段建筑专业工作程序

2.3.2 初步设计阶段建筑专业工作内容

1. 设计准备

首先，在接受设计任务后，收集相关的资料，根据原有方案审查和业主意见修改设计方案。

2. 发条件图和技术交底

根据方案批复意见进行修改后为其他各个专业提供建筑平、立、剖面图，总图；确定设计依据、方案、主要参数、做法等，将规划部门认可和建设方审定的建筑方案图纸交由结构、电气、水暖、空调专业，提出需确定的设计条件，并对其他专业进行技术交底。

3. 协调各专业技术设计

协调各专业，确定结构体系，确定各种设备系统，定位设备机房，安排垂直管道的位置与走向，研究水平管道以确定标高，发现、协调、解决各专业间的问题和矛盾。将这些条件和建筑本专业的深化意见和图纸调整一起先报给建设方，确认后由建筑专业在图纸上进一步落实反馈意见，然后回提给各个专业，方可满足一轮调整。如此反复进行，直至解决主要技术问题，建筑图纸报批为止。

4. 编制设计文件

通过设计计算后，制图并编制设计文件。编制内容包括总图、说明书、建筑说明书（表2-5、表2-6）。

5. 评审与设计深化

由项目主持人主持设计综合评审会议，对设计进行全面评审和验收。在各个专业协调的基础上发展和深化设计，确定达到设计深度要求，并满足方案设计开始的设计目标和业主要求。

6. 会签、存档并配合报建

在政府审批要求的调研和沟通的基础上，经各专业修改并确定互提资料落实、设备用房和管道综合等相关问题解决后，各专业负责人对各相关图纸进行会审和互认会签，各专业图纸经校对、审核或审定后出图，成图后，需在建筑图纸上加盖注册建筑师印章，作为正式设计成果文件资料，并按档案管理规定的要求归档。

<h3 style="text-align:center">初步设计（建筑专业）文件编制内容　　　　表2-5</h3>

分类名称			主要内容
设计总说明			1. 工程设计依据：国家政策、法规、主管部门批文、方案设计等的文号或名称；城市或地区的气象、地理、地质条件，公用设施，交通条件；规划、用地、环保、卫生、绿化、消防、人防、节能、无障碍、抗震等要求和依据资料；建设方提供的功能使用要求等资料；工程概况，建筑类别、性质、面积、层数、高度等；工程依据的主要法规、规范、标准等。 2. 工程建设规模和设计范围：工程项目的组成和设计规模；分期建设的情况；承担设计的范围与分工。 3. 设计指导思想与设计特点：建筑设计构思、理念与特色；采用新技术、新材料、新结构；环保、安全、防火、交通、用地、节能、人防、抗震等主要设计原则；根据使用功能的要求，对总体布局及选用标准的综合叙述。 4. 主要技术经济指标：总用地面积；总建筑面积；其他相关技术经济指标
总平面设计	总设计说明书		1. 设计依据及基础资料：摘述方案设计依据、资料及批文中有关内容；规划许可条件及对总平面布局、环境、空间、交通、环保、文物保护、分期建设等方面的特殊要求；工程采用的坐标，高程系统。 2. 场地概述：工程名称及位置，周边原有和规划的重要建筑物和构筑物；概述地形地貌；描述场地内原有建筑物、构筑物以及保留（名木、古迹等）、拆除的情况；摘述与总平面设计有关的自然因素，如地震、地质、地质灾害等。 3. 总平面布置：说明如何因地制宜地布置建筑物，使其满足使用功能和城市规划要求及经济技术合理性；说明功能分区原则，远近相结合，发展用地的考虑；说明室内外空间的组织及其与四周环境的关系；说明环境景观设计与绿地布置等。 4. 竖向设计：说明竖向设计的依据；说明竖向布置方式、地表雨水的排除方式等；初平土方工程量。 5. 交通组织：说明人流和车流的组织，出入口、停车场（库）布置及停车数量；消防车道和高层建筑消防扑救场地的布置；道路的主要设计技术条件。 6. 主要技术经济指标表
	总平面设计图纸		1. 区域位置图（根据需要绘制）。 2. 总平面图：保留的地形、地物，测量坐标网、坐标值、场地范围的测量坐标或定位尺寸，道路红线、建筑红线或用地界线；场地周边原有及规划道路和主要建筑物及构筑物；道路、广场的主要坐标（或定位尺寸），停车场、停车位、消防车道及高层建筑消防扑救场地的布置，必要时加绘交通流线示意；绿化、景观及休闲设施的布置示意。 3. 竖向布置图：场地范围的测量坐标值（或尺寸）；场地四邻的道路、地面、水面及其关键性标高；保留的地形、地物；建筑物、构筑物、拟建建筑物、构筑物的室内外设计标高；主要道路、广场的起点、变坡点、转折点和终点的设计标高以及场地的控制性标高；用箭头或等高线表示地面坡向，并标示出排坡、挡土墙、排水沟等；指北针；根据需要利用竖向布置图绘制土方图及计算初平土方工程量。 4. 鸟瞰图或模型

分类名称		主要内容
建筑设计	建筑设计说明	1. 设计依据及设计要求：摘述任务书等依据性资料中与建筑专业有关的内容；表述建筑类别和耐火等级、抗震设防烈度、人防等级、防水等级及适用规范和技术标准；简述建筑节能和建筑智能化等要求。 2. 建筑设计说明：概述建筑物使用功能和工艺要求，建筑层数、层高和总高度，结构选型和设计方案调整的原因、内容；简述建筑的功能分区、建筑平面布局和建筑组成以及建筑立面造型、建筑群体与周围环境的关系；简述建筑的交通组织、垂直交通设施的布局以及所采用的电梯、自动扶梯的功能、数量和吨位、速度等参数；综述防火设计的建筑分类、耐火等级、防火防烟分区、安全疏散以及无障碍、节能、智能化、人防等设计情况和所采用的特殊技术措施；主要技术经济指标（包括能反映建筑规模的各种指标）。 3. 对需分期建设的工程，说明分期建设内容。 4. 对幕墙、特殊层面等需另行委托设计、加工的工程内容作必要的说明
	建筑设计图纸	1. 平面图：标明承重结构的轴线、轴线编号、轴线尺寸和总尺寸；绘出主要结构和建筑构配件，如非承重墙、壁柱、门窗、幕墙、天窗、楼梯、电梯、自动扶梯、中庭及其上空、夹层、平台、阳台、雨篷、台阶、坡道、散水明沟等位置；标示主要建筑设备的位置，如水池、卫生器具或设备专业有关的设备等；标示建筑平面或空间的防火分区和防火分区的分隔位置和面积；标明室内外地面设计标高及地上、地下各层楼地面标高。 2. 立面图：立面外轮廓及主要结构和建筑部件的可见部分，如门窗（幕墙）、雨篷、檐口（女儿墙）、屋顶、平台、栏杆、坡道台阶和主要装饰线脚等。 3. 剖面图：剖面应剖在层高、层数不同，内外空间比较复杂的部位，剖面图应准确、清楚地标示出剖到或看到的各相关部分的内容，并应标示内、外承重墙和柱的轴线、轴线编号；结构和建筑构造部件，如地面、楼板、屋顶、檐口、女儿墙、梁、柱、内外门窗、天窗、楼梯、电梯、平台、雨篷、阳台、地坑、台阶、坡道等；各种楼地面和室外标高以及室外地坪至建筑物檐口或女儿墙顶的总高度，各楼层之间尺寸

注：该表参照国标图集05SJ810。

民用建筑主要技术经济指标表　　　　表2-6

序号	名称	单位	数量	备注
1	总用地面积	hm²		
2	总建筑面积	m²		地上、地下部分可分列
3	建筑基底总面积	hm²		
4	道路广场总面积	hm²		含停车场面积，并注明泊位数
5	绿地总面积	hm²		可加注公共绿地面积
6	容积率			总建筑面积/总用地面积
7	建筑密度	%		建筑基底总面积/总用地面积
8	绿地率	%		绿地总面积/总用地面积
9	小汽车停车泊位数	辆		室内、室外分列
10	自行车停放数	辆		

注：该表参照国际图集05SJ810。

2.3.3　扩大初步设计

当工程项目比较复杂，许多工程技术问题和各工种之间的协调问题在初步设计阶段无法确定时，就需要在初步设计和施工图设计之间插入一个技术设计阶段，形成三阶段设计。技术设计的主要任务是在初步设计的基础上，进一步确定各专业间的具体技术问题，使各专业之间取得统一，达到相互配合协调。在技术设计阶段，各专业均需绘制出相应的技术图纸，写出有关设计说明和初步计算等，为施工图设计提供比较详细的资料。有时可将技术设计的一部分工作纳入初步设计阶段，称为扩大初步设计，简称扩初。

扩初深度界于初设与施工图之间，是大型工程为更好地找出设计中的不足而设置的一个设计阶段。现在已成为房地产项目要求施工图设计前达到的一个设计阶段，也是许多建筑专业设计单位和境外事务所移交设计任务的最后一个设计阶段。

2.3.4　初步设计审批

初步设计用于确定建设项目各专业技术方案的可行性，同时也用于确定能否与城市各项基础设施系统相接。因此，必须经城市规划及相关市政配套部门审批，审批方式为由业主主持，邀请各部门人员召开初步设计评审会，设计人员听取意见，并按最终城市规划主管部门下发的审批意见单修改。

2.4　施工图设计

在初步设计文件经政府相关主管部门审查批复，甲方对相关问题给予明确后，建筑设计工作就进入了最终施工图设计阶段。施工图设计是建筑设计的最后一个阶段，是初步设计的进一步细化，是施工的依据和纲领。

施工图设计是将已经批准的初步设计图从技术合理、满足施工要求的角度予以具体化，相应的设计文件应满足设备材料采购和施工的需要，为施工提供正确、完整的图样和技术资料。

2.4.1　施工图设计阶段建筑专业工作流程

施工图设计阶段的工作流程与初步设计阶段的工作程序是基本一样的，只是在具体工作中，应依据国家规范、建设单位要求及各专业提出的资料，补充初步设计文件审查变更后需重新修改和补充的内容，并进行相关计算，达到施工和设备采购所需的深度要求，建筑专业则需把建筑设计落实到每一堵墙、每一扇门窗、每一个节点的具体做法。

设计单位开始施工图设计前，建设方应将以下资料准备好作为设计依据：地质勘测报告、甲方和市政部门的扩初设计意见和批复、市政配套的具体条件。有特殊的结构、保温、设备等要求需要合作设计的，也应及时介入施工图设计。

与初步设计的流程类似，施工图设计需要先将初步确定的建筑图纸交由结构、电气、水暖、空调专业，提出深化的要求。建筑专业按照综合意见调整图纸，然后回提给各个专业，各专业确认后，应据此设计和绘图。同时，建筑专业应将特殊的施工要求绘制为大样图。

2.4.2　施工图设计阶段建筑专业的工作内容

施工图设计成果包括建筑、结构、水暖和电气设备等所有专业的基本图、大样图及其说明书、计算书等。此外还应有整个工程的施工预算书。施工图图纸必须详细完整、前后统一，符合国家建筑制图标准。

建筑施工图设计主要侧重于三个方面：一是按照方案设计中的功能、体块、空间等要求继续进行总体控制，在施工图中细化；二是在初步设计的基础上，进一步确定各专业间的技术衔接；三是将建筑中特殊的施工要求表达为大样图，具体规定各种构件与配件的尺寸与形式，以便在施工中能得到准确的组合。

在全套施工图中，建筑图具有基础性和主导作用，是其他各专业的设计依据。建筑专业必须先提出图纸作为各专业的设计条件。没有准确的建筑图，相关专业就无法进行施工图设计。可以说，建筑施工图是结构、给水排水、供热、通风、电气、概预算等相关专业设计的根本依据。

同初步设计一样，建筑专业仍负有组织协调各专业技术合作的职责。同时，应深入进行技术协调，使各专业之间取得统一，保持各专业设计与建筑设计的一致性。一般来说，项目都是由相关专业人员组成的设计团队共同协作完成的，高度配合的工作主要由项目的建筑设计总负责人来组织和协调，包括拟定设计进度、统一制图标准，组织内、外协商与沟通，协调解决设计过程中出现的各种问题等，施工图设计完成后，还要组织图纸交底、联合审查、归档和施工现场配合等工作。

2.4.3 施工图设计文件内容

施工图设计阶段提交的设计文件包括各专业施工图和工程预算书。具体内容如表2-7、表2-8所示。

施工图设计文件内容　　　　表2-7

图纸名称	简称	内容
建筑施工图	建施	封面、目录（标准图索引表）、建筑设计总说明、总平面图、工程做法、门窗表、建筑平面图、建筑立面图、建筑剖面图和建筑详图等
结构施工图	结施	封面、目录（标准图索引表）、结构设计总说明、地基基础布置图、结构平面布置图和各构件的结构详图等
设备施工图	设施	封面、目录（标准图索引表）、设备设计总说明、主要设备和材料选用表以及给水排水、供热通风、电气专业的平面布置图、系统图和详图
工程预算	预算书	单位工程预算书、综合预算书、总预算书、工程量清单等

施工图设计（建筑专业）文件编制内容表　　　　表2-8

分类名称		主要内容
总平面设计	设计总说明	1. 本图坐标、高程系统等； 2. 重复利用某工程的施工图纸及其说明时，应详细说明其编制单位、工程名称、设计编号和编制日期； 3. 列出主要技术经济指标

分类名称		主要内容
总平面设计	总平面布置图	1. 保留的地形、地物； 2. 测量坐标网、坐标值； 3. 拟建建筑物、构筑物的名称或编号、层数、定位尺寸； 4. 拟建广场、停车场、运动场、道路、无障碍设施、排水沟、挡土墙、护坡的定位尺寸； 5. 指北针或风玫瑰图
	竖向布置图	1. 场地测量坐标网、坐标值； 2. 场地四邻的道路、水面、地面的关键性标高； 3. 建筑物、构筑物的名称或编号、室内外地面的设计标高及坡度； 4. 广场、停车场、运动场地的设计标高及坡度； 5. 道路、排水沟的起点、变坡点、转折点和终点的设计标高、纵坡度、纵坡水平距离、关键性坐标； 6. 用坡向箭头或等高线表明地面坡向
	土方图	1. 场地四界的施工坐标； 2. 建筑物、构筑物的位置； 3. 20m×20m或40m×40m方格网及其定位，各方格点的原地面标高、设计标高、填挖高度、填区和挖区的分界线，各方格土方量，总土方量
	绿化	1. 绘出总平面布置； 2. 绿地（含水面）、人行步道及硬质铺地的定位； 3. 建筑小品位置（坐标或定位尺寸）、设计标高、详图索引
	详图	道路横断面、路面结构、挡土墙、护坡、排水沟、池壁、广场、运动场地、活动场地、停车场地面详图等
建筑设计	施工图设计说明	1. 本工程施工图设计的依据性文件、批文和相关规范； 2. 项目概说：建筑名称、建设地点、建设单位、建筑面积、建筑基底面积、建筑工程等级、设计使用年限、建筑层数和建筑高度、建筑分类和耐火等级、人防工程防护等级、屋面防水等级、地下室防水等级、抗震设防烈度等以及能反映建筑规模的主要技术经济指标； 3. 设计标高，本工程相对标高与总图绝对标高的关系； 4. 用料说明和室内外装修； 5. 对采用的新技术、新材料的做法说明及对特殊建筑造型和建筑构造的说明； 6. 门窗表； 7. 幕墙工程及特殊尾面工程的性能及制作要求； 8. 电梯（自动扶梯）的选择及性能说明
	设计图纸	1. 平面图 （1）承重墙、柱及其定位轴线编号，内外门窗位置； （2）轴线总尺寸、轴线间尺寸、门窗洞口尺寸、分段尺寸； （3）墙身厚度，扶壁柱宽、深尺寸及其与轴线尺寸； （4）变形缝位置、尺寸及做法索引； （5）主要建筑设备和固定家具的位置及相关做法索引； （6）电梯、自动扶梯、楼梯（爬梯）位置和楼梯上下方向示意及编号索引； （7）主要结构和建筑构造部件的位置、尺寸和做法索引，如中庭、天窗、地沟、地坑、重要设备或设备基座、各种平台、夹层、人孔、阳台、雨篷、台阶、坡道、散水、明沟等；

分类名称		主要内容
建筑设计	设计图纸	（8）墙体及楼地面预留孔洞和通风管道、管线竖井、烟囱、垃圾道等位置、尺寸和做法索引； （9）室外地面标高、底层地面标高、各楼层标高、地下室各层标高； （10）屋顶平面。 2．立面图 立面外轮廓及主要结构和建筑构造部件的位置，如女儿墙顶、檐口、柱、变形缝、室外楼梯和垂直爬梯、室外空调机搁板、阳台、栏杆、台阶、坡道、花台、雨篷、烟囱、勒脚、门窗、幕墙、洞口、门头、雨落管及其他的装饰构件、线脚和粉刷分格线等以及关键控制标高的标注，如屋面或女儿墙标高等；外墙的留洞应标注尺寸与标高以及轴线编号。 3．剖面图 （1）剖切到或可见的主要结构和建筑构造部件，如室外地面、底层地（楼）面、地坑、地沟、各层楼板、夹层、平台、吊顶、屋架、屋顶、出屋顶烟囱、天窗、挡风板、檐口、女儿墙、爬梯、台阶、坡道、散水、天台、阳台、雨篷、洞口及其他装修等可见的内容； （2）高度尺寸：外部尺寸，如门窗洞口高度、层间高度、室内外高差、女儿墙高度、建筑总高度，内部尺寸，如地坑（沟）深度、隔断高度、内窗高度； （3）标高：主要结构和建筑构造部件的标高，如地面、楼面（含地下室）、平台、吊顶、屋面板、屋面檐口、女儿墙顶和高出屋面的建筑物、构筑物及其他屋面特殊构件等的标高，室外地面标高； （4）墙、柱、轴线和轴线编号以及节点构造详图索引号。 4．详图 （1）内、外墙节点，楼梯、电梯、厨房、卫生间等局部平面放大和构造详图； （2）室内外装饰构造、线脚、图案等； （3）特殊的或非标准门、窗、幕墙等应有构造详图； （4）其他在平、立、剖面或文字说明中无法交代或交代不清的建筑构配件和建筑构造

2.4.4 施工图设计审批

设计单位完成施工图设计文件之后，应报送城市规划主管部门审批。一般城市规划主管部门委托具有审图资质的审图机构对设计单位完成的施工图文件进行审查，由审图单位各专业技术人员对报送的施工图文件分专业进行审查并提出意见。审查内容包括：是否违反工程建设强制性规范、是否违反工程建设一般性规范以及对报审项目的建议性意见。设计单位必须书面回复。违反强制性规范的必须修改；其他问题可与审图单位专业人员沟通后修改；对好的意见和建议应积极采纳。设计单位在这一阶段的修改应作为设计变更下发施工单位执行。

经审查合格并允许通过的施工图方可用于施工建设。建设单位或个人在取得建设工程规划许可证和其他有关批准文件后，方可办理开工手续。

2.5 施工阶段的设计配合

2.5.1 设计交底与图纸会审

设计交底就是在图纸经过审查后，建设单位组织设计单位、施工单位以及监理单位以会议的形式进行相互沟通。会议一般先由设计单位阐述设计理念、意图以及设计中的一些需要重视的问题，施工单位在收到图纸后，安排各专业人员熟悉图纸，提出问题，设计人员予以解答。

图纸会审是施工单位和监理单位在拿到图纸后进行的一项工作，对图纸进行审核，发现问题或有不理解的地方提前做好记录，并且对设计中存在的疑问或是问题进行汇总，在图纸会审时一起向设计单位提出，以便得到解答。

1. 设计交底与图纸会审的目的

为了便于参与工程建设的各单位、各专业了解工程设计的主导思想，建筑构思，建筑所采用的新技术、新工艺、新材料、新设备的要求以及施工中应特别注意的事项，掌握工程关键部分的技术要求，确保工程质量，设计单位应对提交的施工图纸进行系统有序的设计交底。

为了减少图纸中的差错、遗漏、矛盾，将图纸中的质量隐患与问题消灭在施工之前，使设计施工图纸更符合施工现场的具体要求，避免返工浪费，因此要求监理部门、设计单位、建设单位、施工单位及其他有关单位对施工图纸在自审的基础上进行综合的图纸会审。

设计交底与图纸会审既是保证工程质量的重要环节，也是保证工程顺利施工的主要步骤。

2. 设计交底与图纸会审应遵循的原则

（1）设计交底和图纸会审时，设计单位各专业之间相互关联的图纸必须提交齐全、完整。对施工单位急需的专项图纸也可提前交底与会审，但在所有成套图纸到齐后需再统一交底与会审。

（2）在设计交底与图纸会审之前，各单位包括建设单位、监理部门及施工单位和其他有关单位必须事先指定主管该项目的有关技术人员看图自审，初步审查本专业的图纸，进行必要的审核和核算工作。各专业图纸之间必须核对。

（3）设计交底与图纸会审时，设计单位必须派负责该项目的主要设计人员出席。经过建设单位确认的工程图纸才可以进行设计交底和图纸会审。未经确认的工程图纸不得交付施工。

（4）凡直接涉及设备制造厂家的工程项目及施工图，应由订货单位邀请制造厂家代表到会，与到会的建设单位、监理部门及设计单位的代表一起进行技术交底与图纸会审。

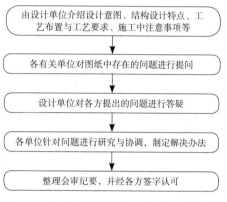

图2-5　设计交底与图纸会审的工作程序

3. 设计交底与图纸会审的工作程序

设计交底与图纸会审的工作程序如图2-5所示。

2.5.2　设计变更与工程洽谈

设计变更是指施工图编绘出来之后，经过设计单位、建设单位和施工单位洽商同意后对原设计进行的局部修改，而且对原设计影响较小，只要甲、乙方同意就可以实施。

工程洽谈是施工单位为了便于施工，或甲方意图有所改变，或发现了图纸会审时没有发现的图纸问题，向设计单位提出意见，进行商讨解决。

1. 设计变更的原因

（1）图纸会审后，设计单位根据图纸会审纪要与施工单位提出的图纸错误、建议、要求，对设计进行变更修改。

（2）在施工过程中，发现图纸设计有遗漏或错误，由建设单位转交设计单位，设计单位对设计进行修改。

（3）建设单位在施工前或施工中，根据情况对设计提出新的要求，如增加建筑面积、提高建筑和装修标准、改变房间使用功能等，设计单位根据这些新要求，对设计予以修改。

（4）因施工本身的原因，如施工设备不能满足施工要求、施工工艺有所局限、工程质量存在问题等，需设计单位协助解决问题，设计单位在允许的条件下，对设计进行变更。

（5）施工中发现某些设计施工条件与实际情况不相吻合，此时必须根据实际情况对设计进行修改。

（6）由于征地拆迁、规范以及政策有所改变，对原先的设计进行调整，以满足当时需要。

（7）由于规划有所调整，也会导致对设计图纸进行局部的修改。

2．设计变更的办理手续

由施工单位提出变更与理由，以书面形式报告给监理单位及建设单位后，建设单位根据变更的内容与监理单位、设计单位共同洽商，然后由设计单位出具正式的"变更洽商"及"变更图"。由设计单位或设计单位代表签字（或盖章），通过建设单位提交给施工单位。施工单位直接接受设计变更是不合理的。

3．设计变更处理办法

（1）对于变更较少的设计，设计单位可制定变更通知单交由施工单位进行修改，在修改的地方盖图章，注明设计变更编号；若变更较大，需设计单位附加变更图纸，或由设计单位另行设计图纸。

（2）设计变更若与以前的洽商记录有关，要进行对照，看是否存在矛盾或不符之处。

（3）若是施工中的设计变更对施工产生直接影响，如施工方案、施工机具、施工工期、进度安排、施工材料，或提高建筑标准，增加建筑面积等，均涉及工程造价与施工预算，应及时与建设单位联系，根据承包合同和国家有关规定，商讨解决办法。

（4）若设计变更与分包单位有关，应及时将设计变更有关文件交给分包施工单位。

（5）设计变更的有关内容应在施工日志上记录清楚，设计变更的文本应登记、复印后存入技术档案。

4. 工程洽商记录

在施工中，建设、施工、设计三方应经常举行会晤，解决施工中出现的各种问题，对于会晤洽谈的内容应以洽商记录的方式记录下来。

（1）洽商记录应填写工程名称及洽商日期、地点、参加人数、各方参加者的姓名；

（2）在洽商记录中，应详细记述洽谈协商的内容及达成的协议或结论；

（3）若洽商与分包商有关，应及时通知分包商参加会议，并参加洽商会签；

（4）涉及其他专业时，应请有关专业技术人员会签，并发给该专业技术人员洽商单，注意专业之间的影响；

（5）原洽商条文在施工中因情况变化需再次修改时，必须另行办理洽商变更手续；

（6）洽商中凡涉及增加施工费用的，应追加预算的内容，建设单位应给予承认；

（7）洽商记录均应由施工现场技术人员负责保管，作为竣工验收的技术档案资料。

2.5.3 工程验收

工程的竣工，是指房屋建筑通过施工单位的施工建设，业已完成了设计图纸或合同中规定的全部工程内容，达到建设单位的使用要求，标志着工程建设任务的全面完成。

建筑工程竣工验收，是施工单位将竣工的建筑产品和有关资料移交给建设单位，同时接受对产品质量和技术资料进行审查验收的一系列工作，它是建筑施工与管理的最后环节。通过竣工验收，甲乙双方核定技术标准与经济指标。如果达到竣工验收要求，验收后甲乙双方可以结束合同的履行，解除各自承担的经济与法律责任。

1. 竣工验收工作的组织

为了加强对竣工验收工作的领导，一般在竣工之前，根据项目的性质、规模，成立由生产单位、建设单位、设计单位和银行等有关部门组成的竣工验收委员会。某些重要的大型建设项目，应报国家发改委组成验收委员会。

2. 竣工验收工作的步骤

竣工验收工作的步骤如图2-6所示。

1）竣工验收准备工作

在竣工验收之前，建设单位、生产单位和施工单位均应进行验收准备工作，其中包括：

（1）收集、整理工程技术资料，分类立卷；

（2）核实已完工程量和未完工程量；

（3）工程试投产或工程使用前的准备工作；

（4）编写竣工决算分析。

2）预验收

施工单位在单位工程交工之前，由施工企业的技术管理部门组织有关技术人员对工程进行企业内部预验收，检查有关的工程技术档案资料是否齐备，检查工程质量按国家验收规范标准是否合格，发现问题及时处理，为正式验收做好准备。

3）工程质量检验

根据国家颁布的《建筑工程质量监督条例》的规定，由质量监督站进行工程质量检验。质量不合格或未经质量监督站检验合格的工程，不得交付使用。

4）正式竣工验收

由各方组成的竣工验收委员会对工程进行正式验收。首先听取并讨论预验收

图2-6　竣工验收的步骤

报告，核验各项工程技术档案资料，然后进行工程实体的现场复查，最后讨论竣工验收报告和竣工鉴定书，合格后在工程竣工验收书上签字盖章。

5）移交档案资料

施工单位向建设单位移交工程交工档案资料，进行竣工决算，拨付工程款。由于各地区关于竣工验收的规定不尽相同，实际工作中应按照本地区的具体规定执行。

2.6 使用后评估的内容

使用后评估是指在建筑工程项目建成投用或运营一定时间后，运用规范、科学、系统的评价方法与指标，对项目的目标、执行过程、结果、作用、影响和可持续性进行全面、系统的调查、分析和评价，综合研究项目实际的实施过程、达到的效果和影响与项目决策（规划）情况之间的差距及原因，通过总结经验教训和信息反馈，提出相应的对策、建议，以改善项目决策机制，提高投资管理水平和效益，寻求项目的可持续发展路径。

（1）使用后评估的起源。使用后评估始于20世纪中期，"二战"后，英国和美国率先对城市进行了大规模的开发与住宅建设。经过十多年的建设，城市中出现了一系列失败的建筑工程，因此，英美分别进行了一系列针对这些失败案例的考察和研究。英国皇家建筑师协会工作手册中明确提出，一个完整的建筑项目的最后阶段是"反馈阶段"。美国的使用后评估始于低收入者的集合住宅、医院、监狱等专门的建筑类型，这些工作着重调查评估这些特种建筑对特殊使用者的健康、安全和心理的影响，并为今后改进同类建筑设计提供依据。使用后评估的影响力也随着这些研究逐渐得到了社会的重视。

（2）使用后评估在国内的现状。相比西方国家，我国建成环境使用后评估仍未得到政府、开发商、建筑师以及行业协会的足够重视。至今为止，我国尚无明确的相关法律、规范和关于使用后评估的建筑评价标准，缺乏相应的执行、负责和监督部门，公众参与制度以及政府介入的公共空间使用后评估还远远不够。综上所述，后评估在中国的研究与实践刚刚起步，有赖于政府、社会、行业协会、研究学界等各个领域的专家学者共同探讨形成合力。

2.6.1　使用后评估的内容

使用后评估是建筑设计全生命周期的重要一环，是对建成环境的反馈和对建设标准的前馈，推动了建筑学科时间维度上的完整性和人居环境科学群的交叉融合，对建筑效益的最大化、资源的有效利用和社会公平起到重要的作用。可以从以下三个层面对其定义进行解读：

建筑性能评估主要指的是在建筑建成和使用一段时间后，对建筑性能进行的系统、严格的评估。这个过程包括系统的数据收集、分析以及将结果与明确的建成环境性能标准进行比较，安全质量、节能能耗等方面都在这一层次。除此之外，评估使用者的需求及社会效益的重要性一点也不亚于物化环境的评估。

英国皇家建筑师协会指出，从职业管理的角度来看，使用后评估包括在建筑投入使用后，对其建筑设计进行的系统研究，从而为建筑师提供设计反馈信息，同时也给建筑管理者和使用者提供一个好的建筑的标准。

2.6.2　使用后评估的常用技术和方法

使用后评估一般应采用定性和定量相结合的方法，主要包括：逻辑框架法、调查法、对比法、专家打分法、综合指标体系评价法、项目成功度评价法等，具体主要包括以下操作内容：

（1）文献资料收集与分析；

（2）现场踏勘与测量；

（3）问卷调查与访谈；

（4）直接观察与行为记录；

（5）拍照与录像；

（6）认知地图与使用方式记录；

（7）变更设计与改变空间使用功能的记录；

（8）利用图片或虚拟仿真技术来进行主观优选实验。

2.6.3　使用后评估的意义

短期价值主要体现在经验反馈方面，包括：对机构中的问题进行识别和解决；对建筑使用者利益负责的积极的机构管理；提高对空间的利用效率和对建筑性能的反馈；通过积极参与评估过程以改善建筑使用者的态度；理解由于预算削减而带来的性能的变化；明智的决策以及更好地理解设计方案。

中期价值集中体现在对同类型建筑的效能评价方面，包括：调查公共建筑固有的适应一定时间内组织结构变化成长的能力，包括设施的改建和再利用；节省建造以及建筑全生命周期的投资；调查建筑师和业主对于建筑性能应负的责任。

长期价值主要体现在标准优化方面，包括但不限于：长期提高和改善同类型公共建筑的建筑性能；更新设计资料库、设计标准和指导规范；通过量化评估来加强对建筑性能的衡量。

我们通过汇集专家智库，共同探讨使用后评估在中国未来的发展方向，为探索建筑及城市建成环境后评估的行动纲领和可行路径提供参考和借鉴。在中国的建筑行业持续发展的今天，建筑师除了全方位地投入到建设过程中之外，也需要有一个"向后看"的过程，"向后看"正是为了更好地继续向前发展。

第 3 章

建筑设计的项目模式与设计管理

项目管理是一种以功能、质量、成本、进度为目标的管理模式，通过设计协调，配合总体计划，编制设计计划并督促落实。具体包括：协调各专业的设计进度以满足总设计计划、协助确定各设计单位之间的工作界面、设计报批及征询管理、配合施工招标管理、配合组织设计交底、竣工验收等。项目工作模式中，建筑专业并不局限于单一专业的工作，更为重要的是其担负着整个项目的设计综合优化的核心职能。

随着社会的发展，建设项目[①]的规模越来越大，各项技术不断更新，对设计建造的要求日趋严格，项目全过程的计划、协调和控制管理也更为科学化。先进理念的引进和实践，不仅推动了建筑设计理念和技术的更新，同时促进了成本投入和社会效益的优化。项目管理[②]已成为建筑市场的主流方式。建筑行业整合发展，极大拓展了建筑设计的择业范围，从开发企业到咨询和顾问公司以及各类设计企业和政府相关部门。建筑专业人员可从事咨询分析、产品研发、前期策划、技术设计、项目管理、设计管理等各个方面的工作。本章基于项目基本流程以及项目各设计和实施单位的组成，对其中相关环节进行重点说明。

3.1 基于项目模式的建筑设计工作

根据我国建设项目的基本程序，项目立项之前称为项目决策阶段，是项目策划之前的阶段[③]，其主要工作包括项目建议书和可行性研究报告的编制；立项之后称为项

---

① 本章中"建设项目"特指以建筑设计为主的房建项目，不包含基础设施建设的基建类型。

② 工程项目管理是从建筑的设计和实施中独立出来的专门学科，定位于建设单位的项目全过程的管理，是从项目的开始到项目的完成，对项目进行全过程的计划、协调和控制。目的是为了满足业主的要求，在给定的费用和要求的质量标准下，按时完成具有一定功能和经济实用性的项目（《建设工程项目管理服务大纲和指南》（2018年版）上海市建设工程咨询行业协会《大纲和指南》编写组）。

③《建设项目前期策划与设计过程项目管理》（RICS专业培训教材）p1，编审：乐云、朱盛波、梁士毅，同济大学经济与管理学院建设管理与房地产系、上海现代工程咨询有限公司与上海科瑞建设项目管理有限公司。

目实施阶段，主要工作是项目的设计、施工、交付使用以及运营与后评估（图3-1）。

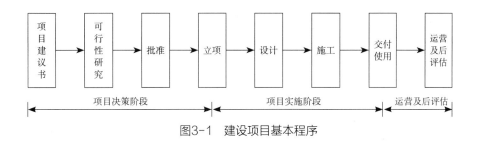

图3-1　建设项目基本程序

3.1.1　建设项目前期策划阶段

1. 前期策划工作程序

项目前期策划是项目管理的重要组成部分[①]。前期的时间范畴涵盖从项目意图产生的项目决策阶段全过程至设计要求文件提出的项目实施阶段。在项目前期，国家规定的基本程序包含项目建议书、可行性研究报告两项工作。

"项目建议书是投资者向审批机关上报的文件，主要是从宏观上论述项目设立的必要性和可能性，是立项的依据。其内容包括：对拟建项目的目的、投资方式、生产条件与规模、甲方投资金额及投入方式、资金来源、市场前景和经济效益等方面作出的初步测算和建议。项目建议书经审批机关批准后，才能进行以编制可行性研究报告为中心的各项工作。"即：按规定，项目建议书要回答"为什么要做，做什么，预计投资多少，多长时间回收投资，投资效益如何"等关乎项目前期决策的重要问题。"可行性研究的任务是根据国民经济长期规划和地区规划、行业规划的要求，对建设项目在技术、工程和经济上是否合理和可行，进行全面分析、论证，作多方案比较，提出评价，为编制和审批设计要求提供可靠的依据。"[②]可行性研究报告编制完成后，将按隶属关系由各省、市、自治区、国家行政主管部门预审或审批，经批准的可行性研究报告是确定项目立项、编制设计

---

① 《建设项目前期策划与设计过程项目管理》（RICS专业培训教材）p1，编审：乐云、朱盛波、梁士毅，同济大学经济与管理学院建设管理与房地产系、上海现代工程咨询有限公司与上海科瑞建设项目管理有限公司。

② 乐云，朱盛波. 建筑项目前期策划与设计过程项目管理.

文件的依据。因此，可行性研究是项目前期工作的重要内容，是项目基本程序的重要组成部分。

2. 前期策划的主要内容

项目前期策划是建设单位构建项目意图、明确项目目标的重要阶段，是制定项目管理和实施方案，明确项目管理工作任务、权责和流程的重要时期。但是往往由于前期环境调查和分析不足，可行性研究拘泥于经济分析和技术分析，广度和深度有限，在项目定位、实施战略等决策上存在不足。所以，在项目前期更需要回答为什么、做什么以及怎么做等问题，为项目的决策和实施提供全面完整的、系统的计划和依据。

前期策划就是把项目意图转换成定义明确、目标清晰且具有强烈可操作性的项目策划文件的过程。其意义在于前期策划的工作成果能使项目的决策和实施有据可依：在项目决策阶段，针对项目意图，明确项目的定义、功能和规格，构建项目的质量、成本和进度目标，提出项目的估算、融资和经济评价方案；在项目实施阶段，针对任何一个阶段、任何一个方面的工作都经过事先分析和计划，既具体入微，又不失其系统性，使项目实施的目标、过程、组织、方法、手段等都更具系统性和可行性（图3-2）。

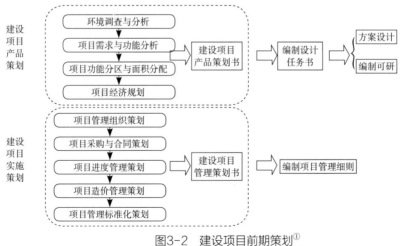

图3-2　建设项目前期策划①

---

① 徐友彰. 工程项目管理操作手册［M］. 上海：同济大学出版社，2008：2.

3. 前期策划与建筑设计的关系

建筑设计是根据任务书及实施、运营要求，形成设计图纸，作为项目施工的依据。设计工作一般分为三个阶段：设计条件分析、建筑空间设定、建筑设计表达。从建立建筑策划理论的观点出发，前期策划通过第二个阶段与建筑设计相沟通。由于建筑设计单位较少参与任务书的拟定及其可行性分析研究，建设项目的前期策划大多不够严格、全面，设计内容和工作程序也缺乏明确的规定，与基本建设程序无法完全对应。全过程设计加强了系统性和实践总结，由于各阶段的密切相关性，为建筑设计创造了良好的条件。建筑师需要熟悉项目的各个阶段，避免因割裂产生错误的决策，进而误导项目建设。

3.1.2 建设项目的实施及管理模式

1. 实施单位分类及组织结构

建设项目的设计管理中，最大的资源就是所聘请的设计顾问公司，但在实际的委托中，往往不是一家，而是一个顾问团队，按照专业及阶段的不同，一般会有如下组成部分：规划方案设计单位、建筑方案设计单位、建筑施工图设计单位、景观方案设计单位、景观施工图设计单位、小区管网综合设计及施工单位、室内装修设计施工单位、设备安装单位等。一般还不止于此，一个工程的完成往往涉及不少于10家单位。按不同专业可分为景观设计、管线设计、消防设计、人防设计、智能化、装饰装修设计等（图3-3）。

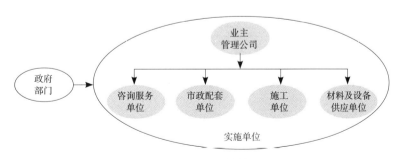

图3-3 建筑项目各实施单位关系图

2. 实施单位细分类型（表3-1）

建设项目各设计与实施单位一览表　　　　表3-1

类别1	类别2	类别3	类别4	备注
业主和管理公司	政府管理部门	发改委、规划局、建委、消防局、卫生防疫、交通、环保		监管与协调
	咨询服务单位	勘察单位	地质勘探、地形测绘	
		设计单位	规划及建筑设计、人防设计、管线设计等	
			钢结构设计、幕墙设计、装修设计等	
		招标、监理、咨询单位	招标代理、监理、造价咨询、工程审价	
		审图、测量、监测单位	审图单位、各类测量单位、各类监测单位	
		顾问及服务单位	进出口代理单位、律师、其他专业顾问等	
	施工单位	施工总承包单位	机电安装专业分包	设计施工一体化单位
			结构专业桩基、基坑围护、钢结构等分包	
			幕墙专业分包	
			弱电专业分包	
			消防专业分包	
			装饰专业分包	
			景观园林专业分包	
	市政配套单位		电力、给水、排水、燃气、通信	
			市政道路、交通设施、有线电视、无线覆盖	
	材料设备供应商		电梯、变压器、开关柜	
			冷却塔、冷水机组、锅炉、柴油发电机	

3. 项目管理模式

按照项目管理方与建设单位的关系，项目管理可分为三种基本组织模式，分别是：①完全代理型——受建设单位委托，项目管理方全面负责筹建工作，对建设单位最高决策者负责；②有限代理型——项目管理方在建设单位的领导下承担项目建设的组织管理工作，按管理层级对建设单位负责；③联合团队型——项目管理方与建设单位组成联合团队，根据专业分工，分别承担项目建设的部分组织管理工作（表3-2）。

项目管理的三种组织模式　　　　　　　　　　　表3-2

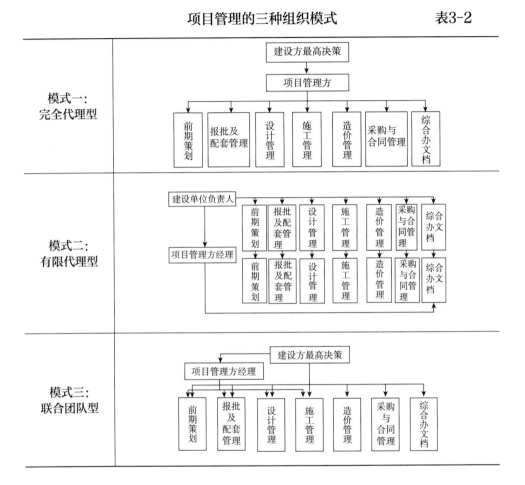

3.1.3 建设项目管理制度概述

1. 建设项目管理的任务模式

1）项目目标控制策划

项目管理是以目标控制策划为中心的一套制度。在明确了项目管理组织模式的前提下，根据项目实施的不同阶段和项目管理的不同任务，明确项目主持方的管理工作内容以及各参与方需共同遵守的一套管理制度。项目目标控制策划主要包括实施进度控制策划、实施投资控制策划、实施质量控制策划等。项目管理工作内容是：针对项目主持方的工作制度，为了更好地实现项目目标，明确项目各参与方的职责、权利和义务。项目实施策划还需根据项目的具体情况制定有针对性的项目管理制度，相关内容包括：《项目工程进度管理办法》《项目工程质量管理办法》《项目工程检测管理办法》《项目工程精装修管理办法》《项目工程专业分包和主要材料设备管理办法》等。

2）项目进度控制策划

在项目实施前，首要工作是编制项目总进度规划，作为项目建设全过程进度控制的纲领性文件，在项目实施过程中，各阶段的进度计划、各子项目详细的进度计划都必须遵守项目总进度规划。其次，随着项目的进展，总进度规划也需进行必要的调整。在项目实施的各阶段，项目参与各方应在总进度规划的指导下编制各子项目详细进度计划。设计方、施工方、供货方编制的进度计划应作为合同履行所依照的文件，并用作各单位计划、执行、控制和检查的依据。

3）项目设计阶段管理

项目管理非常强调设计阶段的管理，因为设计单位的协调与合作对项目的质量、进度非常重要。项目管理部门一定要为建设方与设计单位的协调与沟通创造便利条件，随时掌握设计过程中的各种信息。在设计合同中，首先应明确设计进度计划要求，并检查、控制、掌握其执行设计计划的信息，分析影响设计进度的因素，及时提出建议报告。同时，设计过程是项目实施阶段的重要环节，无数大型建设项目的实践证明，设计工作的好坏直接影响着设计质量的高低，影响着整个建设项目的投资、进度和质量，并对建设项目能否成功实施起到决定性作用。设计的内容能否得以充分体现，关系到项目最终交付使用后的运营效果。因此，必须对设计阶段的项目管理工作予以极度重视。

2. 项目管理各阶段主要内容①

建设项目周期总体分为设计和建造两大部分。项目管理将其细分为七个阶

---

① 上海市建设工程咨询行业协会编写组，同济大学复杂工程管理研究院. 建设工程项目管理服务大纲和指南［M］. 上海：同济大学出版社，2018.

段[①]，按照工作程序分别为：前期及策划阶段、规划及设计阶段、施工前准备阶段、施工阶段、竣工验收及移交阶段、保修及后评估阶段和运营管理阶段。按照不同的主体，每个阶段又可以分解为多个节点。建筑设计工作按项目管理流程推进。相关部门依次有建设单位、其他有资质的咨询顾问单位[②]以及政府管理部门等（图3-4）。

图3-4 建设项目管理的阶段划分

1）前期及策划阶段[③]

前期及策划阶段是指项目从策划到完成定义、方案和决策的整个过程。具体分为项目的前期整体策划、管理实施总体策划、建设配套管理和审批手续办理、项目管理组织的建立与运行等若干步骤。建设步骤是按照相关审批内容和部门划分的，实际操作过程中，各方工作会有交叉。本阶段的项目建设配套管理主要为征询工作，征询意见既是下一步设计和审批的依据，也是立项和设计的必要步骤。

2）规划及设计阶段

规划及设计阶段是项目管理的核心内容，包括对总体设计与单体设计任务的委托及合同管理，规划设计、方案设计、初步设计（扩初设计）、施工图设计和专业深化设计等方面的管理。该阶段的项目管理工作依据管理职能进行划分，而未按照方案—初步设计—施工图的流程划分。具体包括造价控制、质量控制、进度控制、设计协调、文档管理以及报批报建和配套管理。

3）施工前准备阶段

该阶段主要任务是做好各项开工准备工作，以满足项目开工条件。分为五个子项：发包与采购管理、开工条件审查、施工前各项计划管理、施工前准备阶段建设配套管理以及施工前准备阶段建设手续办理。本阶段不包括勘察与设计招标实施的

管理工作，包括项目实施的大部分发包与采购的管理工作。有工程类、服务咨询类及材料与设备类招标活动。其中，工程类招标包括施工总承包、指定专业分包（如钢结构、幕墙、消防、内装修、特种空调系统、楼宇智能化系统、电梯、园林绿化等）；服务类招标，包括指定专业设计、施工监理、招标代理、造价咨询、工程审价、监测或检测及其他咨询服务等；材料与设备采购，包括甲供材料、甲供设备等。要求招采文件准确、规范，在时间上，提前编制和审核，以配合总体建设计划，确保工程顺利开展。建筑项目专项报审主要在初步设计及施工图设计阶段，两者均是项目开工的前提条件。本阶段建筑项目专项报审工作主要包括规划、环境保护、卫生防疫、消防、民防、绿化、劳动安全卫生、道路交通、市容环境卫生、抗震设防、河道管理、防雷、节能、幕墙、安评等方面。按照各部门的规定提供相关资料，及时反馈各部门意见，并协调建设单位、设计单位等相关单位解决。

4）施工阶段

施工阶段投资量大、周期长、参建单位多、协调关系复杂，是实现建设目标的关键。施工阶段的管理是项管的重要组成部分，包括进度控制、质量控制、投资控制、合同管理、设计与技术管理、安全文明管理、组织与协调管理、信息与文档管理。在实际工程中，项目管理的许多工作往往是贯穿项目的多个阶段甚至工程全生命周期的，而且各个方面的设计、采购、施工等工作的进展往往是不同步的，各阶段并没有统一的、绝对的时间界限，可能存在交叉，例如在土建部分进入"施工阶段"的时候，项目的机电、幕墙、精装修等部分可能还在进行施工图或合同图纸的设计，许多采购工作也会在施工期间逐步进行，内容已在"施工前准备阶段"中阐述。

5）竣工验收及移交阶段

本阶段是指施工单位按合同和设计图纸完成了全部任务，经自检合格后，由项管和建设单位组织验收的过程，包括项目联合调试、竣工验收准备、竣工验收管理、竣工结算和审价及项目移交管理等5个子项，由建设、项管、监理、施工、设计单位的代表配合政府职能部门进行验收，验收合格即签署竣工验收报告，表明工程项目建设已达到建设/使用单位的要求，项目取得备案机关的工程竣工验收备案证明[①]，可交付使用。

[①] 相关职能部门有规划、质监、消防、卫生、交通、绿化、环保、民防、防雷、档案、技监、轨道、净空保护等，视项目具体情况而定。

3. 项目管理各阶段的流程

1）前期及策划阶段流程（表3-3）

前期及策划阶段流程 　　　　　　　　　　表3-3

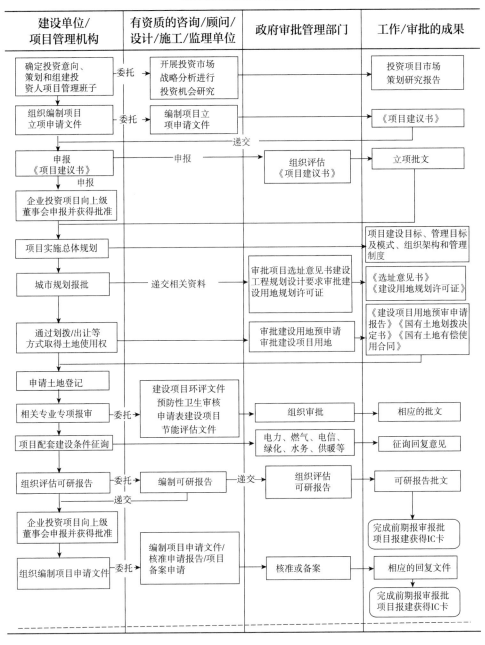

2）规划及设计阶段流程（表3-4）

规划及设计阶段流程 表3-4

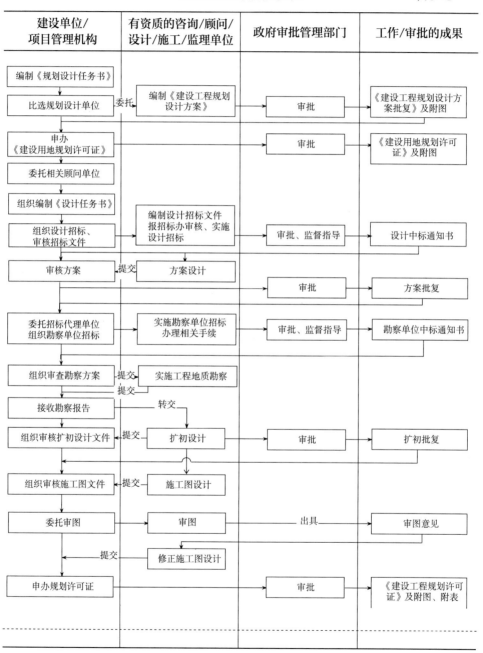

建设单位/ 项目管理机构	有资质的咨询/顾问/ 设计/施工/监理单位	政府审批管理部门	工作/审批的成果
编制《规划设计任务书》			
比选规划设计单位	编制《建设工程规划设计方案》	审批	《建设工程规划设计方案批复》及附图
申办《建设用地规划许可证》		审批	《建设用地规划许可证》及附图
委托相关顾问单位			
组织编制《设计任务书》	编制设计招标文件报招标办审核、实施设计招标	审批、监督指导	设计中标通知书
组织设计招标、审核招标文件			
审核方案	方案设计	审批	方案批复
委托招标代理单位组织勘察单位招标	实施勘察单位招标办理相关手续	审批、监督指导	勘察单位中标通知书
组织审查勘察方案	实施工程地质勘察		
接收勘察报告			
组织审核扩初设计文件	扩初设计	审批	扩初批复
组织审核施工图文件	施工图设计		
委托审图	审图	出具	审图意见
	修正施工图设计		
申办规划许可证		审批	《建设工程规划许可证》及附图、附表

3）施工前准备阶段流程（表3-5）

施工前准备阶段流程　　　　　　表3-5

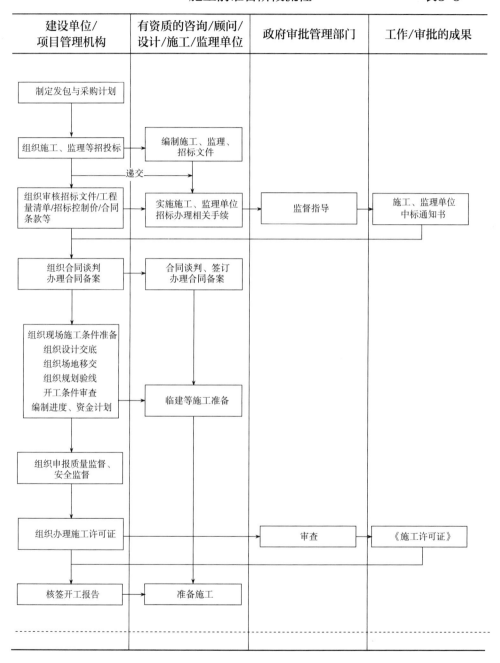

建设单位/ 项目管理机构	有资质的咨询/顾问/ 设计/施工/监理单位	政府审批管理部门	工作/审批的成果
制定发包与采购计划			
组织施工、监理等招投标	编制施工、监理、 招标文件		
组织审核招标文件/工程量清单/招标控制价/合同条款等	实施施工、监理单位招标办理相关手续	监督指导	施工、监理单位中标通知书
组织合同谈判 办理合同备案	合同谈判、签订 办理合同备案		
组织现场施工条件准备 组织设计交底 组织场地移交 组织规划验线 开工条件审查 编制进度、资金计划	临建等施工准备		
组织申报质量监督、 安全监督			
组织办理施工许可证		审查	《施工许可证》
核签开工报告	准备施工		

（递交）

4）施工、竣工验收及后续阶段流程（表3-6）

施工、竣工验收及后续阶段流程 表3-6

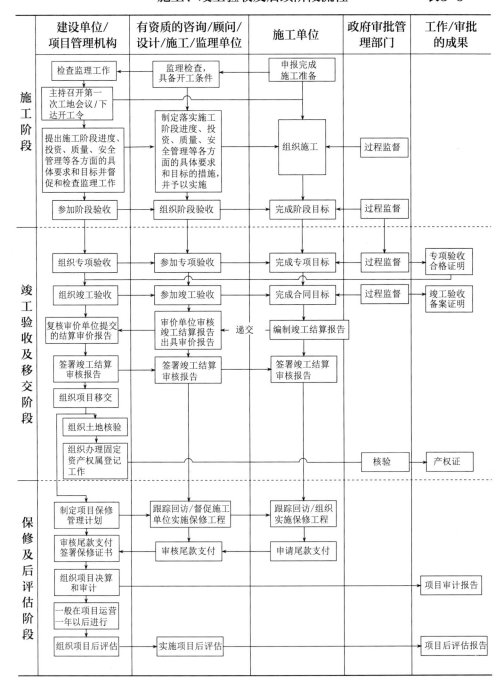

3.2 以设计管理为中心的项目操作系统

随着社会的发展和技术的更新，建筑设计行业发生了深刻的变化，大量实践不断催化设计的进步。从设计观念、技术知识到管理模式全面更新，业务范围及服务方式也得以广泛拓展。对比前项目管理时期，建筑设计的工作模式及管理方式也更为科学、合理。

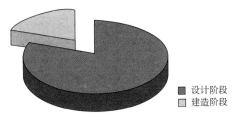

图3-5　建筑设计阶段成本控制重要性占比

无数建设项目的实践证明，设计管理密切影响着整个项目的投资、进度和质量，是项目成本控制的关键（图3-5），对项目的成功实施起到了决定性作用，直接关系着项目最终交付使用后的运营效果。因此，必须对项目设计阶段的管理予以高度的重视。

3.2.1 项目管理中的设计综合优化过程

1. 设计贯穿于工程建设的全过程

设计是整个工程的灵魂。前项目管理时期的设计管理主要是依据任务书，单纯从设计工作的角度进行管理。而基于项目的设计管理主要是对设计成果进行控制，在项目周期的全阶段进行设计任务、质量、进度、成本的管理。设计管理是决定着项目成败的重要环节（表3-7）。

基于项目模式的设计管理　　　　　　　　　　表3-7[①]

设计流程	设计管理主要任务
设计前准备 设计招标 方案设计	设计前管理 勘察管理

---

① 徐友彰. 工程项目管理操作手册［M］. 上海：同济大学出版社，2008.

设计流程	设计管理主要任务
深化方案设计 初步设计 初步设计调整 施工图设计（报审版） 施工图设计（完整版） 各专业深化设计 施工阶段设计配合	设计进度管理 设计质量管理 设计造价管理 施工阶段配合管理及设计变更管理 图纸管理

2. 设计管理作为项目协同的依据

从项目管理的角度，建筑设计[①]泛指在实际项目建造之前，由建筑、结构、设备、电气等专业按照任务要求编制设计文件，对于施工过程中和使用过程中所存在的或可能发生的问题，做好通盘设想，拟定好解决方案并予以性能优化，通过设计图纸和文件表达出来，作为备料、施工组织工作和各工种在制作、建造工作中互相配合及协作的共同依据，使整个工程得以在预定的投资限额范围内，按照预定计划顺利进行，建成后充分满足社会的预期（表3-8）。

以设计管理为中心的项目操作系统 表3-8

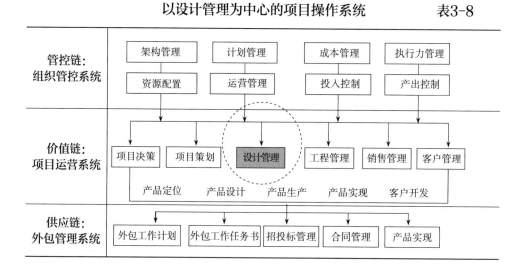

---

① 本书中"建筑设计"以《建设工程勘察设计管理条例》中的定义为准。

3.2.2 建设单位主导的设计管理

设计是由建设单位组织设计、咨询、施工和材料设备供货商等各方共同参与的过程，建设单位的参与至关重要，尤其是在项目设计阶段。建设单位是项目的最高决策者，也是项目功能需求的提出者，往往还是最终用户和使用者，建设单位参与设计阶段的项目管理对工程项目后续的实施及投入使用起着重要的作用。

1. 建设单位的项目管控制度[①]

项目设计绝不仅仅是设计单位的个体创造，还与建设单位的参与和管理密切相关。建设单位项目公司整体是垂直化的组织架构，分为决策层、管理层和执行层，各部门横向可分为行政、财务、工程和销售几个部分。决策层确保企业经营管理目标和发展目标的顺利实现。管理层全面负责公司人员、财务、工程等业务的运转，对公司情况能够作出准确的分析、预测和定位。执行层根据公司制度要求进行设计管控。公司的整体结构也便于项目管控的执行。

建设单位对设计过程的管控主要由设计管理部组织。根据项目特点，形成设计管理配合要求发放至设计单位，要求设计单位提供设计计划和设计文件，由管理人员审查认可。在初步设计及施工图设计进行的过程中，建设单位对设计单位进行实地核查以落实设计的内容、进度、人员及各专业的配合等内容。依据《委托设计合同书》《设计管理配合要求》及设计单位编制的《设计计划》进行检查，对不符合之处提出修改要求。从方案招投标开始到施工图审核完成为止，项目管控有三个方面的目标：保证设计工作的进度，提高工程设计的质量，确保得到符合要求的设计成果；提高工程质量，降低工程造价，加快工程建设进度；鼓励采用先进的技术、工艺、设备及新型材料。

2. 建设单位的任务管理

设计管理由建设单位主导。建设单位对设计单位的职责之一就是制定合理、有效的设计任务要求。设计任务要求是建设单位对所提交工作内容的要求，也是成果的评判标准。抛开了任务管理，设计文件是没有任何意义的。例如概念规划

---

① （1）-（4）小节参照万科房地产开发有限公司管理文件

设计任务书的准备工作包括：规划研究、市场调研、成本测算、规划原则和成果要求等。而施工图设计任务要求中还需要前置设计限额和进度计划等。只有准备工作充分，才能形成合理的任务要求。好的设计管理要跳出设计来看设计，建筑师也需具有甲方意识，更多地参与到设计的策划、分析、判断过程中（表3-9）。

概念规划设计任务书的组成、来源及内容　　　　表3-9

	任务组成	来源	任务内容
1	规划指标要求	政府部门	给出该地块的规划条件
2	产品配比要求	顾问及咨询	市场调研及策划分析、成本测算、前期规划研究
3	规划原则	顾问及研发	市场调研及策划分析、前期规划研究
4	规划成果要求	建设单位及政府	满足建设单位要求及衔接下阶段设计和政府的报批要求

3. 建设单位的资源管理

1）设计团队的组成[①]

建设项目涉及的专业单位很多，其中设计单位需要划清各自的工作界面。一般以建筑设计单位作为牵头设计单位，负责设计总协调。根据各阶段计划，通过招标将各单位的中间模糊地带都落实具体，遇有矛盾随时协调解决。往往设计任务要求并不局限于设计任务书，还包括其他方面的一些要求和过程中的调整。这些过程都应有沟通的书面记录（表3-10）。

设计内容分解及设计单位的组成[②]　　　　表3-10

序号	设计内容	与主设计关系	设计单位	合同形式
1	建筑设计	主设计	建筑设计单位完成	设计合同
2	结构设计	主设计	建筑设计单位完成	设计合同
3	机电专业设计	主设计	建筑设计或机电顾问单位	设计合同

---

① 本书不含勘察管理内容。
② 《工程项目管理操作手册》（上海现代工程咨询有限公司）

序号	设计内容	与主设计关系	设计单位	合同形式
4	人防设计	专业设计，配合主设计	有人防设计资质单位	设计合同
5	基坑围护设计	专业设计，配合主设计	有基坑围护设计资质单位	设计合同或设计及施工合同
6	室内装修设计	专业设计，配合主设计	有装修设计资质单位	设计合同或设计及施工合同
7	景观绿化设计	专业设计，配合主设计	有景观绿化设计资质单位	设计合同或设计及施工合同
8	幕墙深化设计	专业设计，配合主设计	有幕墙设计资质单位	设计合同或设计及施工合同
9	消防深化设计	专业设计，配合主设计	有消防设计资质单位	设计合同或设计及施工合同
10	智能化深化设计	专业设计，配合主设计	有建筑智能化设计资质单位	设计合同或设计及施工合同
11	钢结构深化设计	专业设计，配合主设计	有钢结构设计资质单位	设计合同或设计及施工合同
12	预应力深化设计	专业设计，配合主设计	有预应力设计资质单位	设计合同或设计及施工合同
13	其他专业设计（厨房、泳池、灯光、洗衣房等）	专业设计，配合主设计	有各专业设计资质单位	设计合同或设计及施工合同

2）设计单位的确定

建设单位一般会根据项目的定位确定设计单位的范围。项目档次和项目利润率决定了选择什么风格，什么价位的单位来设计。项目公司收集可选择的设计单位信息，筛选并实地考察，确认对方公司的核心竞争力，选择业绩、设计、执行力等综合能力强的设计公司。委托设计单位的原则包括：

擅长原则：比如在产品定位中，根据市场的接受程度等因素，项目的要求是特定的建筑风格，可能映入建设单位眼帘的就会是特定的设计单位，因为他们所擅长的就是这种风格。

成本原则：仅是设计费的控制，建设单位一般会根据项目的定位确定总设计费用，比如预算限额75元／m^2，那么设计委托就要围绕这个标准进行。几个设计单位可能此消彼长。在同等条件下，首选一般是报价低的设计单位。

技术优先：在委托施工图设计单位时，经常会遇到这样的情况：技术好的设计单位配合度差，而服务好的设计单位技术又不行。权衡二者，配合问题可以通过沟通、协调、管理来解决，而技术问题的改进不是一朝一夕之功。为了避免技术偏差造成的损失，应以技术作为首选条件。

3）设计资源的交叉管理

在确定了设计顾问团队以后，更多的工作是在各单位之间的协调、沟通，包括利用各自的技术优势形成"冲突"以解决问题。设计单位只对委托的环节比较关心，比如方案单位对结构的可实施性和成本不会特别关心，至少不如施工图设计单位那么关心，因此需要在相应节点引入施工图设计单位，来与其产生"冲突"，把后期可能遇到的技术问题提前解决，这是借助资源来管理资源的一种方式。

建筑专业是交叉管理的主线，在进行自己的工作的同时经常会参与到其他顾问单位的技术配合与图纸优化中，这些节点保证了各单位设计成果的完善和项目的整体进度，是设计管理必不可少的环节，也是成本控制的重要过程。

4. 建设单位的进度管理

1）总进度计划的管理

各设计单位的进度计划应保障项目总体计划的要求，通过审查其内部进度计划的合理性和可行性，以合同来保障对其方案设计、初步设计、施工图设计等的进度控制。由建筑设计单位牵头，根据工程项目的进展总体协调各个设计单位之间的进度衔接以及技术配合。

设计技术条件的保障需要控制工程项目采购环节，满足设计所需技术资料的及时提供，如电梯、冷冻机、锅炉、发电机、冷却塔、厨房设备、泳池设备等的采购工作应尽量在施工图设计阶段进行。设计外部要求的保障需要控制设计报批和市政配套环节，应考虑设计评审、设计文件报批和配套征询的时间及建设单位的确认周期，以满足设计进度符合总体进度的要求。为避免审图过程出现较大的反复、影响施工图交付时间，项目管理应建议审图单位在扩初设计时即介入工作。

进度计划是动态的。如建设单位的建设意图及需求有重大改变时，应获得建设单位的书面确认，在得到项目经理批准后，须对原设计计划进行调整或修订。应根据合同督促设计单位进行施工现场设计配合，及时解决施工中的设计问题，尽量避免设计变更对进度所造成的影响（图3-6）。

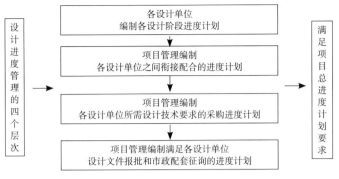

图3-6 设计进度管理的内容和流程

2）各设计单位的并行设计

总体计划不是各专业设计计划的简单叠加，而是形成相应的时间穿插，这样做不仅仅是为了满足缩减时间的需要，更重要的是要让各专业形成并行机制，以协调设计矛盾。

例如，在概念性规划设计汇报节点前，要决定建筑单体方案单位（甚至是施工图设计单位），还要决定景观方案设计单位。汇报时应引入这两家单位，使他们在规划汇报时能联系自己的设计，便于提出规划中的问题。再如景观设计方案和初设的时间节点一定要与管网综合方案和施工图的设计节点并行，一定不能做完一个再做下一个，因为在室外可能存在大量的构筑物，比如雕塑、院墙等，很可能与某个管井发生冲突，实际上相当于两个专业并行设计的会审环节。

3）质量和计划的同步优化①

设计成果完成的时间直接影响项目开发中的报批、施工等环节，因此要对总体设计进行计划、进度管理。总体设计计划的编制应该是在保证各个专业设计时间的基础上，能够将设计中各阶段进行完毕，同时保证下一步设计成果需求部门的时间节点。编制的进度计划应尽量详尽，而且具有可操作性，并且要对各个阶段有设计成果的要求。

设计单位提供的服务贯穿于项目全过程，相应地，建设单位对设计的管理也应贯穿于项目全过程。进度管理的目的不仅仅是缩短工期，更重要的是促进设计质量和进度计划的同步优化。

---

① 设计质量管理的内容详见下一小节中设计单位的内容。

3.2.3　建筑设计单位的工作模式与内容

设计管理的实质是通过建立一套沟通、交流与协作的系统化管理制度，帮助建设单位和设计单位去解决设计过程中的组织、沟通和协作问题。通过设计管理，与建设主管部门、承包单位以及各实施方共同实现项目建设在艺术、经济、技术和社会效益上的平衡。

1. 建筑设计的工作模式

1）建设项目的设计过程

广义的设计过程是指从建设项目管理的角度出发，设计工作往往贯穿于项目的全过程；与此同时，与之相应的建设单位对设计的管理和协调也贯穿于这个过程的始终。在实际工程中，由于采用的工程承发包模式及项目管理模式不同，设计过程和施工过程的划分并非泾渭分明，在整个施工过程中，图纸会有大量的修改和细化，因此，在设计管理中，必须考虑与招投标、材料设备采购和施工等工作的配合和搭接等问题，设计过程必须与施工过程统一考虑。在采购和施工过程中，设计人员要参与解决大量的技术问题，包括大量的设计修改、变更和设计深化。建筑设计单位首先应当从广义的角度来理解设计过程。

狭义上的设计过程是指从组织设计竞赛或委托方案设计开始，到施工图设计结束为止的过程，可以划分为方案设计、初步设计和施工图设计三个主要阶段。每一个阶段的成果都将作为下一阶段的工作条件，后续阶段的返提要求也会推进设计深度，循环推进的过程贯穿于设计的各个阶段，使项目的目标逐步得以明确和清晰。

2）建筑设计的专业划分

建筑设计是一项高度专业化的工作。设计的专业性表现在以下三个方面[①]：一是我国对设计市场实行的从业单位资质和个人执业资格准入管理制度，只有取得设计资质的单位和取得执业资格的个人才允许进行设计工作。二是相关专业

---

① 2001年建设部第93号令《建设工程勘察设计企业资质管理规定》第一章第三条规定："建设工程勘察、设计企业……取得建设工程勘察、设计资质证书后，方可在资质等级许可的范围内从事建设工程勘察、设计活动。"当前我国建筑行业的专业注册制度已建立和完善，目前已实行注册规划师、注册建筑师、注册结构工程师、注册暖通工程师、注册咨询工程师、注册监理工程师等一套完整、专业的注册管理制度。

分工明确。三是随着社会经济的发展和技术的迅速进步，建设项目的规模越来越大，标准越来越高，越来越多的新技术、新材料得到应用，导致专业设计分工越来越细化。建筑设计单位不可能完成如此繁多的需要使用新材料和新技术的专业设计，所以，很多专业性更强的设计是由专门的设计承包商来完成的。建筑设计单位作为主设计单位，需对他们的设计成果进行确认，以符合总体设计要求为准。

一般民用建筑设计包括以下专业：建筑设计、结构设计、给水排水设计、电气设计、暖通空调设计。工业建筑设计除了涉及以上专业设计之外，通常对某些特定工艺有特殊要求，这时，就需要对工业建筑项目进行工艺设计。工业建筑的用途不同，其相应的工艺设计要求也不同。

3）以建筑专业为主导的设计过程

建设项目的设计过程是一项非常复杂的系统工程，必须委托有相应资质的专业团队来承担。项目设计首先需要确定设计总负责人以及专业完备的团队。在设计总负责人（设总）的主导下，建筑、结构、暖通空调、给水排水、电气、智能化等各个专业各司其职，共同完成设计任务。

2. 建筑设计的主要内容[①]

1）建筑设计的主要内容（表3-11）

建筑设计的主要内容　　　　　　　　　　　　　表3-11

		建筑设计	结构设计	给水排水设计	暖通设计	电气设计
材料选型阶段	总图设计	总图布置 总图竖向设计		给水排水总图设计		
	建筑平、立、剖面	平面设计 立面设计 剖面设计	上部结构 基础、地下室 地基处理（必要时）	给水排水设计	通风空调系统	供电 配电 照明 电话与网络综合布线

---

① 本小节的表格参照《手把手教您绘制建筑施工图》的内容绘制。周颖. 手把手教您绘制建筑施工图［M］. 北京：中国建筑工业出版社，2019.

		建筑设计	结构设计	给水排水设计	暖通设计	电气设计
材料选型阶段	详图设计	楼梯详图 卫生间详图 特殊房间详图 墙身详图 节点详图 雨篷设计 门窗玻璃幕墙详图 总平面竖向设计	楼梯结构 楼身配筋 设备机座			
性能设计	消防设计	防火间距 消防车道 防火分区 安全疏散距离及安全出口的净宽度 节点详图 雨篷设计		火灾自动报警系统 自动喷淋给水系统 气体灭火系统 灭火设备	防火与防排烟系统	火灾自动报警系统
	节能设计	节能计算（建筑）		太阳能＋燃气辅助加热 中水绿化灌溉系统	节能计算（暖通）	
	无障碍设计	无障碍入口 无障碍电梯 无障碍通道 无障碍卫生间 无障碍服务台				

		建筑设计	结构设计	给水排水设计	暖通设计	电气设计
性能设计	人防设计	必要时				
	日照分析	日照分析				
	防雷、抗震		抗震设计			防雷设计

2）建筑设计专业的主要内容（表3-12）

建筑设计专业总平面设计的主要内容　　　　表3-12

场地条件及内容	建筑布局	道路与停车场	竖向设计
规划总图条件图	建筑间距	道路与停车场	场地平整与土石方量
用地红线 建筑红线 道路四至 现状建筑位置 规划道路及建筑	规划要求 防火要求 日照分析 朝向要求 卫生要求 安全要求	出入口规划 道路交通组织规划 停车位组织规划 慢行交通组织规划 应急通道组织设计	场地平整与土石方量 场地坡度设计 场地无障碍设计
现状地形测绘图	总体布局	道路设计要求	场地排水设计
建筑物与构筑物 保留地形和地物 用地坐标 相邻建筑物条件	建筑布置 建筑定位 建筑高度与体量	道路宽度 道路与建筑的间距 建筑消防车道 场地机动车出入口 停车场位置与数量	

3. 建筑专业与其他专业的配合（表3-13、表3-14、图3-8、图3-9）

其他专业需建筑配合的内容 　　　　　　　　表3-13

结构专业需要内容	结构专业需要根据房间功能确定活荷载，如果房间功能发生改变，建筑专业要及时通知对方；建筑材料的选择会改变结构恒荷载，因此要尽早确定；为实现建筑造型，应向结构专业提供表达梁的位置（柱外缘平齐、居中或内缘平齐）及立面做法的墙身详图
给水排水专业需要内容	给水排水专业须依据消防水池的体积确定其长度、宽度、高度；合理布置污水控制机房的位置；给水排水专业图中的消火栓图样复制到建筑图中后，须检查消火栓的位置是否影响门窗家具的布置；消火栓不能嵌入防火墙或防辐射墙

电气专业需要内容	由于电气专业需要依据图纸计算用电负荷和照明用电量，因此，房间功能改变后建筑专业需及时向电气专业提供资料
暖通专业需要内容	暖通专业根据房间功能确定温度、湿度、新风标准、噪声标准等参数，若房间功能改变，建筑专业需及时通知对方；需将挡烟垂壁的位置复制到平面图中；将出屋面的管道井及空调设备基座复制到建筑屋顶平面图中；暖通专业提出百叶位置及面积要求
机电专业需要内容	满足给水排水、暖通、电气等专业设施的机械、机房、控制室等需要的特定条件

建筑需配合其他专业的内容 表3-14

给水排水专业	消防水池的位置及体积	暖通专业	室内空调机房或新风机房的位置及面积
	水泵房的位置及面积		机械排风、机械排烟、新风、冷媒管的管道井位置及尺寸
	顶层消防水箱及气压罐消防加压与稳压设备用房的位置和面积	电气专业	变电所、配电间的位置及面积
	热水机房的位置及面积		强电管道井、弱电管道井的位置及尺寸
	自动喷水报警阀组的位置及面积		消防控制室、网络中心的位置及面积
	地下污水处理池在总平面中的位置及面积		

1）建筑与结构专业的配合（图3-7）

结构专业需要根据房间功能确定活荷载，如果房间功能发生改变，要及时通知对方；建筑材料的选择会改变结构恒荷载，因此要尽早确定；为实现建筑造型，应向结构专业提供表达梁的位置（柱外缘平齐、居中或内缘平齐）及立面做法的墙身详图。

2）建筑与给水排水专业的配合（图3-8）

建筑专业须依据消防水池的体积确定其长度、宽度、高度；合理布置污水控制机房的位置；给水排水图中的消火栓图落到建筑图中，须检查消火栓的位置是否影响门窗家具的布置；

消火栓不能嵌入防火墙或防辐射墙内。

3）建筑与电气专业的配合（图3-8）

由于电气专业需要依据图纸计算用电负荷和照明用电量，因此，房间功能改变后需及时向对方提供资料。

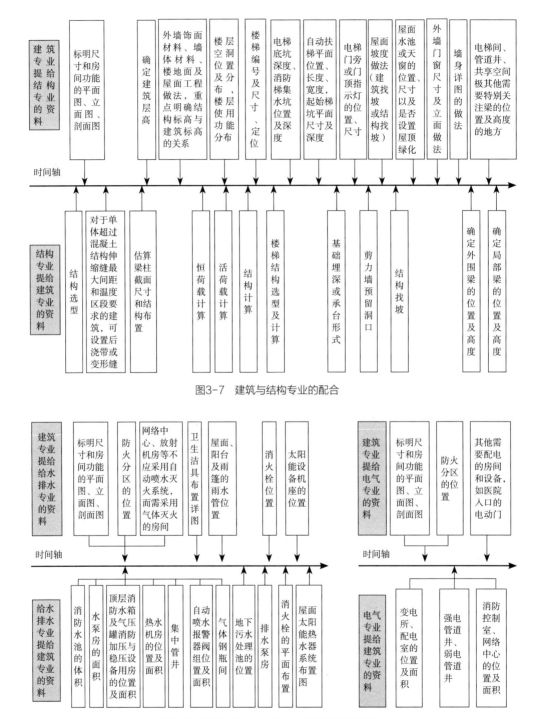

图3-7 建筑与结构专业的配合

图3-8 建筑与给水排水专业、电气专业的配合

4）建筑与暖通专业的配合（图3-9）

暖通专业根据房间功能确定温度、湿度、新风标准、噪声标准等参数，若房间功能改变，需及时通知对方；需将挡烟垂壁的位置复制到平面图中；需将出屋面的管道井及空调设备机座复制到建筑屋顶平面图中；暖通专业提出通风百叶位置及面积要求。

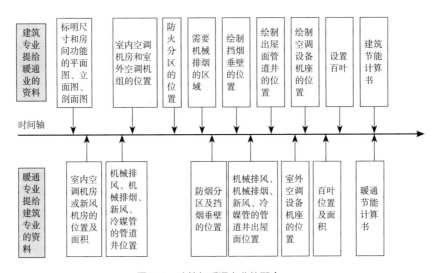

图3-9　建筑与暖通专业的配合

4. 设计知识的运行与管理

项目管理和知识管理是管理学界的两大研究领域，在明晰了项目管理和知识管理相互融合的趋势、知识管理在建筑设计中的现状、现行的建筑设计模式存在的问题后，设计企业管理能力的评价指标应是基于知识管理的项目管理模式，完善设计知识的价值链、构建学习型组织、形成员工激励机制和知识共享机制，对改进国内建筑设计企业现行的组织机制具有较强的借鉴意义。

根据知识管理的信息技术支持、知识获取、知识共享、知识运用和知识保护等几个层次，可以建立企业知识管理能力评价指标。通过企业结构和企业文化的知识型改进，促使员工接纳知识管理的理念。通过有效的激励制度鼓励员工自觉参与到知识管理中，实现知识的显化、积累、存储、共享、交流、应用和创新，为知识运行提供良好的平台。设计工作中的知识运作有如下特点：

1）原始创意与构思

设计是一个创造的过程，是无中生有、从混沌到清晰的过程。设计构思就是一种创造，应最大限度地发挥建筑师和其他专业的创造性思维。但在整个设计过程中，并非所有的设计工作都是无中生有的，每个阶段的设计都应是在上一阶段的设计成果及相关文件依据下进行的，后一阶段设计的重点应该是对设计的前一阶段构思进行优化和细化，将好的创意贯彻到底。

2）任务转译与解读

任务要求的转译同样需要准确的传达和解读。转译是将产品定位转化为设计任务要求，通过设计语言的转译才能形成相对准确的、可操作的设计信息，使设计满足功能、规范的同时，兼顾市场需求、运营管理和成本控制等特定条件，最大化实现建设目标。

3）设计研发与定位

技术研发可以提供行业的发展趋势和前沿信息，为项目提供新的原则和方法。比如前期的规划研究，就是要求设计师在信息收集、资料分析和判断的前提下，根据具体的规划条件及设计要求进行策划定位。项目批准的条件，如市场需求、运营需求、客户要求、法律要求、战略需要等，都有可能是项目展开的依据。

4）设计研判与优化

建筑和结构、设备、电气及其他设计类专业，在前期阶段都要进行方案设计，也要经过设计研判、优化比选和相互配合的过程，直至设计优化得到建设单位和各设计单位的认可，才能定案及通过综合评审。

3.2.4 建设项目各阶段的设计管理[①]

1. 前期策划阶段的设计管理

为确保建设项目达到正确的战略定位，项目建设初期需要进行战略策划研究。重要项目要委托有资格的第三方开展实施。分析研究项目市场开发体系、产品价值体系和营销体系等要素的定位，并进行投资机会及必要性研究，内容包括

---

① 设计管理以地产开发项目为案例，供非地产类项目参考。总公司及项目公司各部门均为项目设计实施各环节的管理部门。

调查、研究和分析项目的背景、市场需求、资源条件、发展趋势以及需要的投入和可能的产出等。项目的必要性即项目建设的理由，在前期策划中需要进行识别和论证。一般必要性从两个方面进行分析，其一为微观项目层次的研究，从项目自身的角度考虑项目建设理由是否合理、充分；其二为宏观层次的研究，通过项目所在地区的社会和经济条件论证项目是否有必要建设，并且要提出分析报告。一般可以通过专题研究，如产业分析、行业分析以及建设环境、政策等方面的分析论证定位的准确性。

在进行项目总体目标论证、项目性质和建设内容定义及确认建设规模和标准后，需对项目建设的地点进行研究，从比较广泛的可选地区的几个拟建地址内选择，通过调研，形成选址方案。通过建设条件、运营条件、经济条件的比对，确定项目选址。项目启动以建设单位发展计划和投资意向作为依据，进行项目定位和选址，在产品研发[①]的基础上编制设计任务书，作为策划方案的设计指引。

由设计咨询机构初步形成多个策划方案，作为比较、论证项目可行性的依据。通过预测、比较、经济技术分析、风险分析等方法论证可行性，以确定建设方案的设计定位。

2. 概念规划方案招投标阶段的设计管理

分为设计采购和产品设计两个阶段。以合同的形式选择合适的设计单位承包项目的产品设计工作。设计采购可以用两种方式进行：建设单位可根据以往项目经验、专家判断、产品类型等综合因素决定是否直接委托特定的设计单位，或通过邀标和公开招标选定中标方案和设计单位。

由建设单位设计管理部门负责收集项目资料，编制《概念设计任务书》及组织概念方案设计和评审。概念任务书在前期定位的基础上，对产品的规划布局、建筑风格、使用功能、建设标准等进行描述性提示，综合确定基地与城市的关系，塑造具有文化和活力的社会环境。概念规划方案一般以招投标的形式选择。设计阶段的核心工作是项目研判。主要包括：定义项目性质、用途和建设内容；定位项目建设规模、水准、地位和作用；研究项目场址方案；通过多方案比选，提出产品的设计原则和构思，包括总平面设计、市政条件分析、配套建设分析、

---

① 产品研发包括两个方面：产品设计研发和产品经济测算，即考虑设计成本的适配、限额。

交通路线组织、绿化景观组织和景观概念设计。最终定稿作为可研后续活动和规划方案设计的输入文件，包括成本测算和经济测算。

3. 规划方案阶段的设计管理

规划方案是概念设计的深化，任务书包括设计定位和深度的要求，内容主要是总体规划、建筑单体和景观设计方案。这三项紧密衔接，必须在方案阶段同时设计。成果含规划总图及建筑单体设计、市政设计、景观绿化设计。规划设计通常要经过两道门槛：首先是建设单位负责人的认可，最直接、最简单地表述设计是非常重要的，使设计信息得到真实顺利的传达。其次是要充分了解国家及地方的规范和法规，以顺利通过政府各职能部门的咨询审核，并根据咨询意见进行修改。报审批也是贯穿项目各阶段的重要工作。

4. 扩初阶段的设计管理

建设单位设计管理部门负责组织审阅方案设计文件，形成统一意见后，组织方案的设计修改及深化。设计方案一般会经多轮评审方可修改完善，定案后可进入扩初设计阶段。扩初设计需明确政府主管部门对方案阶段的批复意见及市政咨询方案，勘察部门的《勘察设计报告》和经审批的材料和设备选型标准。设计应满足各项规范和成本概算、交房标准的成本控制的甲方要求等。设计深度参照国家标准及建设单位的要求。扩初成果需通过设计评审和政府报批，尤其要检查设计成果是否满足政府的规划、消防、人防部门的要求并达到报建深度。产品角度的确认包括各专业设计及平、立面是否满足产品的定位要求，细部设计中是否存在用户投诉的隐患，各专业及智能化设计是否满足物业管理的要求等。

5. 施工图阶段的设计管理

施工图阶段，建设单位应及时控制设计进度和设计方向，督促设计单位及时提交设计成果。在设计质量和深度上，各专业设计人员按施工图设计标准的内容进行检查。重点注意二次设计及景观设计，配合要求各专业设计成果内容及深度要求[1]，各节点设计进度安排及中间图纸的提交，结构设计成本控制及要点控制。成本部需确定项目分项成本概算要求；工程部需确定施工图标准做法要求；项目

---

[1] 包括有设备的电梯、中央空调、强电、弱电、消防设施等；结构选型；外墙建材选用、技术选型等。

部应根据施工要求提出基坑开挖及桩基施工图提前出图时间，施工图细部做法设计要求。

进度计划批准后，由设计单位先行提交满足基础施工的条件图，施工条件图除建筑专业外，还应包括但不限于结构施工图方案、土方平衡施工图方案等。要特别注意那些由供应商承包供货及安装的分部或专项规划设计，例如音乐喷泉系统、游泳池水下照明系统、对讲（可视）报警系统、红外对射电子警卫系统、电视监控系统、餐饮食堂的厨房部分以及一些自行设计的零星规划设计等。它们往往缺少施工图，事后也无竣工图，造成无图或缺图施工及监理，成为控制缺漏的不合格项。

施工图通过内部评审后，由项目公司报当地审图机构进行审查，根据批复意见进行分析和调整，修改完毕后再次对设计文件报审批直至通过。

6. 施工阶段的设计管理

施工阶段的优化配合与设计变更可能由建设单位、设计单位、施工单位或咨询单位、监理单位中的任何一个单位提出，但无论何种原因，最终都表现为设计变更。

首先，正确判断设计变更的原因：改变使用功能；增减工程范围或内容；修改工艺技术，包括设备的改变；工程地质勘察资料不准确而引起的修改；使用的设备、材料品种的改变；采纳合理化建议；设计错误、遗漏，施工中产生的错误等。所有变更必须遵循先评估后由建设单位确认的规则。变更应全面权衡功能、投资、进度等各种因素，综合判断，能不作变更尽量不变。确属设计或施工的遗漏和错误，或影响工程使用和质量的问题必须修改。

7. 建设项目各阶段的设计管理流程

建筑专业是决定项目成败的重点，注重设计的管理，才能保证工程的质量。建筑工程项目中，管理体系、设计水平、人员配合等都会影响整个项目的最终效果。通过设计管理综合协调各设计单位与设备、材料和施工的配合，目的是提高质量的可控性，否则质量则无从谈起。建筑专业最重要的素质就是总体协调建筑、结构、设备等专业和其他市政、景观等设计单位以及业主、营销方面的要求。建筑师的工作需要设计能力和协调能力的相互依托，是设计品质的最好保障。

1）前期策划阶段管理流程（表3-15）

前期策划阶段管理流程[①]　　　　　　　表3-15

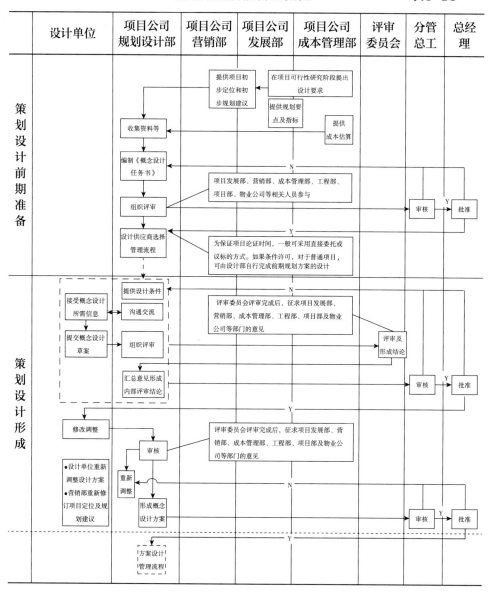

---

① 本节建设项目1~6各阶段参考《万科集团设计管理流程》的内容，红色部位为建筑设计参与环节。

2）概念规划方案招投标阶段设计管理流程（表3-16）

概念规划方案招投标阶段设计管理流程   表3-16

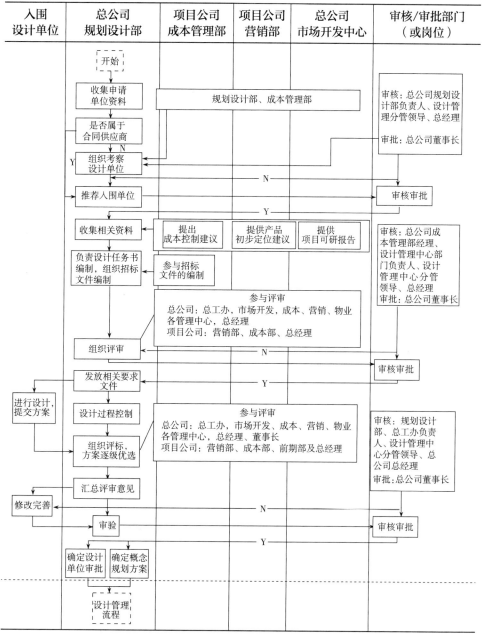

3）规划方案阶段管理流程（表3-17）

规划方案阶段管理流程   表3-17

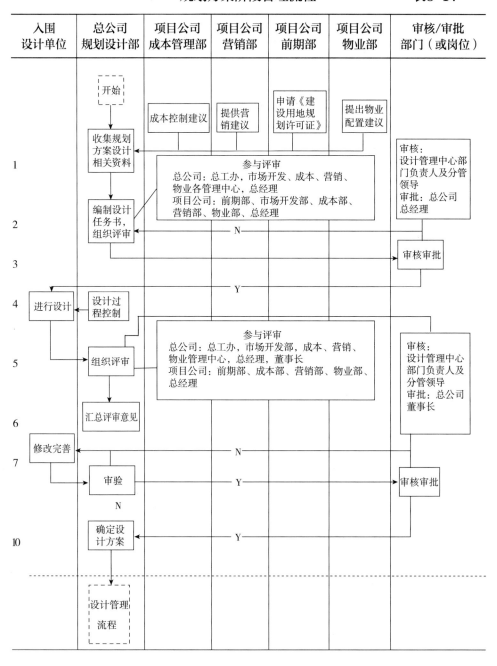

4）扩初阶段设计管理流程（表3-18）

<h2 style="text-align:center">扩初阶段设计管理流程</h2>

表3-18

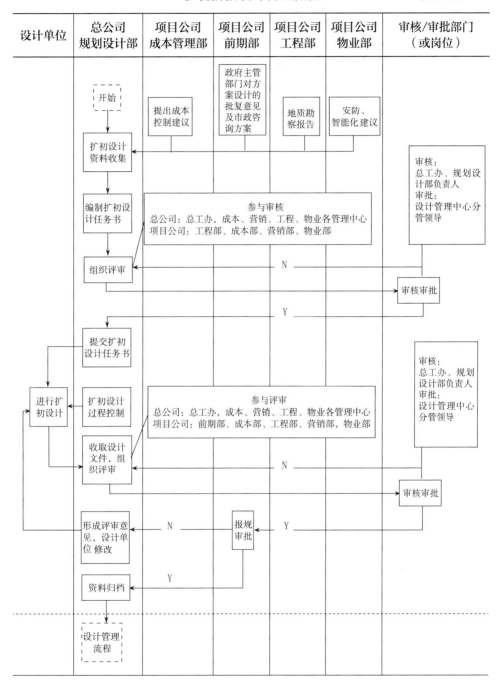

5）施工图设计阶段的设计管理流程（表3-19）

施工图设计阶段的设计管理流程　　　　表3-19

	设计单位	总公司规划设计部	项目公司成本管理部	项目公司营销部	项目公司前期部	审图机构	审核/审批部门（或岗位）
设计任务书评审及确定阶段		开始 → 扩初管理流程设计资料收集 → 编制《施工图设计任务书》 → 组织评审	提出成本优化建议	交房标准	政府及规划部门的配套要求	审核审批	审核：总工办、设计管理中心部门负责人 审批：设计管理中心领导
施工图设计过程管理	进行施工图设计	提交施工图设计任务书 → 施工图设计过程控制 → 收取设计文件，组织评审 → 形成评审意见，设计单位修改 → 资料归档 → 图纸交底、会审工作流程 → 结束				审核审批　审核审批　报批	审核：总工办、设计管理中心部门负责人 审批：设计管理中心领导

参与评审
总 公 司：总工办、成本管理中心、工程、物业管理中心
项目公司：工程部、成本部

参与评审
总 公 司：总工办、成本管理中心、工程管理中心
项目公司：前期部、成本部、工程管理部

N　Y

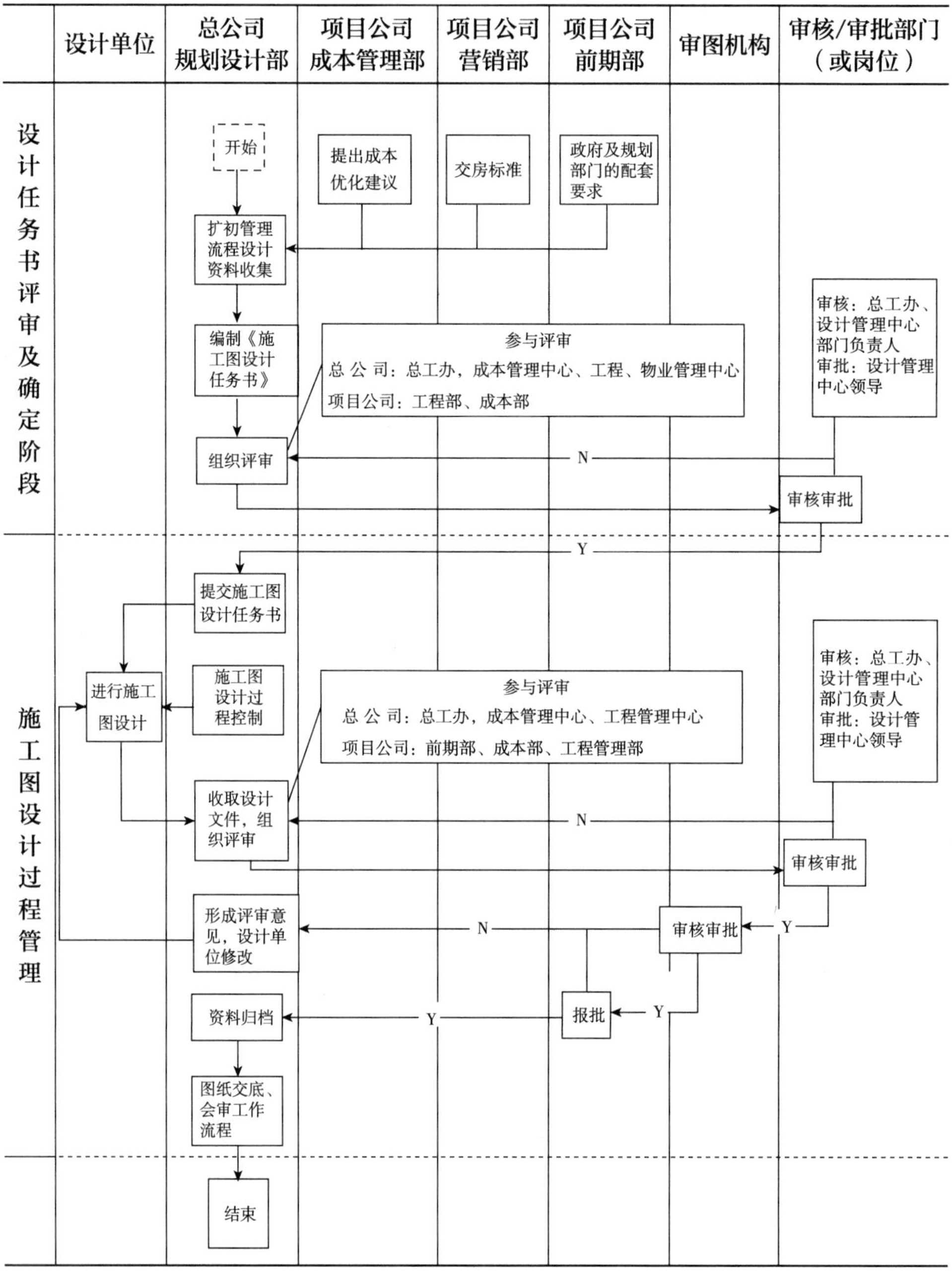

6）设计变更的设计管理流程（表3-20）

设计变更的设计管理流程　　　　　　　　表3-20

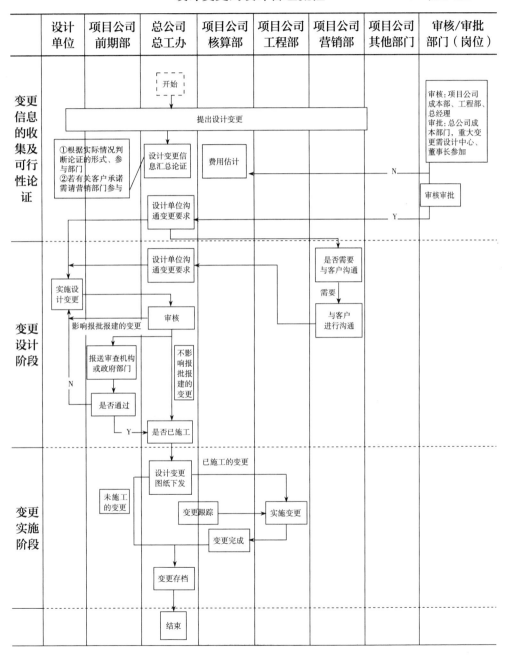

3.3 建筑设计单位在建设项目中的协调工作

3.3.1 建筑设计单位对其他设计承包单位的总协调（表3-21）

1. 其他设计类承包单位的分类

如前所述，设计工作需要各类设计方[①]参与，而且二次设计还涉及物资供应、加工制作和施工安装等单位[②]。一般情况下，各专业工种的协调属于设计单位内部的事情，主要通过设计单位的质量保证体系来实现，但是对于一些技术复杂的大型项目，或工期要求十分紧的项目，建设单位及项目管理单位也必须参与设计各工种的协调。

2. 建筑设计单位作为设计总协调

建设项目中一般以建筑设计单位作为其他设计类承包单位的总协调。由于其他设计方参与了大量专项设计，因此，若建筑设计单位与其他设计方之间不能有效达成良好的沟通，就容易造成彼此的问题隐患。这类问题的解决，一方面有赖于建筑设计单位逐步建立起解决问题的协调机制和方法，另一方面需要建筑师不断学习，提高项目管理能力。当建筑设计方缺乏这方面的经验和能力时，建设单位应当参与其中，或聘请第三方项目管理来协调解决。

[①] 其他设计承包单位分类：咨询服务类：设计、监理、造价咨询、招标代理等；施工类：施工总包单位、各专业施工分包单位；材料设备类：电梯、锅炉、冷水机组、柴油发电机；市政配套类：电力公司、自来水公司、燃气公司等。

[②] 根据工程项目的不同规模、类型和业主要求，工程总承包可采用不同的方式：E+P+C模式：设计采购施工总承包（EPC：Engineering（设计）、Procurement（采购）、Construction（施工）的组合），是指工程总承包企业按照合同约定，承担工程项目的设计、采购、施工、试运行服务等工作，并对承包工程的质量、安全、工期、造价全面负责，是我国目前推行的总承包模式中最主要的一种。E+P+CM模式：设计采购与施工管理总承包［EPCM：Engineering（设计）、Procurement（采购）、Construction Management（施工管理）的组合］，是国际建筑市场较为通行的项目支付与管理模式之一，也是我国目前推行的总承包模式的一种。设计+施工总承包（D+B）；根据工程项目的不同规模、类型和业主要求，工程总承包还可采用设计—采购总承包（E-P）、采购—施工总承包（P-C）等方式。

建筑设计单位对其他设计类承包单位的总协调　　表3-21

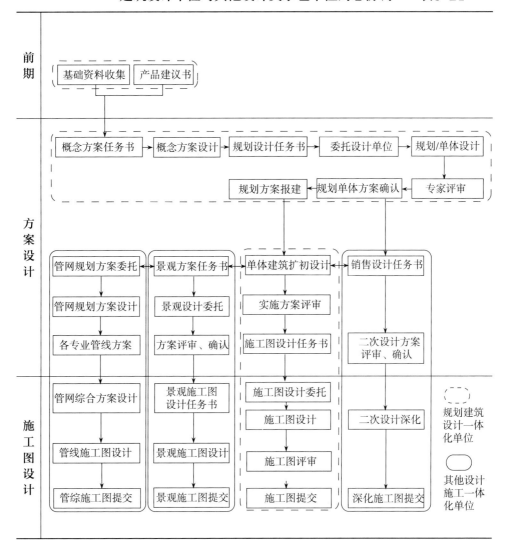

3. 设计承包单位招标管理流程（表3-22）

建设项目涉及的单位很多，其中采购项目也非常多，按参与单位的性质，项目采购主要可分为四大类。项目的采购方式按照竞争程度可分为：招标采购，包括公开招标、邀请招标，非招标采购，包括询价采购、直接发包。

设计承包单位招标管理流程　　表3-22

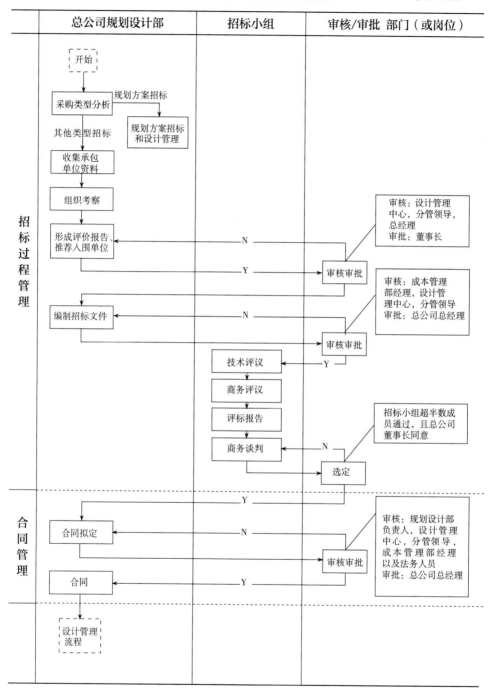

3.3.2 其他设计类承包单位的设计管理

1. 景观设计管理

概念设计完成后，建设单位设计部组织收集景观设计资料。收集项目现场景观设计可利用的自然条件资料和景观材料；根据主题提供景观规划方面的设计构想和建议；根据成本目标提出景观设计的成本控制建议。

设计依据包括：项目概况及开发理念；设计标准及设计条件等。需组织建筑设计单位参加设计交底，向其说明景观设计任务书的要点和意图，确保景观设计与建筑设计的理念和风格保持一致。设计时，组织设计单位形成景观方案设计审查意见，并与景观初步设计单位进行交流及确认。

2. 电力设计管理

电力设计前期需收集资料[①]，提出申请城市公司前期部提出电力新装申请。设计单位在进行设计时，需与总公司总工办及建筑施工图设计单位进行技术交流。设计由项目公司组织评审：建设单位相关部门及外部参与机构，包括建筑设计单位和景观、水、电、煤设计单位参加评审。方案通过，后由项目公司前期部将方案交供电主管部门审批。其设计、施工、监理资质由供电主管部门确认，由项目公司进行协调。

3. 管线综合设计管理

建设单位向设计单位收集（水、电、燃气等）管线设计要求，形成成本控制建议；根据政府主管部门意见，拟定设计任务书。由水、电、燃气等设计单位及管线综合设计单位进行设计，评审通过后与政府部门沟通，然后进行初步设计。以此情况类推进行施工图设计及施工验收。

---

① 包括：项目投资计划、项目准许使用计划、建设工程规划许可证、建设工程施工许可证、预售许可证、规划建筑总平面图、建筑施工图强电系统和管网综合图、地名办文件、1∶500地形图的电子文件等。

4. 智能化设计管理

由建设单位[①]及政府相关部门提出智能化配置建议，建设单位提出成本控制要求。根据任务要求进行智能化方案设计，组织评审并进行修改，与建筑设计配合通过审批后进行施工图设计，大型项目还需进行智能化扩初设计。

5. 精装修设计管理

建设单位提出项目定位、客户需求、功能要求、风格取向及成本控制建议，编制设计任务书。装修设计单位初步完成方案设计、主要材料样板、色调搭配及出效果图，经评审、修改和复验，直至方案通过，继续完成平面、立面、节点施工图设计。组织建筑设计单位的水、电工程师参加评审，组织评审交底以及大面积装修的施工和验收。组织成品保护、装饰效果验收以及最后的物业移交。

6. 建筑、装修、景观材料选型定板

建设单位根据用材的设计划分材料的重要性等级；提出材料、样板要求；明确材料性质描述及设计要求、方案确定时间；明确材料的选型及采购方式、进场时间；提出材料的目标成本等。依据"选型定板材料责任分工清单"组织收集材料、样板信息。

7. 交房标准管理

设计阶段管理：初步设计前，收集项目管理的深化建议、系统配置建议和交房标准要求。拟定交房标准（第一版）并组织评审。审批通过后，形成交房标准，由销售代理组织交房标准培训。物业公司根据交房标准进行物业验房管理。物业公司、项目公司组织房屋交付工作，客户进行验房，详见"交房工作流程"。

---

① 一般为项目公司的营销、物业、成本部门和政府相关部门。

8. 其他设计类承包单位的管理流程

1）景观设计管理流程（表3-23）

景观设计管理流程　　　　　　　表3-23

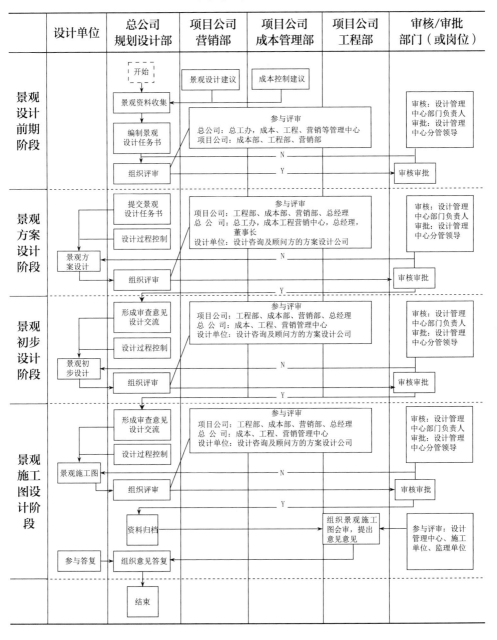

2）电力设计管理流程（表3-24）

电力设计管理流程　　　　表3-24

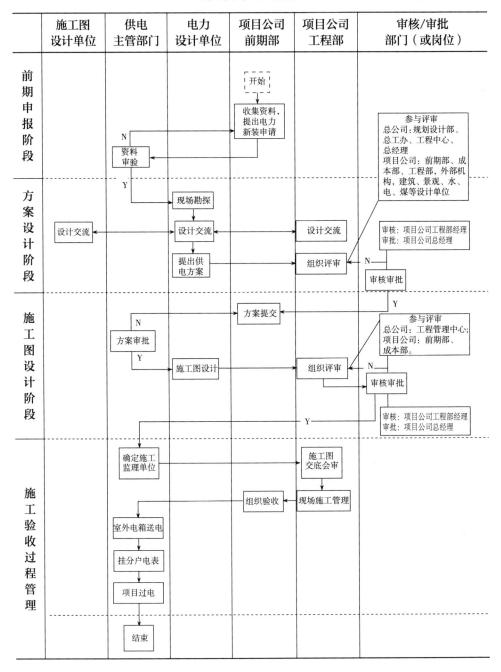

3）管线综合设计管理流程（表3-25）

管线综合设计管理流程　　　　　　　　表3-25

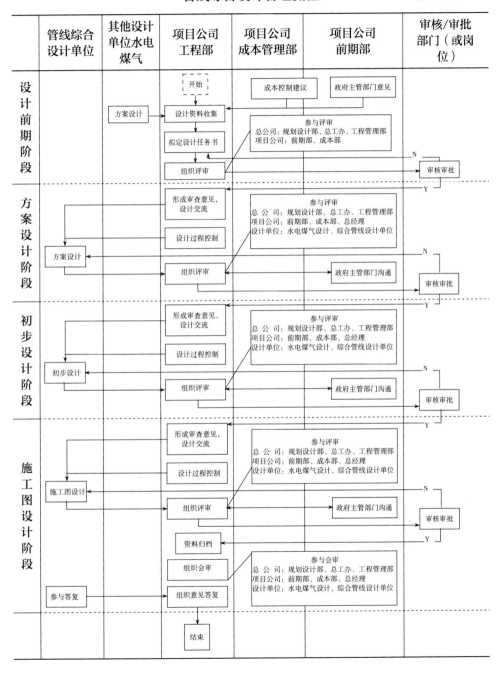

4）智能化设计管理流程（表3-26）

智能化设计管理流程　　　　　表3-26

	施工单位	设计单位	项目工程部	项目营销部	项目成本管理部	项目研发部	项目物业部	项目前期部	审核/审批部门（或岗位）
设计前期管理			开始 ↓ 设计资料收集 ↓ 编写设计任务书 ↓ 组织评审	智能化配置建议	成本控制建议	智能化配置建议	智能化配置建议	政府相关要求	审核：设计管理中心 审批：项目公司总经理 N 审核审批
				参与部门 总公司：营销、设计、物业、成本等各管理中心 项目公司：营销部、成本部、物业管理部					
设计过程管理		方案设计 ↓ 设计修改 ↓ 方案深化 ↓ 设计修改 ↓ 扩初设计 ↓ 设计修改 ↓ 施工图设计 ↓ 设计修改	设计中期交流 ↓ 组织评审 ↓ 形成方案成果 ↓ 组织评审 ↓ 整理报告，提交设计单位 ↓ 组织评审 ↓ 整理报告，提交设计单位 ↓ 组织评审 ↓ 整理报告及提交	参与部门 总公司：营销、设计、物业、成本各管理中心 项目公司：前期部、营销部、成本部、物业管理部、总经理 总 公 司：营销、设计、成本各管理中心、总经理 项目公司：营销部、成本部、总经理 项目规模在40万m²以上的项目 参与部门 总 公 司：营销、设计、成本各管理中心、总经理 项目公司：营销部、成本部、总经理 总 公 司：营销、设计、成本各管理中心、总经理 项目公司：营销部、成本部、总经理					Y 审核：设计管理中心，项目公司总经理，总公司总经理 审批：总公司董事长 N 审核审批 审核：设计管理中心 审批：项目公司总经理 审核审批 Y　40万m²以下项目 审核：设计管理中心 审批：项目公司总经理 N 审核审批 审核：设计管理中心 审批：项目公司总经理 N 审核审批 Y
施工验收管理	现场施工		组织材料、设备采购 ↓ 组织图纸会审 ↓ 施工管理 ↓ 组织验收 ↓ 物业移交 ↓ 结束	项目公司：营销、设计、成本各管理中心、总经理 其他单位：设计、施工、监理、质检、消防等相关单位					

5）精装修设计管理流程（表3-27）

精装修设计管理流程　　　　表3-27

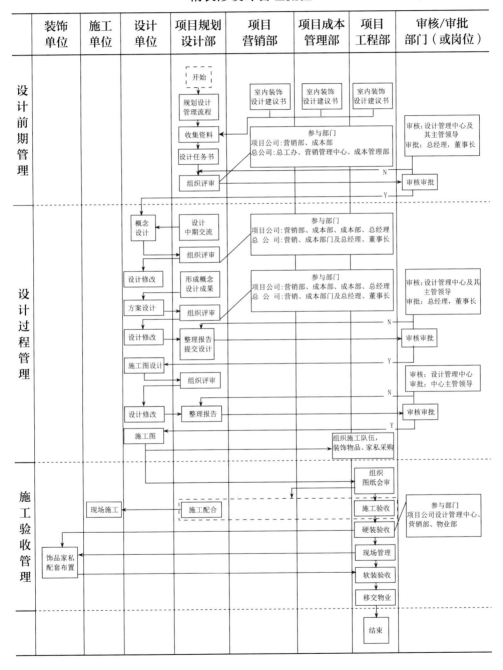

6）建筑、装修、景观材料选型定板管理流程（表3-28）

建筑、装修、景观材料选型定板管理流程　　表3-28

	总公司 研发中心	总公司成本部 或物资管理中心	项目公司 成本管理部	项目公司 工程部	审核审批 部门（或岗位）

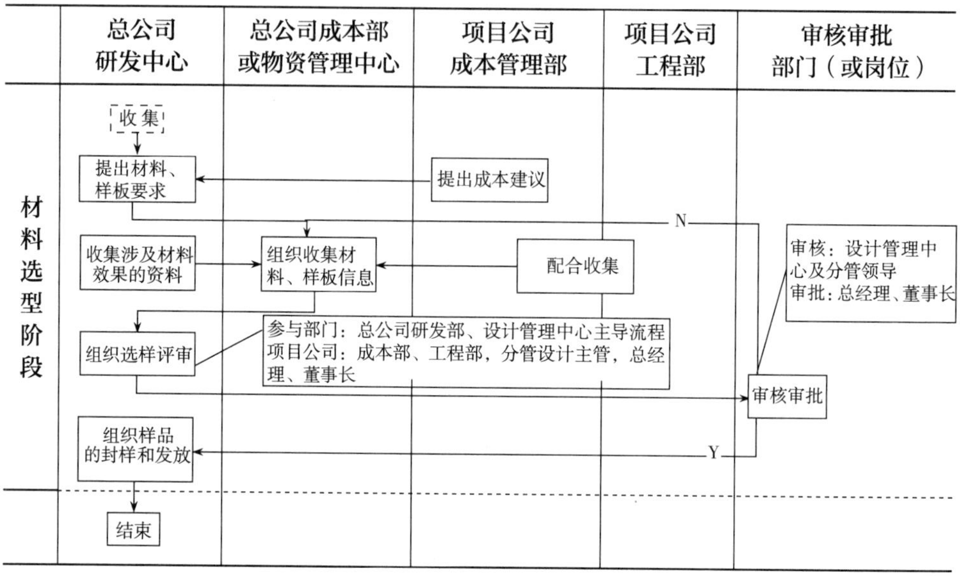

7）施工阶段的设计配合内容及竣工验收

工程实施过程中会存在设计配合及设计变更。设计配合主要是配合监理与施工单位，减少施工过程中因设计缺陷而出现的问题，研究施工图纸在实施过程中的材料选择、质量效果和进度周期，是否符合项目的整体效益以及建筑师对新材料、新技术的了解及运用与施工单位对工法和建成效果的控制等。设计变更主要是因为建设单位对项目功能上的改变而进行的，一般是对原施工图纸和设计文件进行改变和修正。施工过程中经常会遇到使用功能变更、设计缺陷修正、使用材料更换、设备装置变化等各种需要变更的情形。实施变更时要注意分析，一方面要符合相关设计规范，另一方面要加强对变更程序合法性的维护和执行。

工程项目完工后，建设单位主持验收会议，组织勘察设计、施工、监理各方对工程进行适量检查，提出整改意见。勘察设计单位对勘察、设计文件及施工过程中由设计单位签署的变更通知书进行检查，发现有违反规定程序、执行标准或评定结果不准确的情况，应要求有关单位改正或停止验收，与未达到验收标准的其他质量问题一并提出书面《质量检查报告》，并由项目负责人和单位负责人审核及签名。对不合格工程按《建筑工程施工质量验收统一标准》和其他验收规范的要求整改完成后，重新验收。

8）交房标准管理流程（表3-29）

交房标准管理流程　　　　　　　　　　表3-29

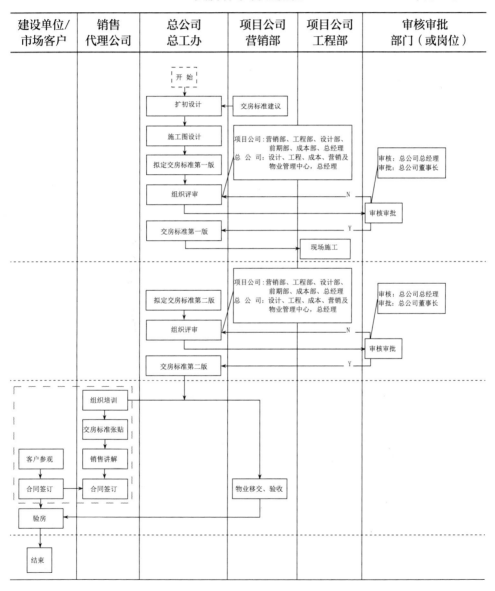

3.3.3　建设项目基本手续及竣工验收管理流程汇总（图3-10）

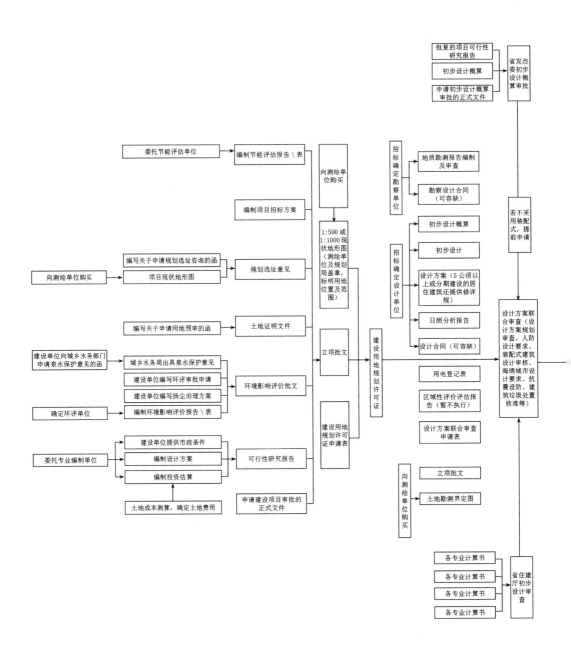

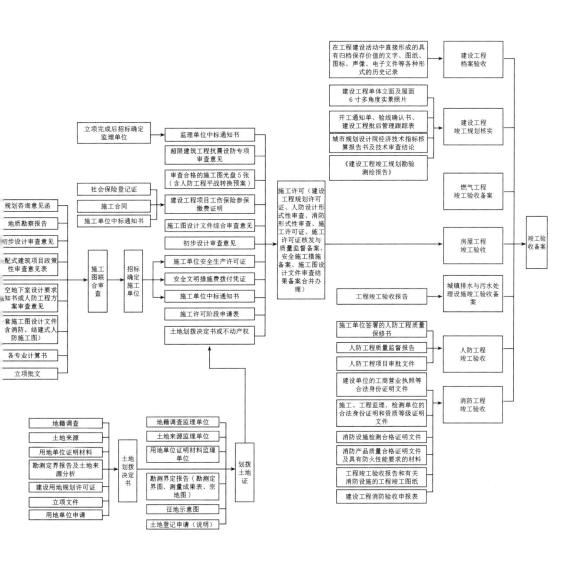

图3-10 建设项目基本手续及竣工验收管理流程汇总

建筑设计各阶段内容与案例解析

项目各阶段的要求主要包括以下方面：设计条件和任务要求的明确、设计意见征询和标准的制定；报批报审意见咨询；招投标和咨询顾问工作；配合各设计和顾问单位及相关部门；设计管理中有关进度、质量和限额管理的要求。主要内容有：配合材料、设备招标采购；配合工程部的工作；组织、主持各类会议；技术咨询，包括审核图纸、技术方案比选以及提出综合优化意见；规划设计的日常管理事务，如起草各种签报、会议纪要、报告、值班；信息管理，包括来往文件、图档收集、整理、发放等。

项目各阶段案例均选自设计单位的真实技术文件和设计图纸。

4.1 项目启动与概念方案阶段案例解析

4.1.1 项目前期工作内容（表4-1）

项目前期工作内容   表4-1

节点	岗位	职责	流程表格及工作文件	建筑专业要点
项目启动阶段	设计研发	配合建设单位进行信息收集与市场判断以及案例分析与拓展创新	建设单位市场分析调研资料；前期产品研发、设计要求及相关条件；规划策划文件	现场踏勘：场地概况、规划条件；形成前期分析报告：作为设计定位与产品策划的依据；市场定位：案例及市调资料研究，设计要求的初步分析
	项目经理	负责接收相关管理责任人下达的项目目标并组织落实、实施		

节点	岗位	职责	流程表格及工作文件	建筑专业要点
项目启动阶段	主创设计师	配合建设单位收集和分析项目资料[1]：设计条件、任务要求、相关案例等；配合建设单位进行初步定位阶段的工作	建设单位市场分析调研资料；前期产品研发、设计要求及相关条件；规划策划文件	现场踏勘：场地概况、规划条件；形成前期分析报告：作为设计定位与产品策划的依据；市场定位：案例及市调资料研究，设计要求的初步分析
前期策划与拿地阶段	方案负责人	明确条件及相关要求。经过项目研判提供初步定位和策划建议	规划强排方案设计评审会意见记录表	项目启动：配合建设单位进行项目定位的分析论证；作出不同容积率、密度、规模的初步比选方案作为依据，宏观地评估测算每个方案的总额。项目研判[2]：经规划经济评估，确定产品策划，明确设计定位，包括规划要求、环境要求、产品类型、户型比例、户型指标、户型结构等。作为拿地主要依据的方案（强排）务必严谨、合理、客观。规划策划的经济评估：采用预测、比较、经济技术分析、风险分析等方法论证，明确设计定位，包括：定义项目性质、用途和建设内容
	主创设计师	现场踏勘：明确周边现状[3]的限制及有利条件。细致解读：设计要求、规划条件[4]。指标准核：了解相关规范，明确指标计算方式，细致审核敏感指标的合理性。尽可能充分了解前置条件，不可以指标优劣突破限制条件		

---

① 《宗地自然条件表》《宗地社会条件表》《竞争楼盘设计信息表》《竞争楼盘列表》《可行性研究报告》等初步内容。
② 为保证项目论证时间要求，业主一般选择几家概念设计单位，采取议标或直接委托的方式，进行概念方案设计和评审。
③ 现状、在建及待建建筑有日照、卫生、消防等退距要求的情况。
④ 容积率、绿化率、建筑退界、建筑密度、建筑限高、配套要求及分期指标、规划条件时效性等。

4.1.2 概念规划方案设计要点（表4-2）

概念规划方案设计要点　　　　　　　　　　　表4-2

节点	岗位	职责	流程表格及工作文件	建筑专业要点
概念任务书分析	方案负责人	与甲方设计部明确项目资料及设计要求：规划指标、产品配比、规划原则、规划成果要求等；成本管理部估算的设计限额，营销部对项目的初步定位和建议资料；甲方项目发展部提供的要点指标及相关资料[①]；相关部门和负责人意见等	项目定位：目标客户群定位、产品定位、文化风格、主题概念定位文件[②]。 现状分析：区域和城市肌理的关系；基地条件、相邻规划及建筑的关系、环境等资料。 规划条件：周边详规及设计拓展、自然条件、城市空间历史文脉与人文环境资料	任务分析：项目资料[③]及初步意见；成本控制、初步定位、案例分析、规划要点[④]及成本、营销、项目等各部门的意见
概念方案设计阶段	规划师、建筑师	总体规划及建筑单体的概念方案	设计意向：初步设计文件。 方案评审：形成概念设计方案提交设计组组织评审；审核重点依据《概念设计任务书》；形成统一意见后由设计单位进行修改	概念方案：规划及单体设计单位概念方案。 方案深化的评审及措施：①如因项目定位因素导致方案评审不通过，则应重新定位；然后，设计部重新组织概念设计并进行评审。②如果不存在项目定位问题，则由设计单位对方案进行调整，然后再提交设计部组织评审。评审通过后，经核准作为设计依据
概念方案评审	规划师、建筑师	总体规划及建筑单体概念方案评审与确定	评审通过：确定概念方案和设计单位；进入深化阶段	最终定稿方案：主题概念定位，方案和说明、指标说明（含建造标准），下发后作为可研后续工作和规划方案设计的输入文件，包括成本测算和经济测算

① 项目发展部在对目标地块进行可行性研究的过程中，提出概念设计需求。
② 与建设单位设计部对接项目资料及初步要求、成本管理部估算的设计限额、营销部对项目的初步定位和规划建议资料、项目发展部提供的要点指标和相关资料以及相关部门和负责人的意见。
③《宗地自然条件表》《宗地社会条件表》《竞争楼盘设计信息表》《竞争楼盘列表》《可行性研究报告》等初步内容。
④ 项目发展部在对目标地块进行可行性研究的过程中，提出概念设计需求。

4.1.3 概念规划方案设计案例解析

在文化类商业等公共建筑的设计中，建筑师需要考虑的不仅是建筑的商业职能，更多需要考虑的是对场地的解读。中国本土建筑师的设计实践，应以中国传统文化与现代建筑语汇为基础，并且要面向未来。否则，现代主义建筑与传统文化之间会出现断裂，后现代主义对现代建筑的补充与反叛也体现在形式的操作上，同样也会成为现代主义建筑的发展和补充，不可避免地，后现代主义建筑也会出现与传统文化的割裂，它们通过戏仿获取文化拟像。因而，基于传统文化的设计思路是十分必要的，即使在商业建筑的设计中，也应根据场地考虑采取一种与传统文化并不断裂的设计方法。有时，建筑设计不是抽象的，这个概念方案是基于中国诗性文化的，应当是具体的。

开发项目的概念规划一般由建设方的设计管理部门组织，设计部收到设计任务后，组织相关人员对方案设计进行评审，并向与会人员通报成本估算、施工难度和工期，通过的方案最终由负责人签字后生效。

1. 概念规划背景分析与任务设定

1）城市背景及规划条件

项目地处华东区某省会城市中西部，是环渤海经济区和京沪经济轴上的中心城市之一。城市地貌环境中，天然泉水众多，旧城区泉水与北方民居形成了特殊的城市风貌。随着时代的发展，在一城山色半城湖的城市风貌里，现代化元素、传统文化与自然景观产生了融合与碰撞，形成了传统与现代并存的城市面貌。

2）现状分析及前景展望

项目坐落于市区独特的经济、文化中心××湖片区北岸，将连接旧城与××湖片区，并远眺整个城区。城际铁路网络将为老城区带来新的发展机遇，推动××湖北岸形成新的城市风貌。

3）设计定位与任务设定

毗邻西侧城市住区与北侧商业街区以及东侧的北关艺术街区，借助南侧独特的景观文化资源，建筑将容纳服务型商业与酒店及配套功能，在服务于旅客与城市居民的同时，与××路中心商业片区形成城市文化—商业带，成为城市的会客厅与文化的风向标，依城市规划，辐射××城与周边城市。规划条件与现状如图4-1所示。

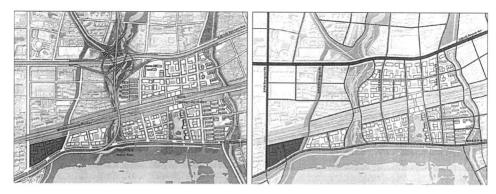

图4-1 规划条件与现状分析

4）场地的现象解读与表达

对场地进行现象解读，得出湖边、荷叶、山水的环境意象。设计将以传统山水画作为载体进行表达，通过设计建筑群组表达将城市的风景拥入怀中，使人工与自然之间的融合达到微妙的平衡，形成一幅"可观、可居、可游"的山水画卷（图4-2）。

2. 概念规划设计策略与现象解读

新的建筑将包含补足的外向服务型商业（购物、接待）、交流型商业（聚会、餐饮、娱乐、休闲）以及私密型商业（酒店及相关配套）等多种复合业态，分布于不同的高度层次上，与城市环境融合在一起。有别于其他类型的商业项目，由于特殊的地理位置，建筑本身应当具有相应的城市文化与精神内涵。因此，设计将尝试把文化理念与商业建筑的设计融为一体（图4-2）。

图4-2 场地的现象解读与表达

1）场景延续的设计策略

项目基地的生态自然环境优越，基地呈曲线形态，并具有面向湖面的多种不同的视线可能性。为了良好地回应基地与城市带来的可能性，设计将建筑平行于湖岸线展开，并将建筑轴线纳入到整个城市设计中：沿基地的东西向于中央设置一条平行于湖面的景观轴线，垂直于这条轴线设置建筑的主要轴线，并使它连接建筑组群与湖岸景观，多个平行于建筑主要轴线的景观轴线串联起中央景观轴线，联系各个不同的建筑体。建筑将不同的城市景观与场地有机连接，不同角度的建筑表面将视线引导向不同的城市景观。

2）扭转交错的建筑形态

因场地南侧为草木葳蕤的××湖，远处是以城市内的山体及南部山区为背景的城市天际线，由此，本设计试图以整体形态布局为首要切入点，将不同的建筑功能生成不同的建筑体量，并赋予每个建筑体量不同的象征意义（图4-3）。建筑的每个不同的体量因而获得了最大的可能性与最适合的空间设置。建筑形体之间相互错动，由此获得了面向湖面景观的最大视野与丰富的建筑景观。不完全规则的建筑组群，也构成了具有良好的环境整体感与延续感的城市景观。

建筑的形态空间贴合山形水势作曲线流动状，设置成为体量群组，通过连续、流动、围合、扭转拓扑的水平几何体量和城市天际线与自然的山水形成相互衬托的关系，并沿着连续的城市界面延展开来，以获得良好的日照。在不同高度的不同体量中，立体的建筑漫步道串联其间，下沉庭院、中庭、空中花园、景观露台、屋顶花园被连接起来，人们在体验不同的建筑功能的同时，能够感受到身处于建筑中与城市的对话关系（图4-4）。

3）体量分布灵活自然

在建筑群组的下部，设置了外向服务型商业以及部分交流型商业，烟火气息

图4-3　概念规划天际线分析

与阳春白雪巧妙融合。建筑中部，不同类型的交流型商业积聚于此，成为画卷的基调，向城市开放。在建筑的上部，酒店坐落于不同的建筑体量内。在不同的建筑形体之间，通过宜人的步行系统，串联起建筑体量之间的交流空间与休闲空间。人们在体验不同功能的建筑空间时，能够感受建筑与人和城市的对话关系。建筑群组犹如将城市的风景拥入怀中，人工与自然之间在微妙的融合达到了平衡，形成一幅"可观、可居、可游"的山水画卷（图4-5）。

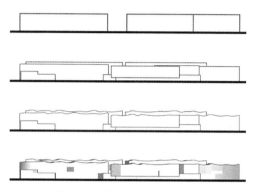

图4-4 概念规划建筑形态分析图

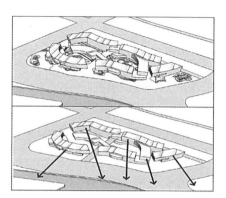

图4-5 概念规划建筑体量分析图

4）自然场景交织相融

通过隐藏在建筑群组中的漫步道，建筑形态与城市相关，建筑功能与城市相联，建筑氛围与城市相融，文化理念与商业建筑的设计融为一体，属于城市的传统与现代的语言交织于此，建筑空间成为这处场景的精神符号与文化表达（图4-6、图4-7）。

图4-6 概念规划山水居客图

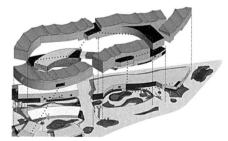

图4-7 场景概念——城市漫步

3. 概念规划设计表现

建筑组群中设置了不同的建筑造景，将城市文化传达到每个建筑场所中：山、水、园、林、台（图4-8）。

1）建筑组群的底部

将山水画卷打开，结合不同的人群来向，吸引、接纳来自场地周围的客人，并以下沉庭院作为底色，接纳上部的建筑群组。在下沉庭院里设置多组婉转、流畅的庭院景观，串联整个场地与建筑周围，借助建筑围合的内院产生不同尺度上的建筑与流水的关系。外向服务型商业以及部分交流型商业，烟火气息与阳春白雪巧妙融合（图4-9）。

2）建筑组群的中部

浓淡相间的笔锋勾勒出流畅、丰富的姿态：浅色石材与幕墙装点的传统的××老街式的场所与不同标高层间进行了视线共享，结合下沉庭院、台地状草坪、水面空间等进行错落式设计。流线型的建筑体量与景观互相交融，建筑成为××湖北岸景观的一个部分。

这些尝试将为这里所发生的行为提供无限的可能性，使有关自然的、文化艺术的体验成为空间的一部分。不同类型的交流型商业积聚于此，成为画卷的基调，向城市开放。

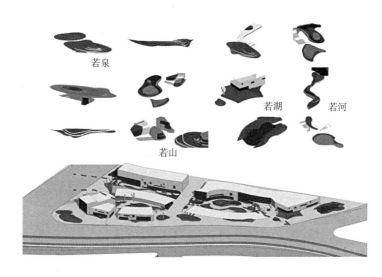

图4-8 概念规划庭院景观组织

3）建筑组群的上部

酒店坐落于不同的建筑体量内，它们与彼此以及庭院发生着各种各样的关系，或嵌入，或悬挂，或倚靠，或缠绕。丰富的形态拓扑关系带来了丰富的建筑景观层次与最大的景观朝向。统一的基调里添加了不同的笔触，建筑不仅仅在自然与人工之间取得了平衡，也融合了传统与现代的城市风景：顺沿着建筑体量展开的幕墙系统包裹了多个具有独立性的建筑体量，带来了多种组合的可能，在保证室内视野的同时，形成了疏密有致的外部视觉感受（图4-10）。

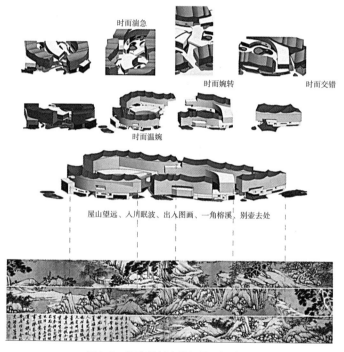

图4-9　概念规划建筑与景观相融

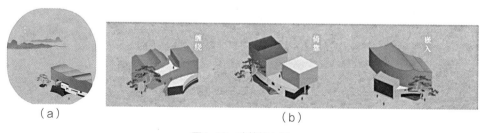

（a）　　　　　　　　　　　　（b）

图4-10　建筑的上部

4）屋面规划意象

将古琴韵律抽象，在模数规律之间，高低起伏的形态倒映在斑驳闪烁的湖面上，与××湖畔荷花的卷舒开合交相呼应，与远处山峦的绵延交织异曲同工，与传统民居组群连续起伏的屋面，对酒当歌（图4-11）。

5）立面延续规划意象

立面将作为城市文化的展示面。提取国画与民俗画的水墨元素，将其与建筑立面融合在一起，远看建筑，仿佛在欣赏一幅长轴国画。时至夜晚，建筑灯光摇曳，犹如水面上的盏盏驳船。建筑立面将文化意象再次传递出来（图4-12、图4-13）。

图4-11　屋面规划意象

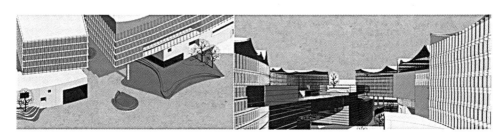

图4-12　立面延续规划意象

（a）

（b）

（c）

图4-13 概念规划场景表达

4.2 项目报规报建阶段案例解析

4.2.1 规划与建筑方案工作内容

1. 项目报规报建工作要点（表4-3）

项目报规报建工作要点　　　　　　表4-3

规划及建筑方案设计				
	岗位	职责	流程表格及工作文件	建筑专业要点
规划设计	规划、景观（建筑配合）	**任务对接**：与设计部对接项目资料及要求。 **总体布局**：公共空间规划设计：空间划分和拟形成空间氛围。 **交通规划**：路网系统、交通组织和车辆停放形式。确定交通方式，不同人群的机动车、非机动车、步行等出入口及流线。 **建筑布局**：空间和利益	规划方案设计条件：《建设用地规划许可证》、规划要点、周边市政条件（路网、管网等）、地形图、红线图和水文资料等。规划方案设计任务书规划方案设计文件	**规划设计**：主要内容包括总体规划设计、景观绿化设计、建筑单体设计。一个项目的这三项内容是紧密衔接的，必须在方案阶段同时考虑、同时深化。 **深化设计**：内容包括规划报审总图、市政设计单位衔接、景观绿化初步设计、建筑单体深化设计。 规划方案设计深度要求 建筑方案设计审查要点
建筑设计	建筑主创	**任务对接**：与设计部对接项目资料及要求；确定建筑设计、设施配套标准；合理控制，优化效益。 **设计汇报**：顺利传达设计信息，建立有效沟通，以获得方案认可	方案深化设计文件	**方案深化**：规划、景观、综合管网等专业参加，初步咨询规划部门意见。 **方案确认**：项目投资人或负责人签字确认方案。 **报规咨询**：方案文本报规划部门咨询意见。一般是先咨询再报规。 **项目报规**：报规文本通过规划部门的审核[①]

　　建设项目报规是指项目详规编制和报审批的过程。报送城建行政主管部门咨询、审批的文件有申请设计文件、咨询设计文件等程序文件。

---

① 通过政府各职能部门的审核，是伴随项目始终的重要工作。需要对国家及地方的法律法规进行充分的了解和吸取同类项目的经验。

审批合格后取得建设用地规划许可证。这期间，建筑设计单位受委托，配合各城市规划部门的规定，编制项目报规文本。

2. 项目报规报建文件要求（表4-4）

项目报规报建文件要求 表4-4

岗位	职责		流程表格及工作文件	建筑专业要点
报规报建	建筑设计规划设计	整理核查沟通总图技术问题	规划设计完整技术图纸，包括：用地现状图、规划总平面图、定位图、竖向图等	报规核查内容：规划设计条件、退线要求、建筑间距、建筑高度、规划指标、公建配套要求、日照分析。 甲方核查内容：总图优化设计、产品配比、户型落位等内容
		建筑技术问题	建筑图纸（一般是初设图纸），包括：建筑平面图、立面图、剖面图、必要的详图、做法、地库平面图、外观材质颜色等	报规核查内容：建筑平面图中的交通核组织、管井大小、位置，防火排烟要求等。地库与单体的高差关系，地库的竖向设计、防火分区，设备电气专业的要求、人防的位置和设计要求等。落实产业化方案及做法
		规划设计文本	相对完整的规划设计文本，包括：必要的规划分析、理念分析、单体分析及产品外观分析等	校对核查：规划技术文本需整理和补充相关内容，形成符合要求的报规文本
		电子报规文件	图纸调整形成电子报规图纸	整理规划技术图纸：核对指标表、日照分析报告。整理建筑技术图纸：核对面积指标及电子报规其他内容

项目报规是建筑专业与建设单位及相关各方交流十分集中的阶段。

报规方案的调整不仅需要绘图能力，还需要一定的理解沟通能力和专业基础，以便与业主、专家和主管部门进行有效沟通。

4.2.2 住宅项目报规报建案例解析

1. 居住用地现状条件及分析（图4-14、图4-15）

报规文本主要包括设计说明及整体效果、规划和建筑设计图纸。设计说明包括设计依据、项目概况、规划和总平面设计、建筑设计等内容。案例位于城市高新片区，四周为规划城市道路，东南侧为幼托用地。地势西南高、东北低，地面标高为179~216m。用地面积为55333m²，用地性质为居住。规划容积率：地上不小于1.0且不大于1.3，地下不大于0.3。规划建筑密度不大于30%，绿地率大于40%，停车率不小于100%。住宅建筑高度小于24m。

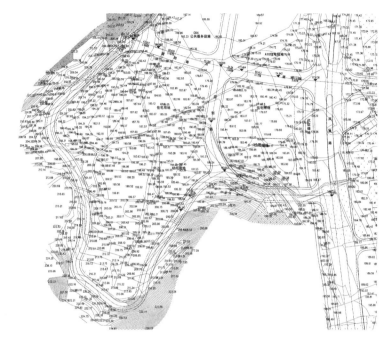

图4-14 居住用地现状示意

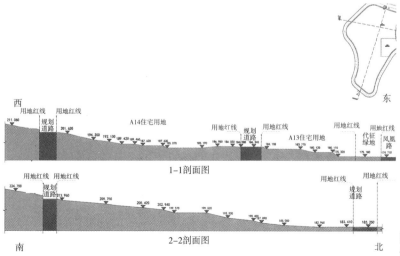

图4-15 居住用地竖向分析示意

2. 住宅项目报规报建设计说明（图4-16）

第一篇 建筑设计说明

一、设计依据

1）设计年限
1）建设单位提供的电子化地形图、基地红线图、规划要求
2）甲方提供的地块设计任务要求
3）设计采用的主要法规和标准

《城市居住区规划设计规范》（GB 50180—93 2016年版）
《住宅设计规范》（GB 50096—2011）
《住宅建筑规范》（GB 50368—2005）
《建筑设计防火规范》（GB50016—2014）
《民用建筑设计通则》（GB50352—2005）
《住宅建筑室内装饰装修防火规范》（JGJ450—2001）
《城市居住区绿地设计规范》（DB 50067—2014）
《汽车库、修车库、停车场设计防火规范》（GB 50067—2014）
《人防空间人防工程设计规范》（GB 50038—2005）
《车库建筑设计规范》(征求意见稿)（2009年版）
《济南市城市规划管理技术规定》
《住宅建筑白色的若干方法》(GB/710972—2000)》

二、项目概述

项目位于济南市汶裕社区，四周全部为规划城市道路，东南侧为义08幼托用地。
地势西南高、东北低，地面坡度为170m~216m。
出让面积：55333平方米，土地使用权为居住。规划容积率大于等于1.0且小于等于1.3，地下小于等于0.3，规划建筑容积小于等于30%，绿地率大于等于40%，停车率大于等于100%，住宅建筑高度小于24米。

三、设计构思

1、生态住宅项目为主题体
突出"园林社区"的定位，突出绿化生态型社区的特点，让业主充分感受到"绿满自然城就是有园境"，大是提"世界的天蓝体验"的居住生活理念。给户主生活广阔的生活空间，园满生命中的最场低碳。
2、以人为本的设计理念
宽敞高设及其的社区环境，让人充分享受到社区绿境环境的美好。而不是在停车阴围建花园。

四、总平面设计

1、总体布局
住宅区内部主要为7、8层住宅。南侧为低层住宅。南侧层住宅利用山景，实现景观最大化。主侧住宅用地南侧位置，中心设及小区公共花园、打造人文景观社区。
2、道路交通规划
小区道路交通采用场地自然之势、合理组织人车、车流，使用便捷的理想状态。并与小区景观设计和道路要求相符合。
出入口设置：
住宅区内部道路联系全城市规划道路网的布置，在东、西两侧设置小区出入口。
道路交通：

小区本行道路分小区两边设置、两侧低层部分设置在道路集中，近端设置回车场，通过行车道、回车场构成内部主要交通体系系统。
停车方式主要采用地面停车，小高层地下一层及及身中的地下半地组结合。
人行由中心未来规划城城入各个景观、项目设计了曲面的步道多多处体感展观广场及同轴并了步行系统。
小区东、西侧设置车行出入口、小区车道宽 4m~5.5m，道路坡度最小于等于 8m、南侧居住生道路大小于等，设置其 12m×12m 回车场。

3、总区划
4、绿地景观系统规划
整个规划区域内绿地配置应该注意景风格和谐、统一，与其它城形景观风采表现相和谐。做细配置应充分料与地区风格相协调。

1、道路绿化配置
可选用树形高大、挺拔茂密、生长迅速、优良在景观和观滞尘的作用，并且观赏季不和谐季的的绿色，选征地绿化的样花的效果。
绿离选中配景观规定次，设计乔木下层空间的全层，而且可作为行本与人行的分开。

2、广场绿化配置
应注重园林中的自然型化，遮免出现景闲了百色园境，状草一部份独成其草的混油。公园境其休浓景性性价值率和V速观达到的满足的绿化，以高大乔木和绿小美术适合配置，开拓成本立体水基的绿化系统。
广场绿化必须与广场的建设形象相协调，广场建地既可作为道路绿的补充和加强，同时也可以承接其为休闲娱乐的活动场所。

五、建筑单体

（1）住宅类型
产品类型为7、8层住宅、低层住宅（详见多户型图），其中 2#地左侧内配备公建。
（2）住宅套型及间距
按照市场规划战略性的设计条件、满足日照采光的需求。

（3）住宅室内
住宅设计按照现代家居生活标准，合理配置生活设、节约空间。
（4）住宅立面
住宅立面采用新中式建筑风格。
建筑采用中式内敛经典，竖向性体。
通廊严谨与列比例，
台表基年单看实、
墙墙厚度、显示礼貌。

六、绿色生态

进行生态开发利用时，尽量维持地域区地面部水文环境特性。利用绿色基础设施，例如生态花园、雨水调蓄池、透水铺道，构造海绵城市新一代的城市雨管理概念。
等，实现雨水自然的保持、渗流、净化如可持续水循环，构造海绵城市新一代的城市雨管理概念。

七、经济技术指标（详经济技术指标表）

图4-16 住宅项目报规报建设计说明示意

3. 规划总图、指标及整体效果（图4-17~图4-24）

规划以"自然、健康、幸福体验"为理念，定位于园林住区的优美生活体验。充分利用山景，北侧沿用地周边布置为7~8层住宅，南侧为低层住宅。中间公共景观营造花园式的生活空间。小区道路交通系统，结合景观设计和消防的要求合理组织人流、车流。出入口结合住区内部布局进行设置，车行道沿小区周边布置，南侧低层住宅区入口居中设置，尽端设有回车场地，通过车行道和回车场地形成内部主要交通体系。停车为地面停车结合地库。车道宽度为4~5.5m，坡度小于8%，南侧低层住宅区道路的尽端设有12m×12m回车场地，交通系统符合总图消防利用要求。

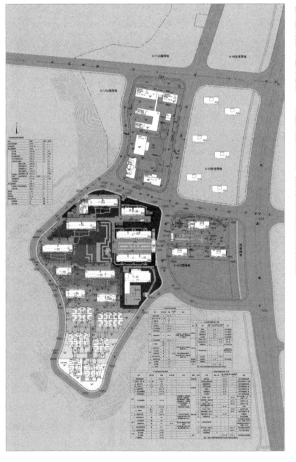

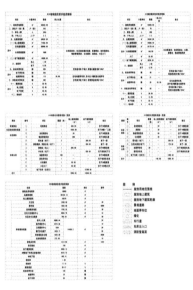

图4-17 住宅项目报规总平面图及指标示意

住宅
住宅地块内配套公建
片区内公共服务设施
幼儿园

图4-18　建筑类型分布示意

多层住宅（8F/11F）
多层住宅（7F/11F）
低层住宅（3F/-1F）
配套公建（5F）
幼儿园（2F）

图4-19　户型产品分布示意

市政道路
消防道路
消防回车场

图4-20　规划消防分析示意

车行道路
人行道路
汽车坡道、车库出入口
车行出入口
人行出入口

图4-21　人车流线分析示意

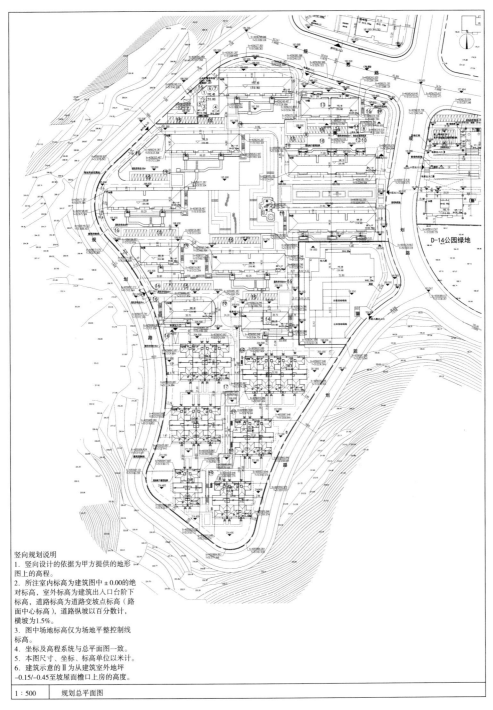

竖向规划说明
1. 竖向设计的依据为甲方提供的地形图上的高程。
2. 所注室内标高为建筑图中±0.00的绝对标高,室外标高为建筑出入口台阶下标高,道路标高为道路变坡点标高(路面中心标高),道路纵坡以百分数计,横坡为1.5%。
3. 图中场地标高仅为场地平整控制线标高。
4. 坐标及高程系统与总平面图一致。
5. 本图尺寸、坐标、标高单位以米计。
6. 建筑示意的Ⅱ为从建筑室外地坪−0.15/−0.45至坡屋面檐口上房的高度。

1:500	规划总平面图

图4-22 住宅项目报规规划总平面图示意

图4-23 住宅项目报
规东南鸟瞰

图4-24 住宅项目报
规东北鸟瞰

4. 住宅项目报规报建阶段主要图纸

本案例住宅类型包括7~8层住宅和低层住宅以及配套公建。住宅层数及间距满足规划设计条件的限制，并且满足居住建筑的日照及间距要求。住宅设计按照现代家居生活标准，合理分区、动静分明，每户均设有较大的阳台；平面结构布置整齐，易于建设及节省成本。住宅立面通过构图比例和竖向线条体现中式居住生活的风格和特征（表4-5、图4-25~图4-30）。

住宅设计成果要求　　　　　　　　表4-5

设计依据	"×居住区规划及建筑概念性方案设计"招标文件;《城市居住区规划设计标准》《住宅设计规范》《建筑设计防火规范》,所在城市的《城市规划管理办法》《×市日照分析规划管理暂行规定》《×市片区控制性规划方案》等;依据《×市日照分析规划管理暂行规定》提供的日照分析报告;国家标准《建筑工程建筑面积计算规范》
报规文件设计说明	包括其他专业说明,规划条件,设计任务书,现状地形图,设计要求,规划总平面图,建筑平、立、剖面图;效果图,包括鸟瞰总体效果图,单体效果图。主要技术经济指标包括各单体建筑面积、户型配比、公共服务设施配建表和建筑面积明细表等,附在说明后面
住宅户型设计要点	设计的主要依据为甲方提供的户型配比及相关要求。各类户型的户数按照安置规模和人数的需求设计。户型指标和数量需计入统计表。户型设计及设施要求如: 动静分区:内外有别。起居室、餐厅等公共空间布置在入户区域,卧室、书房等空间布置在户型内部的私密区域。 洁污分区:明厨明卫。厨房靠近入户位置,便于物品进出和污物运出;除个别户型外,卫生间均直接对外采光通风,使用舒适。 增加南向卧室数量:考虑到居民的生活习惯,除160m²户型中的一个卧室外,其余卧室均为南向,便于老人、儿童居住。 空调机位结合建筑立面设计:南阳台设置洗衣机位和上下水管;南阳台考虑壁挂式太阳能集热器设置,预留集热器位置,分户提供太阳能热水

图4-25　住宅项目报规多层效果图

图4-26　住宅项目报规低层效果图

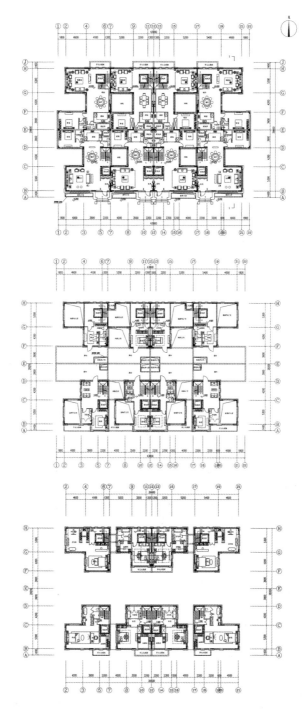

图4-27　低层住宅首层、二层、三层平面图示意

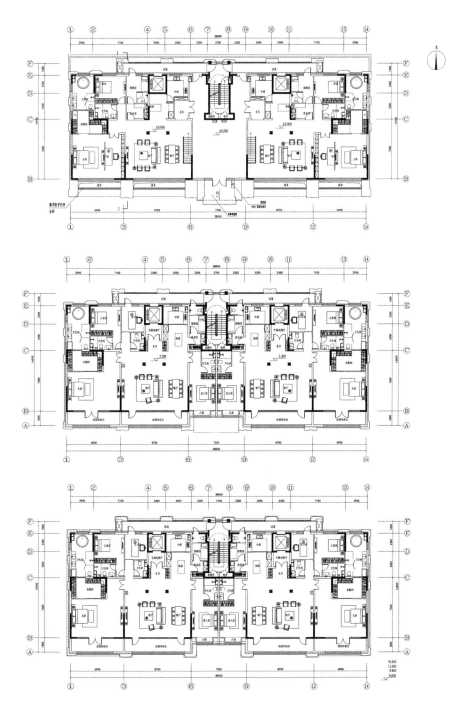

图4-28 多层住宅首层、二层、标准层平面图示意

图4-29　住宅项目报规组团地下整体大剖图示意

图4-30　住宅项目报规地下一层车库平面图示意

4.2.3　商业项目报规报建案例解析[①]

1. 商业用地现状条件及分析（图4-31）

主要包括规划总图及表现图、设计说明及图纸。本次申报为E地块，用地性质为商业商务。用地面积为11579m²，总建筑面积为97660.15m²，地上计容面积

---

① 本案例的初步方案设计公司为DC国际建筑设计事务所。

为79832.87m²，其中1号楼40680.00m²、2号楼38665.19m²、换热站400.10m²，地下建筑面积为17827.28m²，地上容积率为6.89，地下容积率为1.54，建筑密度为29.56%。

2. 报规报建设计说明（图4-32、图4-33）

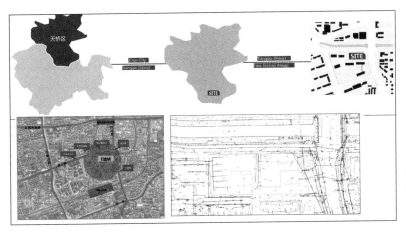

图4-31 商业用地现状及市政条件分析示意

图4-32 报规报建设计说明示意

一、建筑设计说明

1.1 设计依据

1.1.1、由建设单位提供的规划图纸及有关文件；

1.1.2、土地规划部门签批的用地范围图、市政管网条件图；

1.1.3、设计合同以及其他建设单位对该工程内部功能、建筑面积、建筑层数、建筑风格和装修标准等方面的要求；

1.1.4、本工程依据的主要设计规范：

《全国民用建筑工程设计技术措施》（规划、建筑、景观）2009年版

《民用建筑设计通则》GB50352-2005

《城市居住区规划设计规范》 GB50180-90（2016年版）

《建筑设计防火规范》 GB 50016-2014

《办公建筑设计规范》 JGJ 67-2006 J556-2006

《商店建筑设计规范》 JGJ 48-2014

《汽车库、修车库、停车场设计防火规范》 GB50067-2014

《车库建筑设计规范》 JGJ 100-2015

1.1.5、现行其他有关建筑设计规范、规程及规定；

1.2 项目信息

1.2.1、工程名称：济南世茂天城E地块项目；

1.2.2、建设单位：济南世茂天城置业有限公司；

1.2.3、本项目位于山东省济南市，策划范围东至天成路、南邻官扎营社区、西林官扎营社区、北至丹凤街。本次申报为E地块，规划地性质为商业。本项目用地面积11579 m²，总建筑面积97660.15 m²，地上计容面积79832.87 m²，地下建筑面积17827.20 m²，地上容积率6.89，地下容积率1.54，建筑密度39.56%。

1.2.4、地上部分：2栋一类高层办公楼（1#楼、2#楼），换热站；

地下部分：为两层地下车库及相关设备用房。

1.2.5、建筑耐火等级：均为一级；

1.2.6、建筑防水等级：地下室一级防水，屋顶一级防水；

1.2.7、停车数量：机动车560辆，地下停车524辆，地上36辆。

1.3 竖向设计

1.3.1、整个地块地面平整，较为平坦，消防车道满足消防车通行，消防扑救场地均距离建筑大于5米小于10米。

二、消防设计

1.1、总题设计

1.1.1、本工程办公楼至少有一长边或周边长度的1/4且不小于一个长边长度的底边连续布置消防车登高操作场地，操作面消防宽度10米，距离单体建筑不小于5米，不大于10米，消防车道高度宽度均不小于4m，满足规范要求。

1.1.2、本工程各体相互间距及周围建筑的间距详见总平面图，满足规范要求。

1.2、消防构造

1.2.1、主要承重构件均为混凝土墙、梁、柱，其燃烧性能及耐火极限均满足规范规定。

1.2.2、本工程18层及18层以上办公均设置防烟楼梯间，楼梯间均设置送风井，楼梯前室与消防电梯前室合用，均设置送风井。楼梯地处屋面，疏散门向屋面方向开启。

1.2.3、各防火分区、设备用房间、电梯机房、楼梯间等均用不燃烧材料的防火墙及甲级防火门分隔，防火墙耐火极限不低于3h。

1.2.4、所有的防火门均为自行关闭的防火门，防火卷帘为经过消防部门认可批准的专用产品。

1.2.5、设在变形缝附件的防火门不跨越变形缝，并设置在楼层较多的一侧。疏散通道上的防火门应为常开式防火门。

1.2.6、建筑内部隔墙砌至梁底部，不留空隙。

三、结构设计说明

（一）材料及构造要求：

1、混凝土强度等级：

各主楼均为框架-剪力墙结构，商业部分及地下车库为框架结构，主楼地下及底盘加强部位墙、柱采用C60，向上其各层采用C55~C35，车库楼板柱混凝土强度等级为C35，具体由计算确定；

各层梁、板均采用C30；各层现浇钢筋砼楼砼随各层楼、板砼等级；

（高度相同的各楼座混凝土变化情况统一一）；

2、钢筋强度等级、配筋及其它特殊构造要求：

（1）、梁、板、墙、柱全部采用三级钢筋；

（2）、嵌固端楼板：180mm厚，配筋不小于Φ10@170 双层双向，不足时另行附加；

（3）、一般地下室楼板：160mm 厚，配筋不小于Φ10@200 双层双向，不足时另行附加；

（4）、标准层的卫生间、厨房等降标高且有防水要求的楼板板厚100mm；电梯前室及公用走道的板

150mm，配筋不小于Φ8@150 双层双向。

（5）、主屋面板、机房屋面及上屋面梯间等附属房间的屋面板板厚均为120mm，配筋不小于Φ8@150 双层双向。

（6）、楼板厚度取值：取净跨度的1/35，且不小于100mm；具体取值计算：板短跨尺寸 Ln≤3.6m 时，板厚取 100；3.6<Ln<4.2m 时，板厚取 110；Ln≥4.2 时板厚取 120 或者更厚；异形房间可根据实际情况设置暗梁或适当加厚。

（7）、电梯机房楼板板厚150mm，配筋为不小于Φ10@150 双层双向，机房屋面需要输入吊钩荷载31.4kN，电梯井道无分隔剪力墙时，在半层高位置应布置有构造水平圈梁：梁厚x200，配筋 4Φ10，Φ6@200。

（8）、高层塔楼女儿墙采用钢筋砼，墙厚随上层竖向墙厚度宜≤200，竖向及水平分布筋均不小于Φ8@200（双层网），拉筋Φ6@600。应有女儿墙稳定性验算结果。

（9）、框架梁、连廊及次梁：均采用三级钢，高层部分梁的截面设计宜按竖向配筋率随计算结果的改变而进行变截面配筋，总之：梁的标准层宜划分得多一些。

（10）、墙：在墙在满足稳定性要求的前提下墙厚均取 300 和 400，地下室墙厚随层高重新调整；梁、柱钢筋均按二级钢。

（11）、基础：根据地质报告选用合理的基础形式，混凝土强度等级采用 C40~C30，由计算确定，筏板采用三级钢；墙柱砼强度高于基础砼强度等级时应有局压验算。

（二）、楼、屋面活荷载：

（1）、高层办公：普通楼面2.0KN/m²；卫生间；2.5KN/m²

（2）、走廊、楼梯、门厅；3.5 KN/m²。

（2）、商场：3.5KN/m²；楼、电梯前室：3.5KN/m²。

（3）、阳台：2.5KN/m²（人群有可能集中时）；3.5KN/m²。

（4）、小汽车通道及库房：4.0KN/m²；弱电机房：10KN/m²。

（5）、消防车通道：双向板楼面：20.0KN/m²，根据荷载规范附录B确定折减系数。

注：消防车超过300KN 时，应按等效荷载考虑，换算为等效均布荷载。

（6）、消防疏散楼梯：3.5KN/m²

（7）、屋面活荷载标准值（KN/m²）：【荷载规范-5.3.1 强条】

上人屋面：2.0KN/m²；不上人屋面： 0.5KN/m²

注：施工或维修荷载较大时，按实际情况采用。
因排水不畅、堵塞等，应加强构造措施或按积水深度采用。

（8）其他未注明的活荷载取值参考《全国民用建筑工程设计技术措施》（结构体系）附录F；

（9）、在计算悬挑构件及相应的封边构件时，必须输入阳台水平推覆线筋，应注意放大悬挑构件及相应的封边构件的配筋《荷载》4.5.2（强条）

（10）、填充墙荷载取值：采用加气砼砌块，容重按 7.5KN/m 3，（抹灰另算）。
梁上线荷载取值—内墙：（层高-梁高）x2.4KN/m2，外墙：（层高-梁高）x 2.6KN/m2，通门窗洞口时墙上线荷载取适当折减。

（11）、活载取值依据《建筑结构荷载规范》GB50009-2012；

（12）、楼面恒载取值：统一采用板自重荷载由程序自动计算，楼面恒载取 1.5 KN/m2（50mm层考虑）；卫生间取 2.0KN/m2；平屋面取 4.0KN/m2，楼梯间板厚取0mm，恒载取 8KN/m2；有地暖布置的楼面恒载按相应板厚取值（面层 90mm 恒载取值 2.0KN/m²；面层 100mm 恒载 2.2KN/m2）有特殊功能的房间（如宴会厅、大厨房、备餐间等）恒载根据实际情况取值；

（三）地下室：

（1）、地下室外墙柱外侧配筋面积不应小于墙外侧配筋面积，并且在有柱的地方应附加抗裂短筋（即增加支座配筋）——可用通用图。

（2）、挡土墙面应出具详细计算书。地下室钢筋砼（顶板）裂缝宽度不得大于 0.2mm，并不得贯通。

（3）、地下水位较高时，应特别注意有地下室部分和地面上楼是不多时的抗浮计算。地下室防水砼底板的砼结构强度等级不应小于C15，垫层厚度不应小于100mm，在软弱土层中不小于150mm，防水砼底板（顶）不应小于250mm，迎水面的钢筋保护层不得小于50mm。详见《地下工程防水技术规范》。本工程抗浮水位较高，地下车库范围需设置抗浮锚杆，抗浮锚杆的设计按相关要求设计。

（4）基础形式按地质报告相关参数合理选取；

图4-33 商业项目报规设计说明示意

3. 商业项目规划总图、指标及整体效果（图4-34～图4-38）

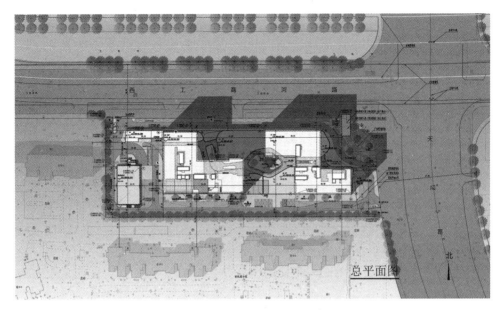

图4-34　商业项目报规总图

图4-35　商业项目报规实景鸟瞰

图4-36 商业项目报规沿街效果

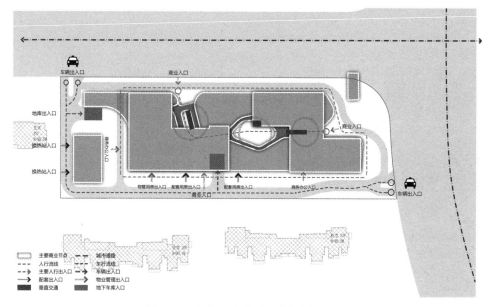

图4-37 商业项目报规总图流线分析示意

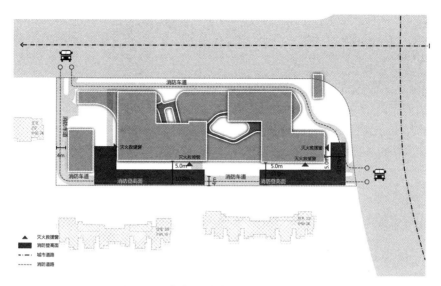

图4-38 商业项目报规总图消防分析示意

4. 商业项目报规报建阶段主要图纸（图4-39~图4-50）

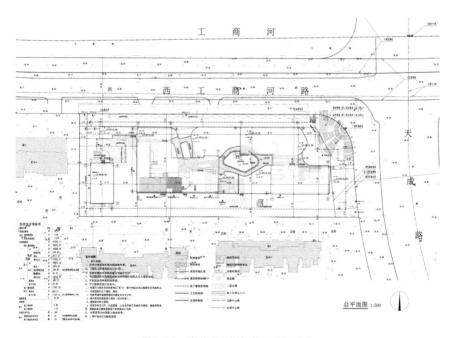

总平面图 1:500

图4-39 商业项目报规总平面图示意

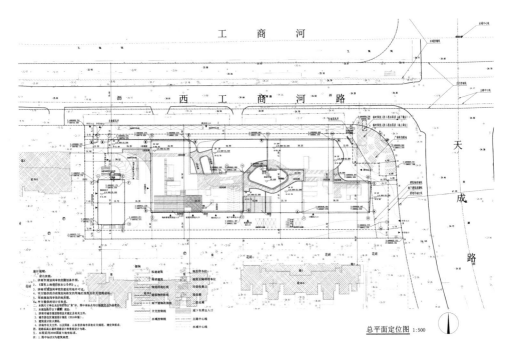

图4-40　商业项目报规总平面定位图示意

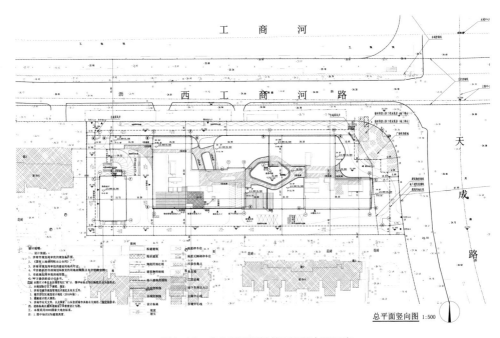

图4-41　商业项目报规总平面竖向图示意

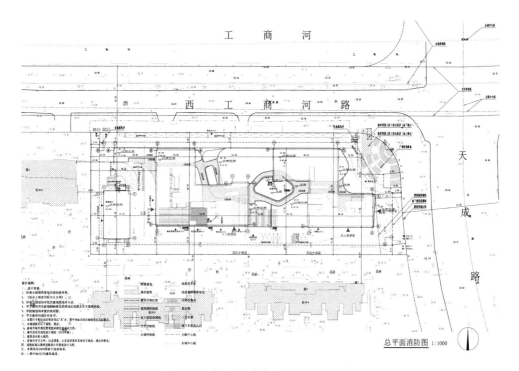

图4-42 商业项目报规总平面消防图示意

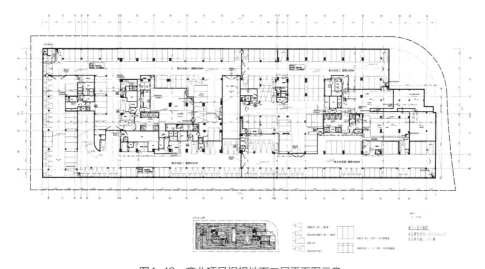

图4-43 商业项目报规地下二层平面图示意

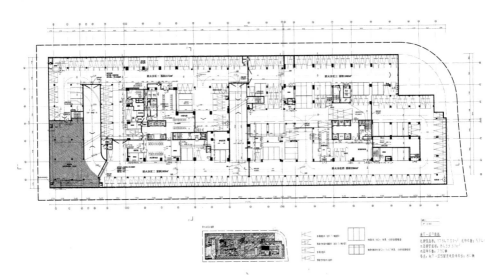

图4-44 商业项目报规地下一层平面图示意

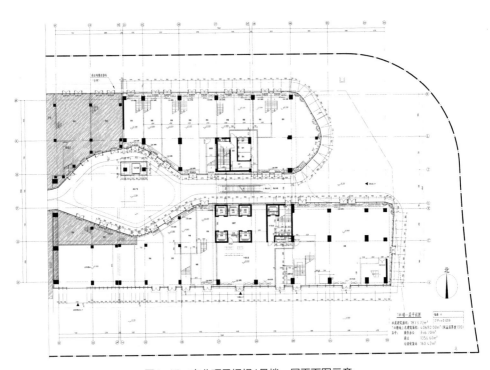

图4-45 商业项目报规1号楼一层平面图示意

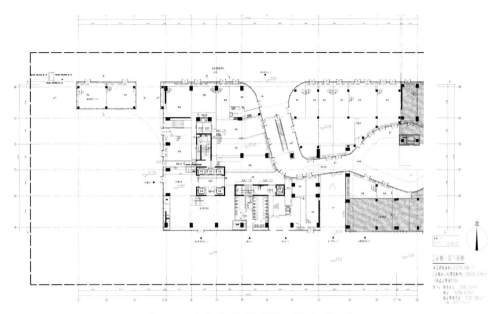

图4-46　商业项目报规2号楼一层平面图示意

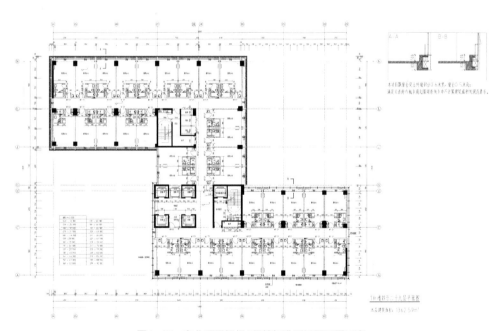

图4-47　商业项目报规1号楼标准顶层平面图示意

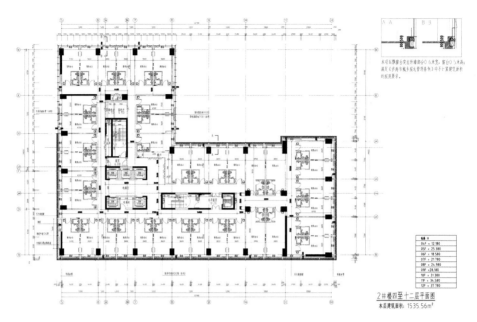

图4-48 商业项目报规2号楼标准顶层平面图示意

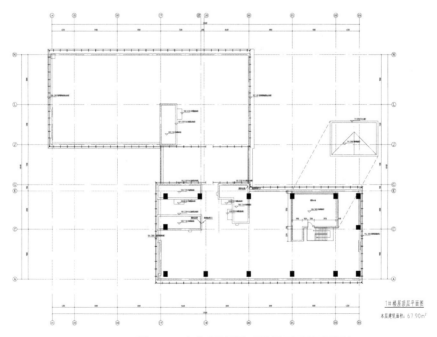

图4-49 商业项目报规1号楼屋顶平面图示意

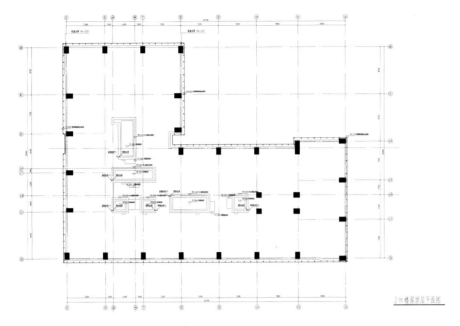

图4-50　商业项目报规2号楼屋顶层平面图示意

5. 商业项目报规报建面积计算（图4-51、图4-52）

按国家标准《建筑工程建筑面积计算规范》GB/T 50353-2013的统一计算方法进行。

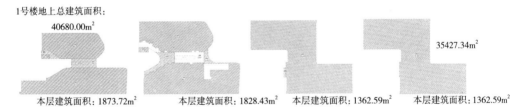

1号楼地上总建筑面积：
40680.00m²

35427.34m²

本层建筑面积：1873.72m²　　本层建筑面积：1828.43m²　　本层建筑面积：1362.59m²　　本层建筑面积：1362.59m²

图4-51　商业项目报规1号楼地上面积计算示意

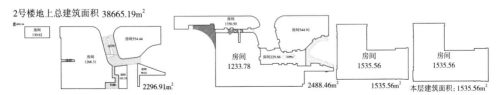

2号楼地上总建筑面积 38665.19m²

房间
130.62

房间1350.50

房间544.92

房间554.44

房间229.66

房间
1266.31

房间
1233.78

房间
1535.56

房间
1535.56

2296.91m²　　　　2488.46m²　　　　1535.56m²　　本层建筑面积：1535.56m²

图4-52　商业项目报规2号楼地上面积计算示意

6. 商业项目报规报建立、剖面（图4-53~图4-55）

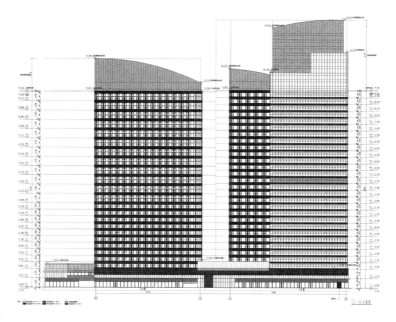

图4-53　商业项目
报规北立面图示意

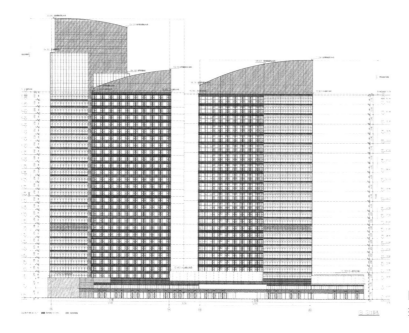

图4-54　商业项目
报规南立面图示意

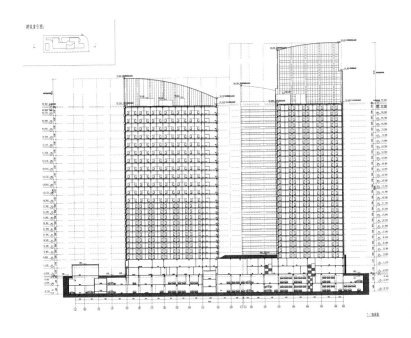

图4-55　商业项目
报规1-1剖面图示意

4.3 项目扩初阶段各专业配合案例解析

　　由方案到施工图纸要经过扩初设计的阶段。项目报规的初始平、立、剖方案图进一步完善后，各专业选定各自的技术方案，通过协作把设计详尽地表达出来。初步设计文件主要用于正式报建、审批、概算和施工招标。

　　建筑专业在初步设计阶段的主要工作内容：一是需要组成项目组，人员数量根据项目规模和复杂程度确定，便于制定设计计划，统一设计标准和制图规范，以做好与业主、审批部门的内外衔接工作。二是以完善建筑图纸作为总体协调的基础，如建筑专业防火设计、地下停车库设计以及落实总平面和建筑单体的相关规范和平、立、剖图纸对应，建筑的消防通道、防火分区、楼电梯布置、立面造型以及设计深度，直接影响总图和其他专业。三是各相关专业实际参与始于初步设计阶段，设计配合中需要互提条件，做好方案与施工图纸的衔接和综合优化。

4.3.1 住宅项目扩初阶段案例解析

项目的实施图纸要经过初步设计和施工图设计两个阶段，初步设计是通过平、立、剖图纸把设计进一步详尽地表达出来，并选定相关专业技术方案的阶段。初步设计文件主要用于报规报建、审批、概算和施工招标。建筑专业在初步设计阶段需解决的主要问题有三个：内外衔接、本专业的技术问题、相关专业技术配合。

1. 建筑专业首次提图深度要求（表4-6）

建筑专业首次提图深度要求 表4-6

类别	"A"建筑　　参考样图▲为首次必提内容	备注
总体要求	1. 轴网单独成块（不含第三道尺寸线），区分首层（带裙房时）、标准层轴网；▲ 2. 平面提图后不再增减平面张数（造型、剪力墙厚度变化层单独标注）；▲ 3. 基准点：位置不要移动；▲ 4. 明确楼地面做法，降板高度，外立面做法；▲ 5. 区位示意图；▲ 6. 防火分区示意图▲	
平面要求	1. 平面图要求：门窗定位准确（宽度方向），厨卫等有水房间有水点，洁具、烟道等布置准确；▲ 2. 建筑专业示意结构板边，明确尺寸（幕墙、空调板、造型板等）； 3. 水暖电井道尺寸要准确（提图前同各专业沟通）；▲ 4. 设备电气用房要准确；▲ 5. 固定家具、活动家具分开，区分图层；▲ 6. 减少嵌套块； 7. 储藏室的房间名尽量靠外墙，避免与喷头、灯具重叠；▲ 8. 建筑专业带疏散口示意（图例、样式区分、疏散路径、车库），楼梯上下方向准确；▲ 9. 建筑带集水坑、沟等的降板表达（参照文件，便于各方修改）； 10. 平面索引位置； 11. 平面带保温线，区分石材和涂料； 12. 注明"上人屋面"和"非上人屋面"，标高表达为"结构板面标高""完成面标高""女儿墙标高"；▲ 13. 变配电室、水泵房、厨房等明确"结构板面标高""完成面标高"，并注明房间净高"完成面至梁底"； 14. 排风、排烟等房间名要准确	

类别	"A"建筑　　参考样图▲为首次必提内容	备注
立面、剖面	1. 层高准确、窗高准确并且标准、清晰，带尺寸及标高；▲ 2. 大样索引位置要准确（同平面对应）； 3. 提供周边剖面关系（与住宅、车库、挡土墙等）▲	建筑外窗通风开口
门窗	1. 门窗编号要求：防火门窗与普通门窗区分；▲ 2. 防火门窗：FM甲1121玻（通道带玻璃），FM乙1221（通道不带玻璃），FC乙1221； 3. 门样式：M1122（1100×2200），TLM1824（无保温，内门），BLM1824（有保温，外门）MLC3024（门联窗）； 4. 窗样式：C1018（1000×1800），TC1821（飘窗、凸窗），PC1522（平开1500×2200通风要求），YTC3022（阳台窗）	要求 住宅开窗及通风面积要求 公建通风面积要求

2. 相关专业提图、返深度要求（表4-7、表4-8）

首先由建筑专业提供方案设计图，与其他专业沟通；先进行专业间沟通，提图后，其他专业可以先出方案，确定方案后再提图。

各专业互相配合，根据条件返提作出修改，然后互提，直至完善。

设备电气专业提图深度要求　　　　表4-7

类别	"A"建筑　　参考样图▲为首次必提内容	备注
设备要求	1. 剖面要准确，特别是南北有较大高差的坡地形的地块。注明南北室外地坪标高——便于设备管线出线。▲ 2. 水专业提消火栓位置，请建筑专业复核是否影响疏散。▲ 3. 根据建设厅文件，开敞阳台不允许设洗衣机，也不应预留改造条件。 4. 核对空调板尺寸，提图时最好有墙身大样或注明是否有反槛——设备考虑排水。▲ 5. 核对太阳能挑板尺寸，可根据甲方要求或根据图集确定尺寸，两端较集热板最少大出100mm。若为直立安装，水专业计算后确定具体长度——建筑专业负责板，水专业负责太阳能型号及管洞，提给建筑。▲ 6. 放置排水立管的墙垛最少为250mm。 7. 确定楼梯间前室、合用前室的面积时一定要考虑消火栓及立管占用的空间，精装包封更大。不包封：一根立管加消火栓占0.20m²；两根立管加消火栓占0.24m²；包封时0.28m²。 8. 地下储藏室分隔墙避开楼上卫生间的排水点及排水立管，以免楼上排水点及排水立管落在分隔墙中心▲	

类别	"A"建筑　　参考样图▲为首次必提内容	备注
设备要求	9. 一层商业网点提图时请布置室内空调的位置。设备专业考虑商业网点冷凝水及结霜水（室外机放到屋面时，不考虑结霜）。▲ 10. 若在商业网点有转换梁柱，请注意住宅卫生间排水器具的布置应避开梁及柱子。 11. 单体地下室提图时落上车库附在当体侧墙的风井及人防口部，以免进单体楼的入户管穿越风井及人防口部	
电气要求	1. 住宅中避难的房间注明"避难使用"。▲ 2. 电气门均外开▲	上方四周均需无水，否则加墙▲
修改过程	1. 修改后以云线圈出，1次紫色、2次白色、3次红色。 2. 需要其他专业修改时，建筑专业只核对，不修改	

各专业提图、返图深度要求　　　　表4-8

类别	"G"结构	"S"给水排水	"N"暖通	"D"电气
总体要求	1. 柱子、剪力墙及填充部分单独设层并填充好； 2. 梁图单独设层； 3. 提图时不同层不同块并清晰可辨	1. 管井布置，带地漏； 2. 图例、图样统一； 3. 消火栓及立管（不落地管不要提）； 4. 户型大样（比例符合大样要求）； 5. 机房墙体、管井留洞准确，表达规范、一致（距地/距板底/距梁底）； 6. 设备基础； 7. 太阳能/空气源穿墙洞（户型大样）； 8. 中央空调/新风留洞（户型大样）； 9. 强弱电箱/消火栓嵌入剪力墙； 10. 燃气示意		1. 管井布置及楼板/剪力墙＞3留洞； 2. 图例、图样统一； 3. 户型大样（比例符合大样要求）； 4. 电气房间布置； 5. 设备基础
参照块的编制要求	"GZ01""GZ02""GZ03"……柱子 "GQ01""GQ02""GQ03"……剪力墙 "GL01""GL02""GL03"……梁	"S01""S02""S03"……给水排水	"N01""N02""N03"……暖通	"D01""D02""D03"……电气
备注	图层命名：提图不用图层~0层、dote层、DIM-MODI等	基准点位置不要移动		

3. 住宅扩初阶段各专业配合案例解析（图4-56~图4-61）

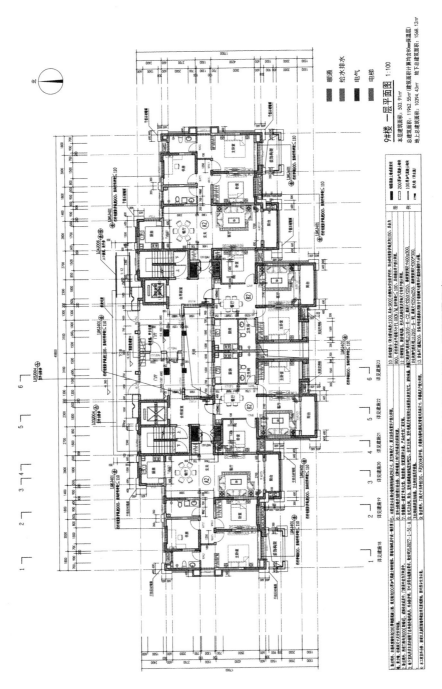

图4-56 住宅项目扩初一层平面图示意

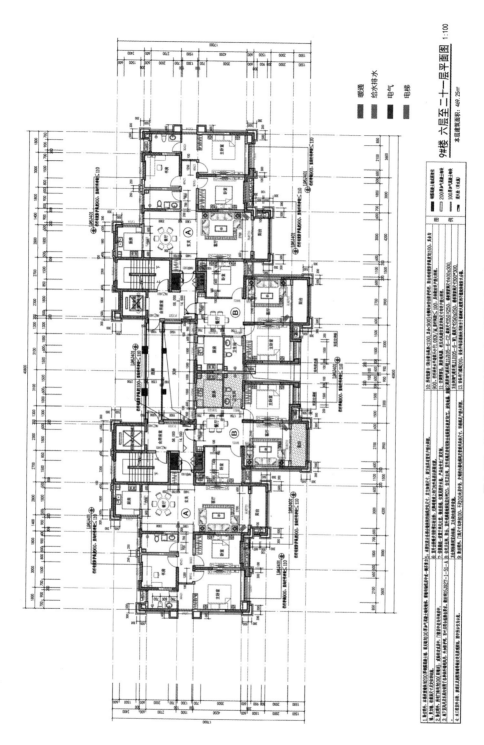

图4-57 住宅项目扩初六至二十一层平面图示意

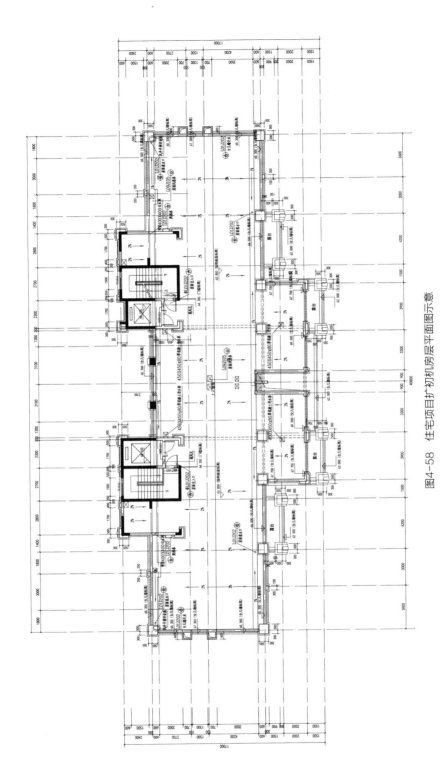

图4-58　住宅项目扩初机房层平面图示意

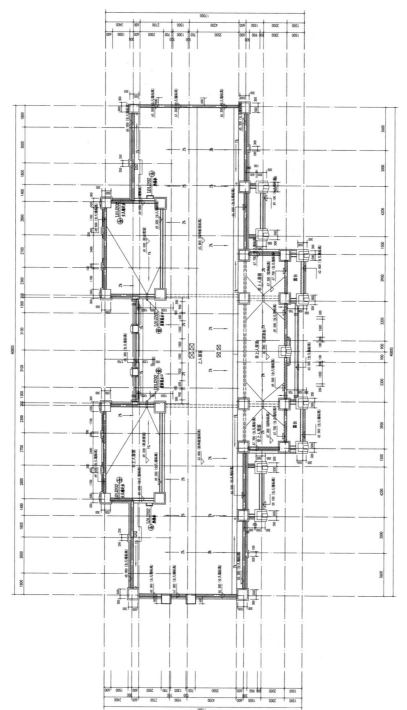

图4-59 住宅项目扩初屋顶层平面图示意

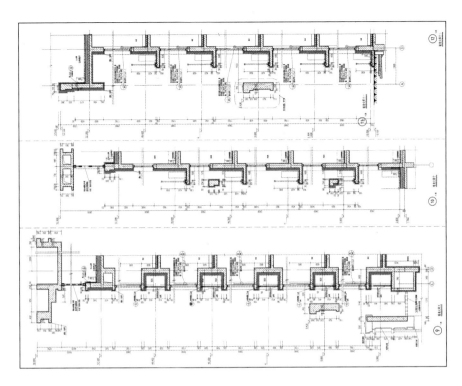

图4-60　住宅项目扩初墙身节点图示意

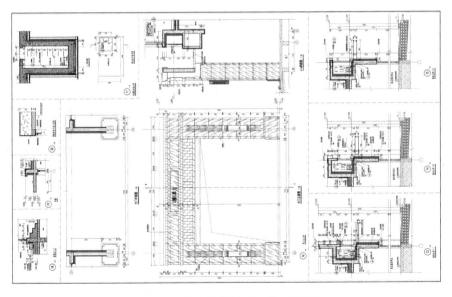

图4-61　住宅项目扩初墙身节点图示意

4.3.2　商业项目扩初阶段案例解析

本节延续上节商业项目报规的案例，方案效果请参照报规图纸。总建筑面积约97603m²，其中地上部分约79895m²，包括2栋公寓及Mini商业Mall，2栋公寓楼分别为36024m²、36340m²，Mini商业Mall为6550m²。其中，SOHO公寓25层，酒店式公寓30层，建筑高度约100m。

1. 商业扩初平面优化设计

扩初阶段进行了多处优化调整，包括：因人防专业提图调整了地库平面；按景观要求，机动车出入口处增加岗亭，两侧设4.2m车行道；商业平面补充了分体空调室外机位；新增商业屋顶设计内容，楼层屋顶增加了消防水箱等。各层平面优化调整内容如图4-62~图4-66所示。

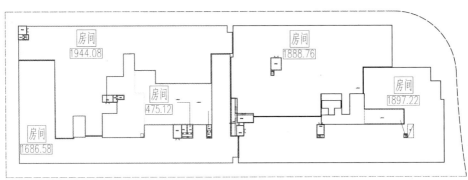

图4-62　商业项目扩初防烟分区图示意

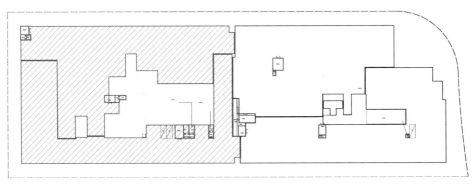

图4-63　商业项目扩初防火分区图示意

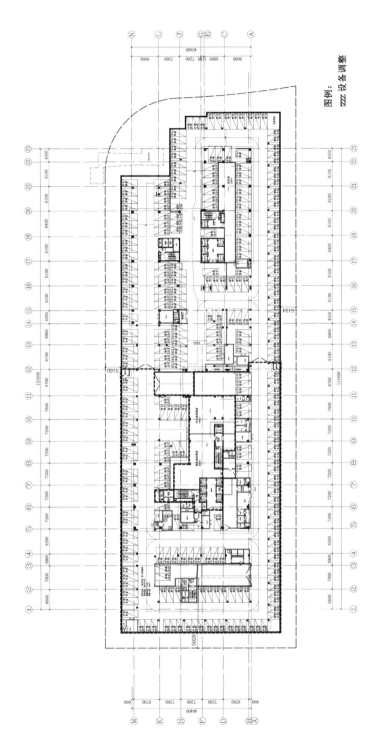

图4-64 商业项目扩初地下二层平面图示意

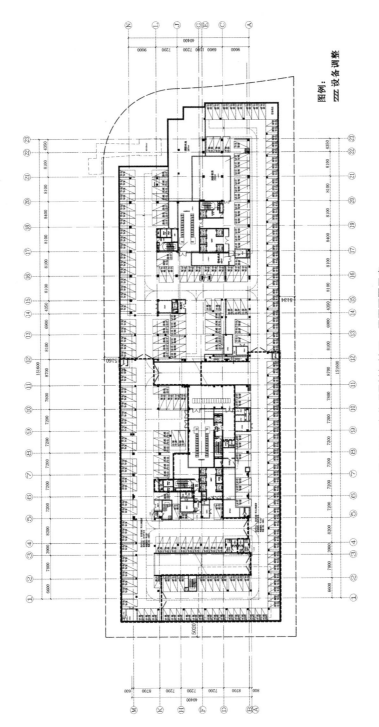

图4-65 商业项目扩初地下一层平面图示意

图例：
▨ 设备调整

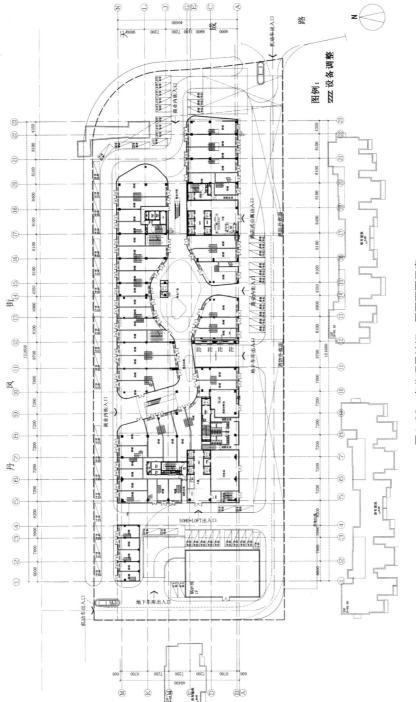

图4-66 商业项目扩初一层平面图示意

2. 商业扩初阶段机电专项分析

本案例的商业按全部预留餐饮条件考虑。相对于其他业态，餐饮业态需机电专业配合最多，影响也最大，有关油烟净化与排放是机电设计最为关心，也是对建筑方案影响最大的问题。目前，商业餐饮油烟排放出口一般设在裙房屋面或塔楼屋面，极少数有直接侧墙排放。本项目现状为：裙房屋面条件有限，餐饮油烟排放口与塔楼的间距小于20m，按当地饮食业油烟排放标准要求，在此区域需提高排放标准。裙房屋面有一定的景观需求。全部商业预留餐饮条件，排油烟户数较多，若采用分户设置风机及净化器单独排放的方式，排油烟管道及屋面设备较多，因此暂不考虑。基于项目现状的限制，可采用的油烟净化设备设置方式有以下几种：

1）餐饮业态排油烟方案优化（图4-67、图4-68）

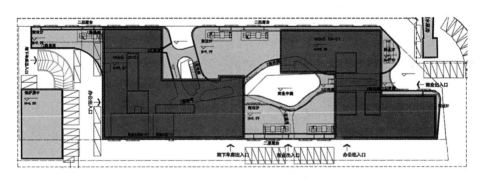

图4-67 排油烟风机及油烟净化设备裙房屋面布置图示意

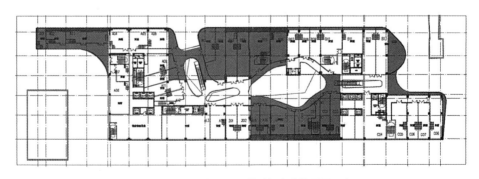

图4-68 商业扩初二层排油烟竖井位置图示意

2）餐饮业态排油烟方案比选（表4-9）

餐饮业态排油烟方案比选　　　　　　　　表4-9

方案	优点	缺点	适用条件
方案一 各厨房按区域集中设置管井，风机及油烟净化器在裙房屋顶集中设置。 每个餐饮区域的油烟净化器和风机均安装在屋面。此方案为最常见的油烟处理方式	1. 管道内为负压，杜绝了"串味"的可能。 2. 节省室内建筑面积，提高租售率。 3. 相对于各商铺风机独立设置在屋顶，占用的屋顶面积较小。 4. 屋顶总风机可设双速或变频以节省运行费用	1. 设备位于裙房屋面，影响裙房景观布置。 2. 油烟排放口与塔楼的间距小于20m，需提高油烟排放标准，成本及运行费用有一定增加。 3. 屋顶油烟设备的运行和维护费用需各商铺按一定的原则均摊，物业管理费较高。 4. 当餐饮工作时间不一致或同时使用率较低时，排油烟系统效率低，不利于节能。采用本方案，裙房屋面设备占用面积约250m²	常规方案，大多数商业项目采用
方案二 各厨房按区域集中设置管井，分户设一级风机及油烟净化器，塔楼屋顶集中设二级风机及油烟净化装置。 在屋顶设置油烟净化设备和风机，同时，商户的厨房内也设置油烟净化与风机设备。塔楼屋顶风机仅负责集中管井的压力损失，多采用变频风机。用户的风机可根据需求进行二次深化设计	1. 商户设置了一次油烟净化设备，减少了总风管内油烟的聚集量，屋顶风机压头低，其噪声可以相对降低。 2. 相对于各商铺风机独立设置在屋顶，占用的屋顶面积较小。 3. 屋顶总风机设置双速或变频以节省运行费用。 4. 各商户可根据各自的需求进行深化设计，自行选择一次油烟净化器和风机。 5. 总风管内为负压，不存在"串味"的可能。 6. 油烟塔楼排放，适用于裙房屋顶景观要求高或有其他使用要求的项目	1. 塔楼屋顶二级油烟设备的运行和维护费需各商业按一定的原则均摊，物业管理费较高。 2. 当餐饮工作时间不一致或同时使用率较低时，排风系统效率低，不利于节能。 3. 占用塔楼较大的租售面积。 4. 本方案，管井及设备占用面积表： 管井及设备占用面积表 <table><tr><td>楼栋</td><td>排油烟竖井面积（m²）</td><td>占用总面积（m²）</td><td>占用屋顶面积（m²）</td></tr><tr><td>1号楼</td><td>9.6</td><td>220</td><td>120</td></tr><tr><td>2号楼</td><td>3.6</td><td>100</td><td>110</td></tr></table>	此方案常见于高端、屋顶有景观或有使用要求及排油烟干管较长的项目

方案	优点	缺点	适用条件
方案三 各厨房按区域集中设置管井，风机及油烟净化器于本层分户设置。 每个餐饮的油烟净化器和风机安装于厨房附近的排风机房或吊顶内，油烟管道集中接至屋面排放	1. 裙房屋顶没有风机和油烟净化器，可减少屋顶荷载，节省屋顶面积，有利于屋面景观布置。 2. 各餐饮单独排烟，可以避免纠纷，物业计费管理也更为合理。 3. 建设方可仅预留土建管井和排油烟总管，无需风机和油烟净化器的投入，节省了初投资	1. 风机设置在吊顶内，噪声难以处理，占用较大的吊顶空间，影响厨房净高；同时检修、维护比较困难。 2. 油烟排放口与塔楼间距小于20m，需提高油烟排放标准，成本及运行费用有一定增加。 3. 厨房排油烟风量较大时，风机难以吊装，一般需设置专用排风机房。机房占用商业面积，每500m²餐饮占排风机房约为20m²；降低室内租售率。 4. 风机出口至屋顶段风管内为正压，油烟在风管内有"串味"的风险。 5. 各餐饮商铺的设备选型不可控，风机压头难以达到平衡，各商铺间容易相互"串味"，降低了商业的档次和品位	在改造项目或屋顶设备安装空间较少，或对屋面景观有要求时可采用
方案四 各厨房按区域集中设置管井，风机及油烟净化器于本层集中设置。 每个餐饮区域的油烟净化器和风机均安装在二层专用排油烟机房内	1. 管道内为负压，杜绝了"串味"的可能。 2. 裙房屋顶没有风机和油烟净化器，可减少屋顶荷载，节省屋顶面积，有利于屋面景观布置。 3. 相对于各商铺风机独立设置在屋顶，占用的屋顶面积较小。 4. 机房内总风机可设双速或变频，节省运行费用	1. 油烟净化设备及风机占用商业面积，降低租售率。 2. 油烟排放口与塔楼间距小于20m，需提高油烟排放标准，成本及运行费用有一定增加。 3. 屋顶油烟设备的运行和维护费需各商铺按一定的原则均摊，物业管理费较高。 4. 当餐饮工作时间不一致或同时使用率较低时，排风系统效率低，不利于节能。 5. 采用本方案，商业排油烟机房总占用面积约250m²	此方案适用于对裙房屋顶有较高的景观需求的项目

3. 商业扩初阶段机电方案优化

公建方案图纸完成后，经过评审和规划咨询认可，由专项设计单位提出优化建议，如相关机电条件的校核与提出的参考意见。案例主要要求包括：

1）电梯系统优化

公寓5部电梯经计算不满足要求，建议改为6部1.15T，2.5m/s的电梯。

商业部分1部观光梯，安全性较低，建议改为2部1.0T，1.6m/s的观光梯。

商业部分未设置货梯，建议设置1部货梯供商户使用。

商业左侧扶梯距离出入口较近，两部扶梯间距较长，建议根据动线适当调整，并考虑电梯上下行关系。

2）暖通系统优化

地上独立设置锅炉房，占用商业面积，地上独立锅炉房与建筑有距离要求（15m），且排烟不好解决，建议设地下一层，并在塔楼预留烟道高位排放路径。

建筑图纸中目前未设置换热站，需确认地上锅炉房是否包括本项目热源以及出水温度是否可以满足本项目公寓地板辐射采暖系统的设计要求。

目前通过建筑图纸不能确定商业部分的空调形式，如采用集中空调，需预留制冷机房位置及屋面冷却塔摆放位置；如采用分体空调或多联机，需预留室外机位条件。

目前公寓每层设置两个采暖管井，每组共用立管连接户数过多，且每个管井出管位置的管线过于密集，建议管井分散设置。

3）给水排水系统优化

需确认总图右上角现状水泵房有何用途，后期是否拆除，对本项目外线可能有影响。

给水、中水泵房在人防区，根据规范，与人防无关的管线不应穿越人防区。

目前节水办要求设中水站，确认本项目周边是否有市政中水，若无市政中水需设中水处理机房。

4）管道转换层

公寓和商业结合部位需设夹层，供上部公寓排水、给水、采暖管道转换。

5）电气系统优化

高压配电室内有风机房开门，需调整。地下设两处变配电室，如本项目为一个物业管理且业主方无特殊要求，建议变配电室尽量减少，利于管理。现方案中变配电室内各设置两台变压器，机房面积偏大（公寓类项目中低压出线柜不多）。现建筑方案中，地下两个变配电室内各设两台变压器，如按当地一般做法，单台变压器容量不超过1250kVA，则项目总装机容量5000kVA偏小，建议本项目总装机容量为6500kVA。

目前，消防控制室机房面积为53m²，建议将机房面积扩大至70m²，消防与安防共用机房；弱电井小于6m²，根据地规《建筑物移动通信基础设施建设规范》，每3000m²应设一室分机房，室分机房可与弱电井合用，面积不小于6m²。

4. 商业项目扩初建筑立面优化

包括酒店式公寓、LOFT、裙房扩初优化。

1）立面扩初优化（图4-69）

2）典型墙身分类优化（表4-10）

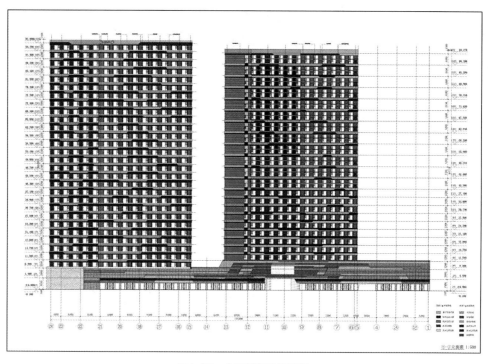

图4-69　立面扩初优化示意

典型墙身分类优化

表4-10

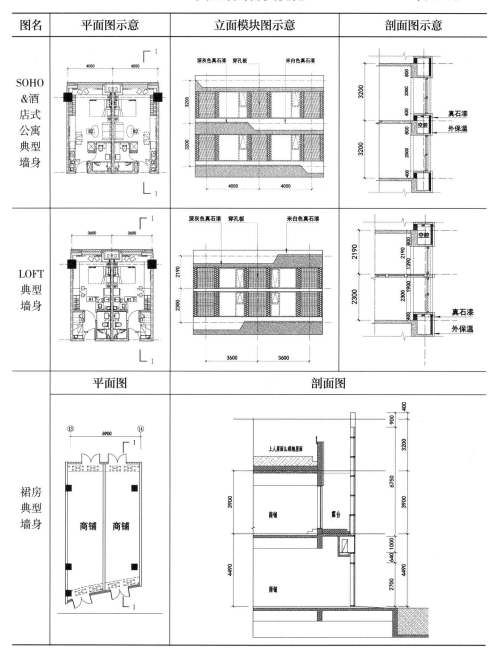

3）酒店式公寓立面模块（表4-11）

酒店式公寓立面模块

表4-11

图名		平面图示意	立面模块图示意	技术指标
酒店式公寓	B1	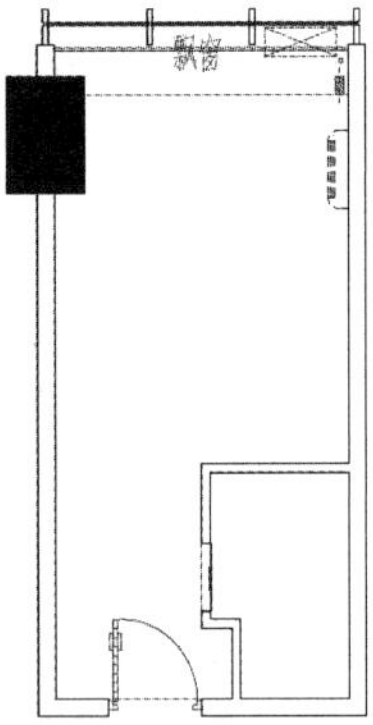	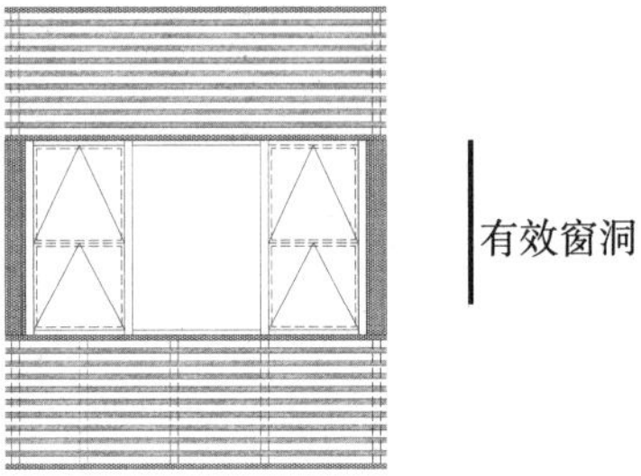 有效窗洞	地面面积：18.25m² 窗洞面积：6.84m² 有效窗洞面积：5.76m² 窗地比：1/3.16 开窗面积：1.08m² 通风比：1/16.9m²
	B2	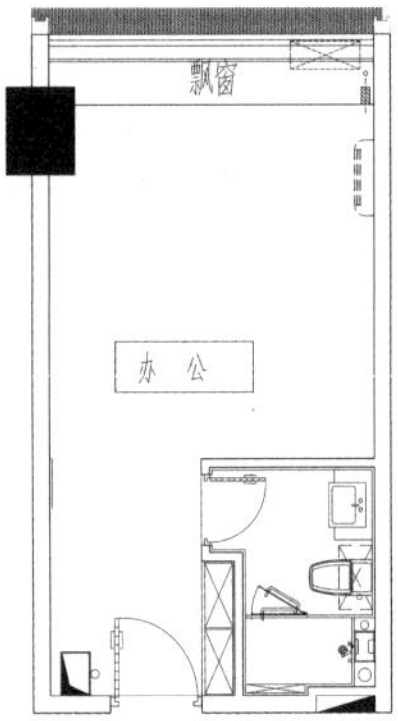	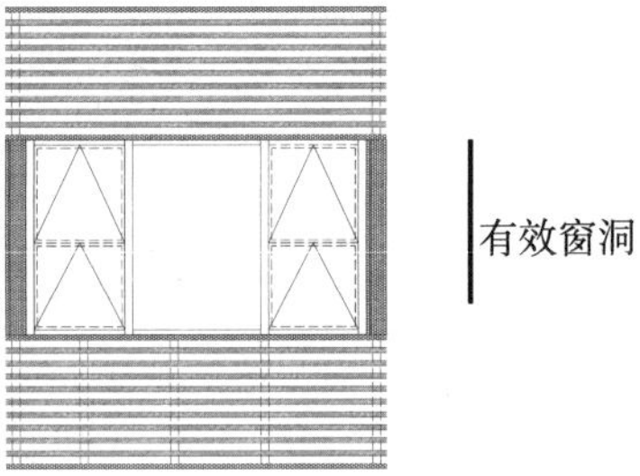 有效窗洞	地面面积：20.06m² 窗洞面积：7.31m² 有效窗洞面积：6.16m² 窗地比：1/3.25 开窗面积：1.08m² 通风比：1/18.6m²
	B3	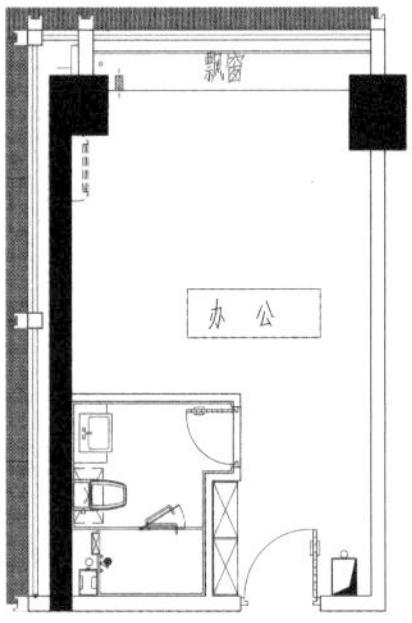	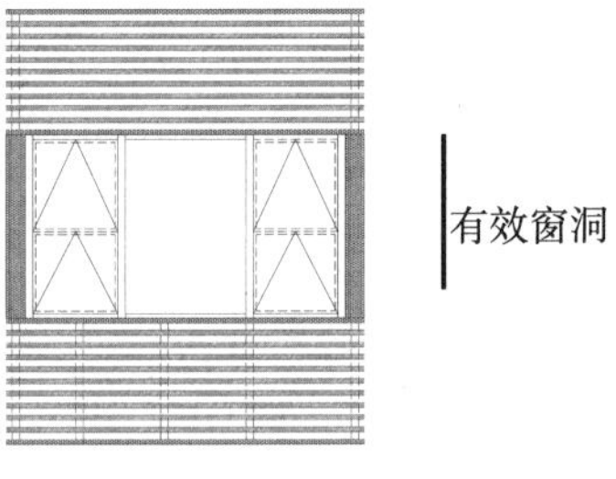 有效窗洞	地面面积：20.97m² 窗洞面积：7.31m² 有效窗洞面积：6.16m² 窗地比：1/3.40 开窗面积：1.08m² 通风比：1/19.4m²

4.4 项目施工图阶段与BIM辅助设计案例解析

4.4.1 施工图设计阶段概述

1. 施工图阶段各专业综合深化

施工图阶段是各专业的综合设计阶段。建筑作为核心专业控制全局，将保证方案的完整实施，最终使图纸得以深化完善。各专业需遵循技术协调的设计制度，做到设计交圈。国内设计单位大都是项目负责人制即设总负责制，很多时候也由设总兼项目经理。施工图阶段，建筑专业承担管理和设计的双重职责。大的项目都是由团队来完成的，要求很高的协作度，应做到各专业之间取得统一，并与建筑图纸一致。最后还有图纸交底、联合审查、归档和施工现场配合的工作。

2. 施工图完善及后续配合工作

开始施工图设计前，建设单位应将以下资料准备好作为设计依据，包括：地质报告、甲方和规划等部门的扩初设计意见和批复、市政配套的具体条件。有特殊要求的结构、保温、设备合作设计等均需及时介入。

施工图设计需要先将建筑图纸交由结构、电气、水暖、空调专业，各专业提出深化要求。建筑专业按照意见调整图纸，然后返提给各个专业。各专业确认后，应据此设计和绘图。直至问题逐个解决。同时，建筑专业应将特殊的施工要求表达为大样图，详细规定特殊建筑形状及构造的做法，以达到特定的设计效果。

施工图完成后，业主、项目管理公司、审图公司将分别进行图纸审查。设计单位根据审查意见书对施工图进行修改。项目施工前，设计单位应向施工单位技术交底。由施工单位提出相关问题，设计单位进行答复，必要时作设计变更。变更复审通过后，设计资料和修改后的图纸需要一起归档，电子版备案。

3. 建筑施工图主要图纸

建筑施工图可以分为基本图和大样图两部分。基本图整体地表示设计内容；

大样图则详细地表示局部构配件的情况。绘制时，应按设计内容依次进行。一般顺序为先基本图，再大样图，按平面→剖视→立面→大样图的顺序进行。同类型的关系密切的内容集中排列，以便施工翻阅和图纸审阅。修改时，相关图纸需要反复对照，要求图纸结果全部对应。内容包括设计说明和主要图纸。

平面图：先绘制定位轴线、墙柱、楼梯、门窗及主要配件如入口台阶、雨篷等。然后，标出剖切位置线、尺寸线、楼地层标高、房间名称及注释文字、大样图索引符号等。

剖面图：先绘制定位线（地坪线、墙身轴线、屋面线）、被剖切断面线（楼地面、屋面、墙身、梁、楼梯）、未剖切轮廓线。然后，主要部位按制图标准画出断面做法和标注尺寸与文字，如楼地面、屋面、地下室防水的做法等。

立面图：先对应平、剖面图分别绘制立面长度、高度的定位线；然后确定外墙构配件及门窗位置；添加雨篷、雨水管、台阶等细部；随后注标高、外墙材料。

大样图：以楼梯大样图为例。第一步是楼梯平面图。根据楼梯的进深和楼层高度计算梯段长度、平台宽度、梯段宽度、梯井宽度、踏面宽度和级数，定好轴线位置。依据计算结果画出踏步、栏杆，并加注上下方向箭头、尺寸和文字等。第二步是楼梯剖面图。比例和尺寸应和楼梯平面图一致。依据平面投影，先绘制轴线和高度定位线，然后定踏步、墙身、平台、梁等构件的位置，随后标注尺寸、标高、做法等。

4.4.2　施工图设计阶段工作内容

1. 项目计划，设计输入、输出阶段（表4-12）

项目计划，设计输入、输出阶段工作内容　　　　　表4-12

节点	岗位	职责	建筑专业要点
项目计划	技术管理责任人	负责制定项目技术/质量目标并下达至项目组	项目设计目标策划书

节点	岗位	职责	建筑专业要点
项目计划	项目经理	负责接收相关管理责任人下达的项目目标并组织落实、实施。协助运营管理责任人组织、确定项目组成员，制定项目进度计划，包括： 项目概况表； 项目设计人员策划表； 项目设计进度计划表； 协同设计策划； 协同BIM策划	1. 项目经理负责接收《项目设计目标策划书》，并根据要求进行或协助相关管理责任人制定项目进度计划和人员计划； 2. 项目经理根据项目目标、项目级别、人员配置及公司需要，组织、编制《项目设计进度计划表》，并提交运营管理责任人签字、确认； 3. 项目组成员负责协助项目经理编制《项目设计进度计划表》； 4. 项目设计过程中，若实际进度发生变化，项目总负责人/项目经理须及时修改《项目设计进度计划表》，说明变化原因，重新提交运营管理责任人签字、确认，并通知项目组相关成员； 5. 项目经理会同项目技术管理责任人确定项目评审及验证方式，确定项目必须填写的质量记录表格
输入、输出		接收并验证顾客提供的依据性文件的有效性，落实填写《顾客提供依据性文件清单》。组织相关人员对设计输出文件对照设计输入进行验证，形成顾客提供的依据性文件清单	设计输入内容主要包括： 本项目适用的政策、法规、规范标准、设计任务书、设计委托协议、设计合同、设计审批文件、工程设计技术措施、顾客提供的基础资料、设计原始资料、分析计算软件、设计配合资料等设计依据性文件和资料。 设计输出内容主要包括： 项目建议书、可行性研究报告、规划文件、方案设计、初步设计文件、施工图设计文件、招标文件等

2. 各专业互提资料阶段（表4-13）

各专业互提资料阶段工作内容　　　　　　　表4-13

节点	岗位	职责	建筑专业要点
互提资料	项目建筑师	组织各专业技术接口，协调互提资料中的矛盾	1. 专业负责人根据设计进度计划要求，以图纸、文字或表格形式将所提资料编写整理并填写互提资料单，交付校审人校审，签字批准； 2. 专业负责人负责向各相关专业提供资料，同时提供电子文件，分发给各专业负责人； 3. 各专业负责人收到互提资料后须在互提资料单上签收，所提资料不全时，可提出需要解决的问题并要求重新提供。所提资料时间滞后时，可在互提资料单上注明原因； 4. 接收资料的专业应及时研究落实，如所提资料的实施存在问题，应及时提出修改意见，由专业负责人与有关专业协商解决

节点	岗位	职责	建筑专业要点
互提资料	各专业审核人	对特级、一级项目互提资料是否符合顾客要求和国家有关法规、规范、标准及互提资料的准确性和完整性进行审查并签字批准	
	各专业负责人	1. 组织本专业设计人按时提出准确的符合设计深度要求的互提资料; 2. 负责本专业与其他专业间设计接口文件的传递; 3. 签发互提资料记录单	
	校对人	对二级、三级项目互提资料是否符合顾客要求和国家有关法规、规范、标准及互提资料的准确性和完整性进行校核并签字批准	
	设计人	按进度要求,及时互提资料,提交专业负责人	
	项目总负责人项目经理	1. 保存并及时整理互提资料单; 2. 出图时按《归档管理规定》归档	

3. 设计评审阶段（表4-14）

设计评审阶段工作内容　　　　　　表4-14

节点	岗位	职责	建筑专业要点
			设计评审阶段
设计评审	技术管理责任人	判断各类项目采取的评审方法	方案设计评审:施工图设计前需进行方案设计评审。 专业评审会:适用于初步设计和施工图设计阶段。 综合评审会:适用于初步设计和施工图设计阶段。
	项目技术负责人	1. 主持公司项目的方案设计评审会和初步设计、施工图设计阶段的综合评审会; 2. 签署设计各阶段所有工程项目评审结论	评审汇报提纲:方案设计评审由主创建筑师负责。 专业设计评审由专业负责人负责。 综合设计评审由项目建筑师负责。 方案评审时机:方案设计评审会按照设计策划的安排,在方案进行过程中的适当时机召开。 专业评审时机:主导专业首提资料后。该设计阶段中前期。阶段性成果产生以后;二级、三级项目施工图设计阶段,在无重大方案变化的前提下,可以沿用初设阶段专业评审会结论。不重复召开专业评审会。 综合评审时机:各专业均完成专业评审以后。阶段性成果产生以后。初设、施工图设计阶段均应进行综合评审

		设计评审阶段	
节点	岗位	职责	建筑专业要点
设计评审	项目经理	1. 召集、组织方案设计评审会和初步设计以及施工图设计阶段的综合评审会； 2. 负责设计的各类评审会记录表及相关文件的归档工作	
	建筑师	1. 负责做好方案设计评审会会议签到和会议记录，填写方案设计评审会《设计评审会记录表》； 2. 对评审结论负责实施	
	建筑师	1. 负责做好初步设计、施工图设计阶段综合评审会会议签到和会议记录，填写综合评审的《设计评审会记录表》； 2. 负责组织各专业负责人实施评审结论	
	审定人	1. 主持公司项目的初步设计、施工图设计阶段的专业评审会； 2. 对各类项目设计评审结论加以验证	
	专业负责人	1. 召集、组织初步设计、施工图设计阶段专业评审会； 2. 组织对评审会内容进行记录，填写《设计评审会记录表》； 3. 负责对评审结论组织实施。协助项目建筑师实施综合评审会结论	

4. 设计校审阶段（表4-15）

设计校审阶段工作内容　　　　　　表4-15

节点	岗位	职责	建筑专业要点
设计校审阶段	审定人	1. 对审定项目的技术方案、设计原则负责，并负责对修改意见的验证。 2. 负责对不合格设计产品的最终处理	审定人对经校对、审核后的设计文件和"审核记录单"进行原则性审定，并填写"校审记录单"。检查审定意见执行情况，符合要求的签字认可
	审核人	1. 对审核项目的质量负责。 2. 审查设计文件的完整性、功能性、安全性、经济性、可信性和实施性，保证设计文件符合顾客的要求和贯彻国家有关法令法规和标准的规定。 3. 负责对修改意见的验证	审核人对经校对的设计文件、计算书和"校审记录单"按审核提纲进行审核，并填写"设计质量评定表"和"校审记录单"。检查审核意见执行情况，符合要求后签字认可

节点	岗位	职责	建筑专业要点
设计校审阶段	专业负责人	1. 处理本专业的技术问题，是本专业设计质量的第一责任人。 2. 对设计文件进行复校，组织落实校审记录单意见	专业负责人将设计文件汇总并按照校审提纲复校后，提供给校对人
	校对人	1. 对校对的计算书、设计文件的正确性负责。认真检查设计中的"错、漏、碰、缺"现象，对图纸标识进行校对，负责对修改意见进行验证。 2. 检查设计文件的质量，保证设计符合制图标准和深度的规定	校对人按校对提纲对设计文件进行全面校对，填写"校审记录单"，对质量评定结果予以确认；检查校对意见执行情况，符合要求后签字认可
	设计人	1. 在工程项目中，对所承担工作的设计质量、完整性和设计进度负责。 2. 对设计文件进行严格自校，保证设计文件的完整、清晰	1. 设计人将全部设计文件自校后交专业负责人。 2. 设计人严格按"校审记录单"中提出的意见，逐条修改或作出回答，如涉及其他专业，应及时向有关专业负责人通报。个别不能统一的问题可请区域技术部决策，如仍有某方持不同意见，可将意见书写在校审单上以供备案。 3. 各方均须按最后决策意见修改图纸
	项目经理	校审记录单、计算书和设计文件由专业负责人整理后，交项目经理，最终由项目经理按《归档管理规定》负责归档	会签、归档阶段

5. 会签、归档阶段（表4-16）

会签、归档阶段工作内容 表4-16

会签、归档阶段				
节点	岗位	职责	流程表格及工作文件	建筑专业要点
会签	项目建筑师	主持会签工作，协调会签过程中各专业的矛盾和错、漏、碰、缺，验证"会签记录单"	会签记录单	1. 各专业负责人在"会签记录单"中填写发现的问题和解决的办法，由项目建筑师验证。 2. 会签过程中发现的问题，由各专业负责人负责落实，组织设计人员进行更改并重新履行校审程序。 3. 参加会签的人员应在图纸会签栏和会签记录单上签字
	专业负责人	负责核查本专业设计文件与其他专业的"碰、缺"，并填写"会签记录单"	会签记录单	
	设计人	参加会签，并修改问题	会签记录单	

会签、归档阶段				
节点	岗位	职责	流程表格及工作文件	建筑专业要点
会签	项目经理	项目会签完毕后负责落实"会签记录单"的归档		
归档	项目经理	工程项目归档工作的第一责任人，负责按公司规定收集、汇总、整理所承担项目的档案资料，并在规定时间内及时送至图书档案室归档	项目归档文件清单 质量记录文件归档登记表	1. 设计依据性文件和资料：建设单位提供的设计任务书、立项批文、规划要求、市政资料等政府部门文件。 2. 设计项目管理文件：设计和配合施工过程中产生的有保存价值的文件材料，如审图和修正的记录、来往函件、图纸交底记录等。 3. 设计质量记录：包括项目设计目标策划书、项目设计人员策划表、项目设计进度表、顾客提供的依据性文件清单、校审单、评审记录表、现场服务记录表等。 4. 设计成品文件：设计图纸（包括方案文本、各阶段底图）；设计说明书、概预算文件；专业计算书；修改图、设计修改通知单、工程联系单、补充图等；相关电子文件
	专业负责人	负责按公司规定对本专业的项目档案资料及时收集、汇总，在规定时间内交项目经理，并确保完整性和准确性		
	设计人	负责与本人有关的归档文件资料的编写和收集，并确保及时完整归档及资料的完整性和准确性		
	项目助理	协助项目总负责人/项目经理进行项目设计全过程记录文件及图纸的跟踪、收集、整理；经总负责人核准后归档至图书档案室	项目归档文件清单	

4.4.3 商业项目施工图设计案例解析

1. 案例工程概况

1）工程名称：××项目E地块。

2）建设地点：××省××市。

3）建设单位：××××置业有限公司。

4）本工程为××置业有限公司投资的××项目E地块。整个地块规划范围东至××路，北至××街，南至××社区。

地块用地面积约1.158hm²。总建筑面积97722m²。规划用地性质为商业商务用地、1号楼，2号楼换热站和地下车库四部分。

5）本次设计只包括本项目中的1号楼范围内地下车库以上的部分，地上29层。本项目主要特征及图样目录见表4-17、表4-18。

2. 建筑设计说明主要内容（图4-70）

工程项目主要特征表 表4-17

项目名称	××项目E地块　　1号楼		
主要结构选型	采用框架—剪力墙结构		
抗震设防类别	丙类	抗震设防烈度	7度
建筑物场地类别	Ⅱ类	设计使用年限	结构设计合理使用年限
类别楼号	地上建筑面积	地下建筑面积	总建筑面积
1号楼	40697.35m²	0	40697.35m²
建筑高度	95.48m（屋面面层）		
建筑分类	一类高层公共建筑		
耐火等级	Ⅰ级		
防水等级	屋顶防水等级为Ⅰ级		
人防等级	无		

图样目录 表4-18

图别	图号	图样名称	图别	图号	图样名称
建施	1	建筑设计说明	建施	12	二层平面图
建施	2	建筑防火专篇	建施	13	三层平面图
建施	3	防火分区示意图	建施	14	四至二十九层平面图
建施	4	建筑做法说明1	建施	15	屋顶层平面图
建施	5	建筑做法说明2	建施	16	南立面图
建施	6	建筑做法说明3	建施	17	1-1剖面图
建施	7	总平面图	建施	18	立面展开图
建施	8	定位轴线图	建施	19	交通核大样图
建施	9	地下二层平面	建施	20	墙身大样图
建施	10	地下一层平面	建施	21	户型大样图
建施	11	一层平面图	建施	22	设计更改单

建 筑 设 计 说 明

一、设计依据

1.1 XX市规划和国土资源管理局建设用地规划许可证
1.2 建设方与我院签定的设计合同及相关设计任务书
1.3 甲方提供的设计要求
1.4 相关规范及与本工程相关的标准、规范和规程

《民用建筑设计通则》 GB50352-2005
《住宅设计规范》 GB50096-2014
《住宅建筑规范》 JGJ 48-2014
《山东省居住建筑节能设计标准》 DBJ14-036-2006
《建筑设计防火规范》 GB50016-2014
《住宅建筑规范》 GB 50763-2012
《无障碍设计规范》 JGJ50-2013
《建筑工程建筑面积计算规范》 GB50353-2012
《汽车库、修车库、停车场设计防火规范》 JGJ113-2015
建筑限高≤23/15m高

二、工程概况及设计规模

2.1 工程名称：XX住宅小区
2.2 建设地点：XX省XX市
2.3 用地性质：XX××文化中心区

主要技术经济指标表

项目	指标	单位
总用地面积	4,0697.35	m²
总建筑面积	95.48m²（建筑物）	
建筑密度	一系层以上用地	
绿地率	无	
人防面积	无	

三、设计标高、室外地坪

四、尺寸标注

五、装饰工程

六、门窗工程

七、屋面工程

八、装修材料设计及装修及构造做法

九、建筑设备、设施工程

十、基础工程

十一、建筑节能

十二、消防设计

十三、防雷设计

十四、其它需注意的重要事项

十五、施工要求

十六、防水工程

十七、主要技术经济指标表

十八、标准图集选用表

标准图集选用表

序号	图集号	备注
1	L13J1	山东省建筑标准设计
2	L13J2	山东省建筑标准设计
3	L13J4-1	山东省建筑标准设计
4	L13J4-2	山东省建筑标准设计
5	L13J5-1	山东省建筑标准设计
6	L13J6	山东省建筑标准设计
7	L13J7-1	山东省建筑标准设计
8	L13J7-2	山东省建筑标准设计
9	L13J7-3	山东省建筑标准设计
10	L13J8	山东省建筑标准设计
11	L13J9-1	山东省建筑标准设计
12	L13J11	山东省建筑标准设计
13	L13J12	山东省建筑标准设计
14	L13J14	山东省建筑标准设计

图4-70 建筑设计说明

3. 建筑防火

1）建筑部分

（1）设计依据

①××市建设行政主管部门批准建设的相关文件。

②经甲方及有关部门认可的方案设计。

③现行的国家有关建筑设计规范、规程和规定：

《建筑设计防火规范》　　　　　　GB 50016-2014（2018年版）

《建筑内部装修设计防火规范》　　GB 50222-2017

《建筑灭火器配置设计规范》　　　GB 50140-2005

《自动喷水灭火系统设计规范》　　GB 50084-2017

《火灾自动报警系统设计规范》　　GB 50116-2013

《办公建筑设计标准》　　　　　　JGJ 67-2019

《商店建筑设计规范》　　　　　　JGJ 48-2014

《火灾自动报警系统施工及验收标准》GB 50166-2019

④其他相关规范及行业标准。

（2）工程概况

①本工程为××置业有限公司投资的世茂天城项目E地块。整个地块规划范围东至天成路，北至丹凤街，南至官扎营社区。其地块用地面积约1.158hm²。总建筑面积97722m²。规划用地性质为商业商务用地、1号楼，2号楼换热站和地下车库四部分。

②本次设计只包括本项目中的2号楼范围内地下车库以上的部分，地上24层，耐火等级均为一级。

（3）建筑分类、耐火等级

①建筑分类：本工程为一类高层公共建筑。

②耐火等级：耐火等级为一级。

（4）总图设计

①2号楼的消防扑救场地设于塔楼南侧和西侧广场，消防车道宽度大于4m，车道距建筑外墙大于5m，且小于15m，消防车道及消防车登高操作场地与建筑之间不应设置妨碍消防车操作的树木、架空管线等障碍物，满足《建筑设计防火规范》GB 50016-2014第7.2.2.1条的规定。

②本工程与周边建筑的间距满足高层与多层9m，高层与高层13m。

（5）防火分区、防烟分区设计

本工程设置喷淋，地上建筑每层作为一个防火分区，一层和二层商业每层不大于3000m²，三层以上每层建筑面积不大于3000m²（图4-71）。

（6）疏散楼梯、消防电梯设置及安全疏散

①本工程所有疏散门均向疏散方向开启，室内任何一点至最近安全出口的直线距离不大于27.5m。

②楼梯间和前室的门均为乙级防火门，设备用房的门均为甲级防火门，管道井门均为丙级防火门。

③办公部分：每层设防烟楼梯2部、消防电梯1台。防烟楼梯间前室面积大于6m²，防烟楼梯间与消防电梯合用前室面积大于10m²，楼梯均能通至屋顶。地下与地上部分共用的楼梯间在首层设置耐火极限不小于2.00h的隔墙，并能直通室外。消防电梯载重量1050kg，运行速度采用2.0m/s，从首层至顶层运行时间小于60s。消防电梯能在每层停靠，在商铺层停靠的消防电梯采取程控措施，只在火灾时可在本层停靠，由电气专业采取相应措施。封闭楼梯间、防烟楼梯间、消防电梯的各项设计均满足规范要求。商业部分：公共疏散楼梯采用封闭楼梯间，采用自然通风2m²，商铺最远点至安全出口疏散距离满足规范，疏散宽度计算详建施03。

（7）电梯井、管道井、消火栓

①电梯井道独立设置，其井壁为钢筋混凝土墙或加气混凝土砌块墙，耐火极限大于2.00h。

②电缆井、管道井、排烟井分别独立设置，其井壁为耐火极限大于1.00h的不燃烧体；井壁上的检查门为丙级。

③消火栓半暗装时，墙体预留消火栓洞口，背面采用75mm厚加气混凝土砌块砌筑封堵（不含抹灰粉刷），耐火极限为2.50h。

（8）防火门的设置应符合下列规定：

①防火墙上的门窗均为可自行关闭的甲级防火门窗，送风机房、排风机房、电梯机房等均采用甲级防火门，电缆井、管道井、风道检查门为丙级防火门。

②防火门应满足《建筑设计防火规范》GB 50016-2014（2018年版）第6.5.1条的规定。

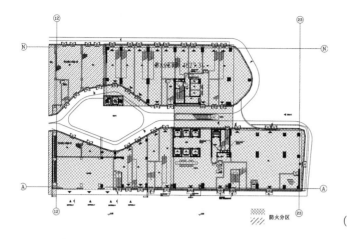

（a）一层防火分区及安全疏散示意图

二层的商业部分为一个防火分区，商铺内部的服务楼梯划到一层分区，设置自动喷水灭火系统。

室外架空走廊和上人屋面按照0.25的系数计算人数。

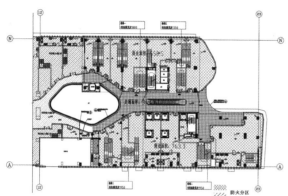

二层疏散宽度计算						
计算内容		计算疏散面积	计算疏散人数		计算疏散宽度		现楼梯宽度
楼层位置二层	使用功能	建筑面积（m²）	人员密度	人数（人）	疏散宽度换算系数β	疏散宽度（m）	
	房间名称	S	α（m²/人）	P=S/α	W=β×P÷100		
	商业店铺	1360.43	8	170	1	5.68	7.05
	室外走廊	344.61	0.25	86	1	0.86	

（b）二层防火分区示意图及疏散宽度计算表

标准层疏散宽度计算						
计算内容		计算疏散面积	计算疏散人数		计算疏散宽度		现楼梯宽度
楼层位置标准层	使用功能	建筑面积（m²）	人员密度	人数（人）	疏散宽度换算系数β	疏散宽度（m）	
	房间名称	S	α（m²/人）	P=S/α	W=β×P÷100		
	办公用房	1360.43	8	170	1.00	1.70	2.40

（c）标准层防火分区示意图及疏散宽度计算表

图4-71　防火分区示意图

③在商场层停靠的消防电梯应采取程控措施，即只在火灾时可在商场层停靠；电气专业以采取相应措施。位于疏散通道上的疏散门，在火灾时不需使用任何工具即能打开，并应在显著位置设置具有使用提示的标识，且应符合疏散宽度的要求。

（9）建筑室内装修：《建筑内部装修设计防火规范》GB 50222-2017（2001修订版）

①地上建筑的水平疏散走道和安全出口的门厅，其顶棚装饰材料应采用A级装修材料，其他部位应采用不低于B1级的装修材料。

②无窗房间的内部装修材料的燃烧性能等级，除A级外，应在规定的基础上提高一级。

③顶棚A级，墙面、地面、隔断、其他装修材料B1级，固定家具B2级。

④未尽说明部分内部装修材料的燃烧性能应满足《建筑内部装修设计防火规范》GB 50222-2017中表3.3.1的要求。

（10）其他

①所有砌体墙（除说明者外）均砌至板（梁）底，并堵严塞紧。

②管道穿过隔墙、楼板时，应采用防火封堵材料进行封堵。

③室内装修用木材处均应先作防火处理。

④风井内侧随砌随抹。

2）结构部分

本工程地上部分耐火等级为一级；地下室耐火等级为一级。采用钢筋混凝土剪力墙结构，各结构构件均满足规范。要求具体如下：

①梁钢筋保护层20mm厚，耐火极限2.00h；

②现浇板最小厚度100mm，钢筋保护层15mm厚，耐火极限2.00h；

③填充墙采用加气混凝土砌块墙，最小厚度100mm，耐火极限3.75h。

3）给水排水部分

（1）基本要求

①本工程采用的消防给水及消火栓系统的组件和设备等应为符合国家现行有关标准和准入制度要求的产品，并由具有相应消防施工等级资质的施工队伍承担。

②本图应经国家相关机构审查审核批准或备案后再施工。

③施工单位应接到设计说明及设备表、平面图、系统图（原理图）、详图等完整的施工图并由设计单位向施工、建设、监理单位进行技术交底。

④施工单位安装完毕后必须按相关专业调试规定进行调试。消防水泵、消防水箱、增压设备及消防管道等必须和建筑本体牢固固定，不得因为其他原因影响设备及管道的正常运转和供水。消防给水系统的室内外消火栓、阀门、水泵结合器等位置应设置永久性固定标识。

（2）消火栓系统

①室外消火栓设计流量为40L/s，火灾延续时间为3h，由设于本地块4号地下一层的消防泵房和消防水池为室外消火栓系统给水泵供给。系统平时有室外消火栓系统稳压设备为系统稳压，当有火警信号时，自动启动或由消防中心启动室外消火栓系统供水泵。消防水池设室外消防车吸水口，满足消防时消防车取水。室外消防水池有效容积为432m³。

②室内消火栓设计流量为40L/s，火灾延续时间为3h，由设于本地块地下车库的消防泵房内室内消火栓系统给水泵供给；消火栓系统平时由设于屋顶水箱和消防泵房内室内消火栓系统稳压设备为系统稳压，当有火警信号时或系统压力降低至压力开关设定值时自动启动消防泵为系统供水。屋顶消防水箱有效容积为50m³。

③室内消火栓系统竖向分两个区：1～14层为低区，设计压力为1.0MPa；15～29层为高区，设计压力为1.50MPa。

④低区1～10层、高区15～25层栓口压力大于0.50MPa的消火栓采用减压稳压消火栓，其余采用普通消火栓。消火栓栓口动压为0.35MPa。消火栓栓口直径为65mm，水带长度为25m，水枪喷嘴直径为19mm，消防水枪充实水柱为13m，栓口距地面1.10m。所有消火栓均带消防软管卷盘，消防软管内径φ19，长度为30m。消火栓处均配带指示灯和常开触点的报警按钮一个。室内消火栓的布置满足火灾时室内任何部位均能保证有两股水柱同时到达。室内消防箱暗装；屋顶设试验消火栓。

⑤室内消火栓供水管为环状管网，高低区均由两条消防入户管与本地块高低区临时高压消防供水管网相连，每个区各在室外设一组地上式水泵接合器与室内消火栓环网相连。每台水泵结合器应标明供水系统、供水范围和额定压力（水泵接合器根据本地块消防扑救场地位置设置）。

⑥室内消火栓系统高区、低区分别接自高、低区消火栓专用环状管网，消火栓环状管网由设在地下一层车库消防泵房内的消防供水泵供给。消防水池及泵房设在地下车库，室内消防水池有效容积为650m³、室外消防水池有效容积为432m³。

⑦凡在管道井壁或楼梯间隔墙中暗装的消火栓箱，应满足相关耐火极限的要求，各层管道井与消火栓箱之间的缝隙、管道穿隔墙及楼板的缝隙应采用防火材料填塞密实。管道井在每层楼板处用相当于楼板耐火极限的不燃烧体作防火分隔。

⑧消防水泵应由消防水泵出水干管上设置的压力开关、高位消防水箱出水管上的流量开关控制。流量开关或压力开关等开关信号应能直接自动启动消防水泵。消防水泵房内的压力开关宜引入消防水泵控制柜内。

（3）自动喷水系统

①本工程全楼均设湿式自动喷水灭火系统，地下商业按中危险级Ⅱ级设计，设计喷水强度为8L/min·m²，作用面积为160m²。公寓按中危险级Ⅰ级设计，设计喷水强度为6L/min·m²，作用面积为160m²。设计流量为35L/s，系统设计压力为1.60MPa。

②每个报警阀组控制的最不利点喷头处设末端试水装置，其他防火分区均设直径为25mm的试水阀。储藏室、商业用房采用直立式喷头，公寓内采用大水滴扩展型侧喷喷头，最不利点喷头工作压力为0.15MPa，走道内采用吊顶型喷头。喷头应有不少于总数1%的备用。

③湿式报警阀设于管道井内，管井内设管径为DN100的排水管排至车库集水沟内。水力警铃引至附近值班室或明显的公共场所。

④每个防火分区设一个水流指示器，水流指示器后设一个DN50的泄水短管和常闭阀门，末端试水阀出水排入车库集水沟或室外。

⑤室外设两台地上式水泵接合器与室内自喷系统水力报警阀前供水管相连。

⑥火灾时，自动喷水系统喷头动作、水流指示器动作向消防中心显示着火区域位置，同时，湿式报警阀处的压力开关打开，自动启动喷淋泵；平时由消防高位水箱和消防泵房内稳压设备稳压，水箱稳压管应接入湿式报警阀前供水环管。

⑦自动喷水管道标高除注明者外，原则上贴梁敷设如有不妥可按实际情况调整管道标高和喷头位置（应经设计和消防部门同意）。

⑧每组报警阀负担喷头数量不超过800只，大于1.2m的通风管道下均增设喷头。

⑨除吊顶型喷头及吊顶下安装的喷头外，直立型、下垂型标准喷头，其溅水盘与顶板的距离应不小于75mm，不大于150mm，在梁或其他障碍物底面下方时不大于300mm，在梁间时，不大于550mm。溅水盘与底面的垂直距离，在密肋梁板或梁等障碍物下方时应不小于25mm，不大于100mm。

（4）灭火器配置

本工程商业、办公部分按A类火灾中危险级设计，均采用MF/ABC4（2A）磷酸铵盐干粉灭火器；地下变电室、屋顶电梯机房及配电间按E类中危险级设计，采用MF/ABC4磷酸铵盐干粉灭火器。每处灭火器数量为2具，灭火器布置见平面图，灭火器距地0.1m。

4）暖通部分

（1）防火设计

①可燃气体和甲、乙、丙类液体的管道严禁穿过防火墙。其他防烟、排烟、采暖、通风和空调系统中的管道及建筑内的其他管道，确需穿越防火墙、防火隔墙和楼板时，应采用防火封堵材料将墙、楼板与管道之间的空隙紧密填实。

②管道井应在每层楼板处采用不低于楼板耐火极限的防火封堵材料封堵；管道井与房间、走道等相连通的空隙应采用防火封堵材料封堵。

③通风空调系统、火灾补风的风管在下列部位应设置公称动作温度为70℃的防火阀：

a. 穿越防火分区处；

b. 穿越通风、空调机房的房间隔墙和楼板处；

c. 穿越重要或火灾危险性大的场所的房间隔墙和楼板处；

d. 穿越防火分隔处的变形缝两侧；

e. 竖向风管与每层水平风管交接处的水平管段上。

（2）自然排烟

①本项目地上所有商业房间均满足自然排烟条件，可开启外窗面积不小于房间面积的2%，均采用自然排烟方式。

②本项目以下部位采用加压送风系统：防烟楼梯间设置独立的加压送风，地上段与地下段分设送风井的防烟楼梯间每隔两层设自垂百叶加压送风口。地上段与地下段合用送风井的防烟楼梯间设常闭格栅加压送风口。合用前室设置独立的加压送风，每层设常闭格栅加压送风口。

5）电气部分

（1）供电电源及电压等级

本工程的供电电压等级为220/380V三相四线制。供电电源均由车库变配电室沿强电桥架引入。其中，为一级负荷供电的两路电源分别取自不同高压回路的变压器低压母线段，当一路发生故障时，不影响另一路电源正常工作。

（2）负荷等级

①一级负荷：消防、电梯、应急照明、公共照明为一级负荷，

②三级负荷：不属于一级负荷的其他用电负荷为三级负荷。

（3）电缆敷设及设备安装

①消防供电回路出线选用交联低烟无卤阻燃耐火电缆，敷设于电缆井内的消防配电线路采用BTTZ矿物绝缘类不燃性电缆。

②消防用电设备的配电线路应满足火灾时连续供电的需要，除选用耐火电力电缆外的线路，其敷设应符合下列规定：暗敷时，应穿管并应敷设在不燃烧体结构内且保护层厚度不应小于30mm；明敷时（包括敷设在吊顶内），穿钢管，并刷防火涂料作可靠防火保护。

（4）火灾自动报警及联动系统

①本工程火灾自动报警采用集中报警系统。

②消防系统的组成：火灾自动报警系统、消防联动控制系统、应急广播系统、消防专用电话系统、消防应急照明和疏散指示系统、消防电源监控系统。

③消防控制室：消防控制室有直接向外的安全出口。入口处设置明显的标志。其他系统线路不应穿越消防工作区域。

④火灾自动报警系统：

a. 本工程采用集中报警系统。按规范应保护的部位分别设置智能型感烟或感温探测器，如大厅、休息室、走廊等处设感烟探测器。智能型感烟或感温探测器的设置应满足安装高度、保护面积、保护半径等有关要求，全部探测器均进入二总线报警（联动）系统，系统总线上设置总线短路隔离器，每只总线短路隔离

器保护的火灾探测器、手动火灾报警按钮和模块总数不应超过32点，总线穿越防火分区时，应在穿越处设置总线短路隔离器。未集中放置的模块附近应有不小于100mm×100mm的标示。

b．在本楼适当位置（如疏散楼梯等处）设手动报警按钮及消防专用电话插孔，从防火分区内的任何位置到邻近手报间距不应大于30m。在消火栓箱内设消火栓报警按钮。湿式报警阀压力开关的动作信号作为触发信号，直接控制启动喷淋消防泵，不受消防联动控制器处于自动或手动状态影响。

c．探测器与灯具的水平净距应大于0.2m；与送风口边的水平净距应大于1.5m；与多孔送风顶棚孔口或条形送风口的水平净距应大于0.5m；与嵌入式扬声器的净距应大于0.1m；与自动喷水头的净距应大于0.3m；与墙或其他遮挡物的距离应大于0.5m。探测器的具体定位，以建筑吊顶综合图为准。

⑤消防联动控制系统：

a．在消防控制室设置联动控制台，控制方式分为自动控制和手动控制两种。火灾报警后，消防控制室应根据火灾情况控制相关层的正压送风阀及排烟阀、电动防火阀并启动相应的加压送风机、补风机、送风兼补风机、排烟风机，排烟阀在280℃熔断关闭，防火阀在70℃熔断关闭，风机的动作信号要反馈至消防控制室。通过联动控制台，火灾发生时手动或自动切断一般照明及空调机组、通风机、动力电源。当火灾报警确认后，消防控制室应能发出联动命令如下：

（a）开启室内消防泵房的消火栓泵和自动喷淋泵，并反馈动作信号。

（b）切除失火层非消防电源（包括普通电力、照明等），并反馈动作信号。宜在自动喷淋系统、消火栓系统动作前切断。

（c）由发生火灾报警区域开始，顺序启动全楼疏散通道的消防应急照明和疏散指示系统并反馈动作信号。系统全部投入应急状态的启动时间不应大于5s。

（d）应开通全楼消防应急广播。

（e）应开通全楼火灾声光报警器，并反馈动作信号。

b．火灾警报和消防应急广播系统

（a）在每个报警区域内的楼梯口、消防电梯前室、建筑内部拐角等处的明显部位均匀设置火灾声光警报器，其声压级不应小于60dB；在环境噪声大于60dB的场所，其声压级应高于背景噪声15dB，并在确认火灾后启动建筑内的所有火灾声光警报器。火灾声光警报器设置带有语音提示功能时，应同时设置语音同步器。火灾自动报警系统应能同时启动和停止所有火灾声光警报器工作。火灾声光警报器单次发出火灾警报时间宜在8～20s之间。

（b）在走道和大厅等公共场所设置消防应急广播扬声器。每个扬声器的额定功率不应小于3W，从一个防火分区内的任何部位到最近一个扬声器的直线距离不大于25m，走道末端距最近扬声器的距离不应大于12.5m。消防应急广播的联动控制信号应由消防联动控制器发出。当确认火灾后，同时向全楼进行广播。消防应急广播的单次语音播放时间在10～30s之间，与火灾声光警报器分时交替工作，采取1次声警报器播放、1次消防应急广播播放的交替工作方式循环播放。在消防控制室手动或按照预设控制逻辑联动控制选择广播分区，启动或停止应急广播系统，并能监听消防应急广播。在通过传声器进行应急广播时，自动对广播内容进行录音。消防控制室内应能显示消防应急广播分区的工作状态。消防应急广播与普通广播或背景音乐广播合用时，应具有强制切入消防应急广播的功能。

⑥消防专用电话系统：

在消防控制室内设置消防专用电话总机，除在各层的手动报警按扭处设置消防专用电话插孔外，在配电室、弱电机房、报警阀室等处设置消防专用电话分机。

⑦导线型号敷设方式：

消防系统导线采用耐火铜芯塑料线（NH-RVS），电源线采用耐火铜芯塑料线（NH-BV），分别穿钢管（RZ）暗敷设在非燃烧体结构内，保护层厚度为3cm，局部明敷时应在金属管上采取防火保护措施，消防控制室至竖井及在竖井的报警及联动线，消防专用电话线，消防应急广播线沿耐火金属桥架敷设。但在线槽内应加分类隔板，用于敷设不同功能的导线。

⑧应急照明

a. 消防应急照明及疏散指示电源采用智能集中电源集中控制型消防应急照明和疏散指示系统，系统灯具应采用符合消防要求（《消防应急照明和疏散指示系统》GB 17954-2010）的专用灯具。出口指示灯由灯具自带的蓄电池供电，疏散照明应急供电时间不少于30min。

b. 所有消防应急照明及疏散指示标志灯具，应能在火灾时自动开启。疏散指示平时处于点亮状态。

4. 商业项目施工图建筑做法说明（图4-72）

部位	适用位置	编号	选用部位	标准营造做法	备注及降板厚度
楼地面	塔楼办公室内房间	楼面1（无地采暖做法）	塔楼办公户内无地暖无水房间	1、预留30厚装修做法； 2、50厚C20细石混凝土垫层随打随抹平 3、1.5厚聚氨酯涂膜防潮层（三层下部为加工间时） 4、现浇钢筋混凝土楼板,随浇随抹平	80
楼地面	塔楼办公室内房间	楼面2 预留面层防水楼面（有地漏）	1#楼塔楼办公卫生间	1、预留30厚装修做法由住户自理； 2、20厚1:2水泥砂浆找平； 3、200厚（最薄处180厚）轻骨料混凝土垫层找坡，随打随平 4、1.5厚聚氨酯涂膜防潮层 5、钢筋混凝土楼板随浇随抹平	270（含20高差）
楼地面	塔楼办公室内房间	楼面2 预留面层防水楼面（有地漏）	2#楼塔楼办公卫生间（结构产业化）仅用于三层~十二层	1、预留210厚做法由集成卫生间厂家设计； 2、20厚1:2水泥砂浆保护层； 3、1.5厚聚氨酯涂膜防水层 4、钢筋混凝土楼板随浇随抹平	250（含20高差）
楼地面	塔楼办公室内房间	楼面2 预留面层防水楼面（有地漏）	2#楼塔楼办公卫生间（结构产业化）仅用于十三层~二十四层	1、预留60厚做法由集成卫生间厂家设计； 2、20厚1:2水泥砂浆保护层； 3、1.5厚聚氨酯涂膜防水层 4、钢筋混凝土楼板随浇随抹平	80（含20高差）
楼地面	商业及配套设施房间	楼地面3 预留面层防水楼地面（有地漏）	一层公共卫生间 用于垃圾站楼面	1、10厚防滑地砖铺实拍平，稀水泥浆擦缝 2、30厚1：3干硬性水泥砂浆结合层 3、80厚C20细石混凝土抹平，向排水沟找1%坡； 4、素土回填； 5、20厚1:2水泥砂浆保护层； 6、1.5厚聚氨酯涂膜防水层（墙面上返高度见墙面）防水层门口外延500，向两侧延展宽度不小于200； 7、钢筋混凝土楼板,随捣随磨平	400（含20高差）
楼地面	商业及配套设施房间	楼地面4 防滑地砖楼面	一层二层商业、物业办公等无水房间 检修通道	1、10厚防滑地砖铺实拍平，稀水泥浆擦缝 2、40厚1：3干硬性水泥砂浆结合层 3、素水泥浆一道 4、钢筋混凝土楼板	50
楼地面	商业及配套设施房间	楼地面5 防滑地砖地面	一层商业、物业办公等无水房间 玻璃幕墙附近结构降板回填土区域	1、10厚防滑地砖铺实拍平，稀水泥浆擦缝 2、30厚1：3干硬性水泥砂浆结合层 3、40厚C20细石混凝土抹平 4、素土回填； 5、钢筋混凝土楼板	80
楼地面	非办公室内房间	楼地面8 地面砖楼面	塔楼防烟楼梯间 商业和物业的楼梯间	1、10厚防滑地砖铺实拍平，稀水泥浆擦缝 2、20厚1：3干硬性水泥砂浆结合层 3、素水泥浆一道； 4、钢筋混凝土楼板。	30
楼地面	非办公室内房间	楼地面9 地面砖	三层以上电梯厅、合用前室精装区域（无地暖管区域）	1、10厚防滑地砖铺实拍平，稀水泥浆擦缝 2、40厚1：3干硬性水泥砂浆结合层 3、素水泥浆一道；（1-3条为精装施工） 4、钢筋混凝土楼板	50
楼地面	非办公室内房间	楼地面9 地面砖	公共走廊和楼梯间前室（有地暖管区域）	1、10厚防滑地砖铺实拍平，稀水泥浆擦缝 2、40厚1：3干硬性水泥砂浆结合层 3、素水泥浆一道；（1-3条为精装施工） 4、60厚C20细石混凝土垫层随打随抹平 5、钢筋混凝土楼板	110
楼地面	非办公室内房间	楼地面10 防滑地砖防水楼地面（有地漏）	外廊（有排水要求区域）	1、10厚防滑地砖铺实拍平，稀水泥浆擦缝 2、20厚1：3干硬性水泥砂浆结合层 3、60（最薄处40）厚C20细石混凝土表面撒1：1干水泥砂子随打随抹平坡向地漏，坡度1%； 4、1.5厚聚氨酯涂膜防水层,四周垂直面涂起350高，门口涂出300宽； 5、刷素水泥浆一道 6、25厚玻化微珠保温 7、钢筋混凝土楼板（保温采用玻化微珠，厚度及范围详节能设计专篇）	110（含20高差）
楼地面	非办公室内房间	楼地面11 地面砖保温防水楼面	屋顶水箱间	1、10厚防滑地砖铺实拍平，稀水泥浆擦缝 2、20厚1：3干硬性水泥砂浆结合层 3、1.5厚聚氨酯涂膜防水层,四周垂直面涂起350高，门口涂出300宽； 4、最薄处30厚C20细石混凝土垫层找1%坡抹平； 5、（与结构上翻梁顶平）LC7.5轻骨料混凝土填充层（厚度根据上翻梁高度调整）； 6、挤塑聚苯板保温层（厚度详各单体节能设计专篇）； 7、现浇钢筋混凝土楼板	
楼地面	非办公室内房间	楼地面12 水泥砂浆楼地面	电井	1、30厚1:2水泥砂浆抹平压光 2、素水泥浆一道； 3、钢筋混凝土楼板。	30
楼地面	非办公室内房间	楼地面13 水泥砂浆楼地面	电梯机房、设备间	1、20厚1:2水泥砂浆抹平压光，刷环氧地坪漆； 2、素水泥浆一道； 3、钢筋混凝土楼板。	20
楼地面	非办公室内房间	楼地面14 水泥砂浆防水楼地面（有地漏）	水暖井	1、20厚1:2水泥砂浆抹平压光； 2、1.5厚聚氨酯涂膜防水层（周边上返300）； 3、50厚（最薄处30厚）C20细石混凝土垫层找1%~2%坡，坡向地漏，随打随抹平； 4、素水泥浆一道； 5、现浇钢筋混凝土楼板。	用于水暖井时，降板与井外结构板一致
楼地面	非办公室内房间	楼地面15 细石混凝土楼地面	风机房、变配电室、配电间等	1、50厚C20细石混凝土，内配双向φ6@200钢丝网片，表面撒1:1水泥砂子随打随抹平；（风机房、配电间房间面层刷环氧地坪漆） 2、素水泥浆一道； 3、钢筋混凝土楼板。	50

（a）

图4-72　商业项目施工图建筑做法说明（一）

部位	适用位置	编号	选用部位	标准营造做法	备注及降板厚度
外墙		外墙 1 涂料饰面保温外墙 （岩棉保温）	用于涂料外立面 飘窗下空调位周边、门廊侧墙采用同外墙保温做法。	1.涂饰面层涂料二遍 2.涂饰底层涂料 3.刮柔性耐水腻子 4.3-5厚抗裂砂浆，首层为4-6厚（中间压入一层耐碱玻璃纤维网布，首层应再加一层加强玻璃纤维网布） 5.锚固TR15岩棉板两表面及侧面涂刷界面剂，材料厚度详节能专篇 6.胶粘剂 7.15厚1:3水泥砂浆找平（全混凝土外墙取消此条） 8.配套基础处理 9.基层墙体	用于隐藏于百叶后的空调机位等不可见外墙时第1、2条改为与外墙同色外墙涂料一遍
		外墙 2 涂料饰面保温外墙 （保温砂浆保温）	用于涂料外立面 （外挑构件和屋顶装饰构架屋顶设备基础风井等）	1.涂饰面层涂料二遍 2.涂饰底层涂料 3.刮柔性耐水腻子 4.3-5厚抗裂砂浆，首层为4-6厚（中间压入一层耐碱玻璃纤维网布，首层应再加一层加强玻璃纤维网布） 5.玻化微珠保温层，材料厚度详节能专篇 6.界面砂浆 7.基层墙体	用于隐藏于百叶后的空调机位等不可见外墙时第1、2条改为与外墙同色外墙涂料一遍
		外墙 3 涂料饰面 非保温外墙	用于涂料外立面 出地面风井烟道的外墙和隐藏于百叶后的空调机位等不可见外墙	1.涂饰面层涂料二遍 2.涂饰底层涂料 3.5厚干粉类聚合物防水砂浆，中间压入一层耐碱玻纤网格布 4.6厚1:2.5水泥砂浆找平 5.9厚1:3水泥砂浆 6.配套基础处理（混凝土墙体甩毛） 7.基层墙体	用于隐藏于百叶后的空调机位等不可见外墙时第1、2条改为与外墙同色外墙涂料一遍
		外墙 4 幕墙外墙	用于金属板外立面	1.金属板 2.主框架铝型材 3.刮柔性耐水腻子； 4.抹面胶浆分遍抹压，，压入耐碱玻璃纤维网格布 5.保温层，材料厚度详节能专篇； 6.岩棉专用胶粘剂满粘,锚栓锚固 7.墙体固定连接件及竖向龙骨 8.15厚1:3水泥砂浆找平 9.基层墙体。	
			干挂石材外墙	专业石材厂家二次设计施工,结构墙体外岩棉保温层，厚度详节能专篇,专用胶粘剂满粘,锚栓锚固	
			玻璃幕墙外墙	玻璃内侧与结构墙体之间岩棉保温层，厚度详节能专篇,专用胶粘剂满粘,锚栓锚固	
		外墙 5 涂料饰面 保温砂浆外墙	用于女儿墙内壁	1.涂饰面层涂料二遍 2.涂饰底层涂料 3.刮柔性耐水腻子 4.3-5厚抗裂砂浆，首层为4-6厚（中间压入一层耐碱玻璃纤维网布，首层应再加一层加强玻璃纤维网布） 5.玻化微珠保温层，材料厚度详节能专篇 6.界面砂浆 7.基层墙体	
		外墙 6 水泥砂浆外墙	用于与主楼相邻的风井内侧墙	1.4-6厚抗裂砂浆（中间压入两层耐碱玻璃纤维网布） 2.XPS保温板，辅锚栓固定，厚度详节能计算专篇 3.胶粘剂 4.15厚1:3水泥砂浆找平（全混凝土外墙取消此条） 5.配套基础处理 6.基层墙体	
		屋 1 地砖平屋面1	用于商业屋面有保温屋面 非种植屋面	1.10厚防滑地砖铺实拍平，缝宽5-8，1:1水泥浆填缝 2.25厚1：3干硬性水泥砂浆结合层 3.0.3厚聚乙烯塑料薄膜隔离层 4.一道4厚SBS改性沥青防水卷材（聚酯胎II型）防水层，泛水高出完成面250 5.20厚1:2.5水泥砂浆找平层 6.最薄30厚1:6水泥憎水型膨胀珍珠岩找坡层 7.挤塑聚苯板保温层（厚度详节能专篇） 8.1.5厚聚氨酯防水涂料隔汽层 9.钢筋砼屋面板	

部位	适用位置	编号	选用部位	标准营造做法	备注及降板厚度
屋面		屋 4 细石混凝土平屋面2	用于非上人屋面 （机房层、楼梯间顶）	1、40厚C20细石混凝土随打随抹平 2、0.3厚聚乙烯膜一道 3、3+3厚SBS改性沥青防水卷材（聚酯胎II型），泛水高出完成面250 4、20厚1:2.5水泥砂浆找平层 5、最薄处30厚1:6水泥憎水型膨胀珍珠岩找坡层 6、挤塑聚苯板保温层（厚度详节能专篇） 7、钢筋混凝土屋面板	
		屋 5 空调板顶面底面	用于混凝土雨篷板、挑板等	1、饰面做法同涂料外墙 2、30厚1:2水泥砂浆保护层抹平 3、1.5厚聚氨酯涂膜防水层，沿墙面上返250 4、5厚抗裂砂浆中间压入一层耐碱玻纤网格布 5、板上最薄处25厚玻化微珠保温砂浆找坡1% 6、现浇钢筋混凝土楼板，表面清理干净，板上下不平时采用聚合物水泥砂浆局部找平， 板上下及侧面刷基层处理剂一遍 7、板底及侧面抹25厚玻化微珠保温砂浆 8、5厚抗裂砂浆中间压入一层耐碱玻纤网格布 9、饰面做法同涂料外墙	
		屋 9 水泥砂浆屋面	用于风井顶板	1、饰面做法同涂料外墙 2、30厚1:2水泥砂浆防水保护层抹平 3、1.5厚聚氨酯涂膜防水层，沿墙面上返250 4、5厚抗裂砂浆中间压入一层耐碱玻纤网格布 5、板上最薄处30厚玻化微珠保温砂浆找坡1% 6、现浇钢筋混凝土楼板，表面清理干净，聚合物水泥砂浆局部找平	（用于独立风井顶板时取消第4、5条）

序号	位置	名称及选用图集号	适用范围	降板	燃烧性能	具体做法
1	道路	沥青混凝土路面 图集：L13J1-路8	基地内部道路，路面横坡 1.5%，预制混凝土侧石	550	A	1）.40 厚细粒沥青混凝土面层; 2）.60 厚中粒沥青混凝土; 3）.乳化沥青透层; 4）.150 厚级配碎石; 5）.300 厚3:7 灰土; 6）.路基碾压，压实度? 93%。
		图集：L13J1-路12	基地内人行道，非机动车道及配套公建前铺地	240	A	1）.60 厚透水砖，缝宽 3-10，粗砂灌缝; 2）.30 厚粗砂; 3）.150 厚天然级配砂石; 4）.路基碾压。压实系数?90%。
2	散水	草坪散水 图集：L13J1-散9	用于建筑物除台阶处的四周，宽 1000 注：与车库相连的位置不设散水。		A	1）.300 厚种植土，植草皮; 2）.60 厚C15 细石混凝土; 3）.素土夯实，压实系数不小于 0.94，向外坡 4%
3	台阶	花岗石板面层台阶 透水砖路面 图集：L13J1-台6	用于建筑物出入口处台阶; 用于住宅楼首层北向敞开式入户大堂铺地	430	A	1）.40厚毛面花岗石踏步板和踢脚板，满涂防污剂，稀水泥擦缝; 2）.30 厚1:3 干硬性水泥砂浆结合层; 3）.素水泥浆一道; 4）.60厚C20混凝土台阶（厚度不包括台阶三角部分） 5）.300厚3:7灰土分两步夯实; 6）.素土夯实，压实系数不小于 0.94(坡度详平面图中标注)。 （石材的规格及颜色由建设方确定 ）
4	坡道	花岗石板面层坡道 图集：L13J1-坡13	用于建筑物入口处坡道、无障碍坡道	430	A	1）.25厚毛面花岗石踏步板和踢脚板，满涂防污剂，稀水泥擦缝; 2）.30 厚1:3 干硬性水泥砂浆结合层; 3）.素水泥浆一道; 4）.60厚C15混凝土; 5）.素土夯实，压实系数不小于 0.94

（b）

图4-72 商业项目施工图建筑做法说明（二）

图4-72 商业项目施工图建筑做法说明（三）

5. 商业项目建筑专业施工图解析（图4-73~图4-95）

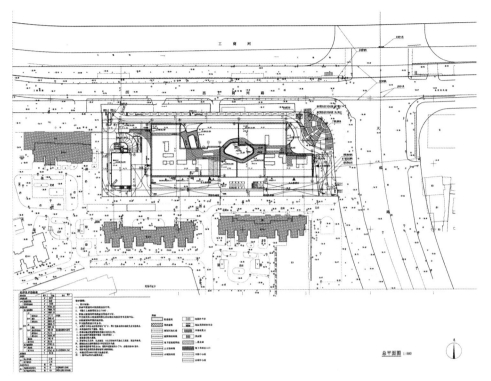

图4-73　商业项目施工图总平面图示意

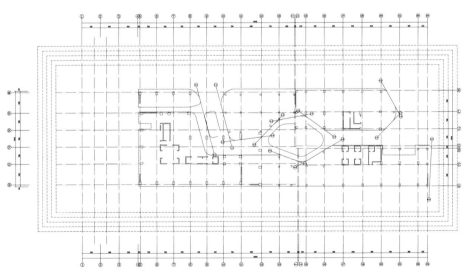

图4-74　商业项目施工图轴线定位图示意

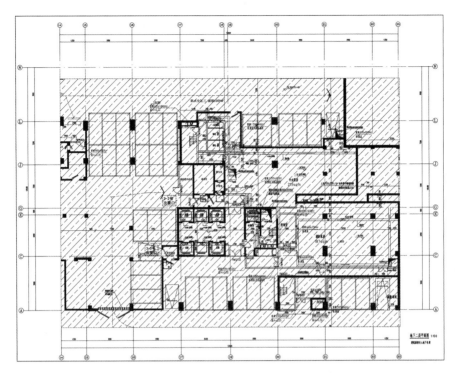

图4-75 商业项目施工图地下二层平面图示意

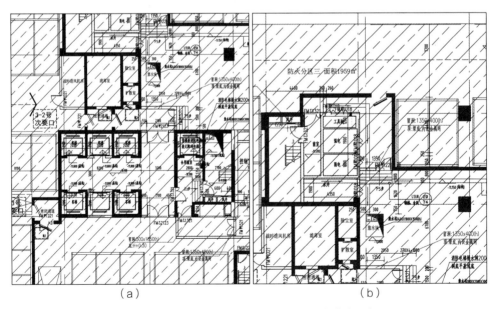

（a）   （b）

图4-76 商业项目施工图地下二层平面图局部放大示意

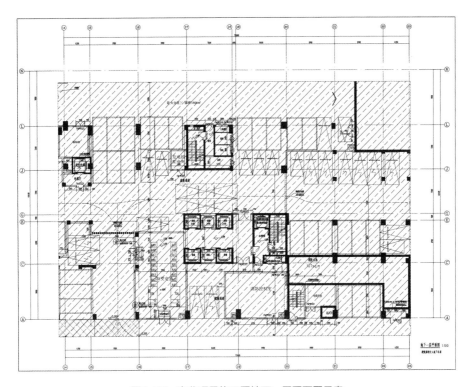

图4-77　商业项目施工图地下一层平面图示意

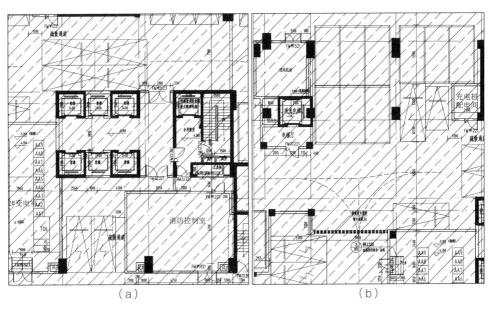

（a）　　　　　　　　　　　　　　　　　（b）

图4-78　商业项目施工图地下一层平面图局部放大示意

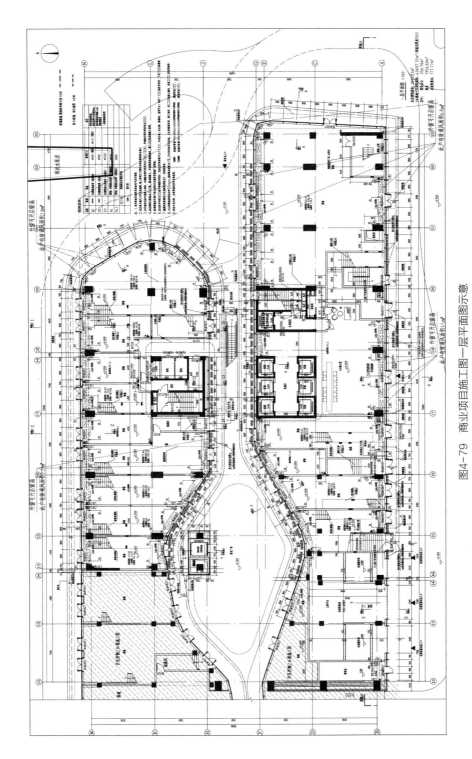

图4-79 商业项目施工图一层平面图示意

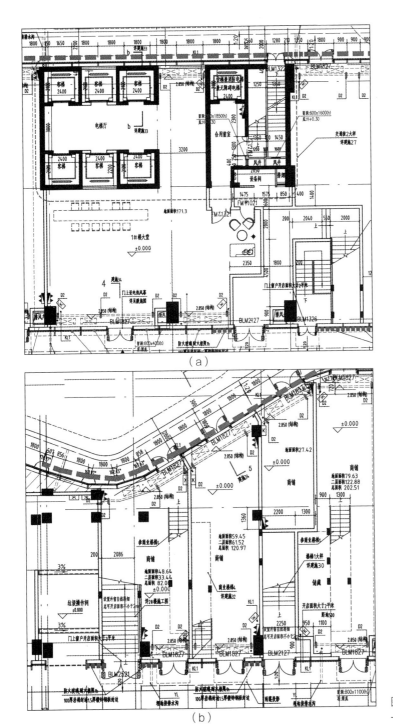

（a）

（b）

图4-80 商业项目施工图
一层平面图局部放大示意

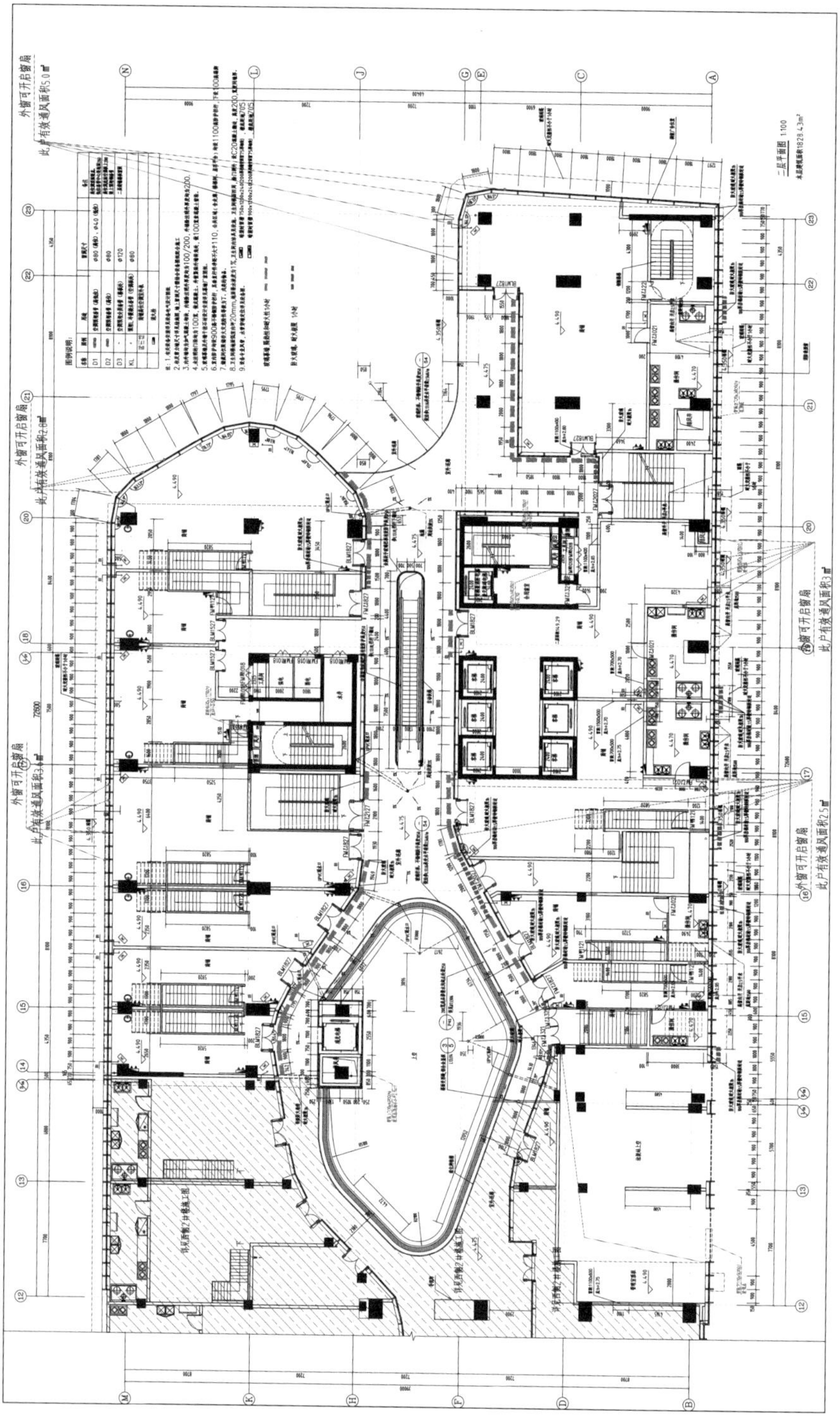

图4-81 商业项目施工图二层平面图示意

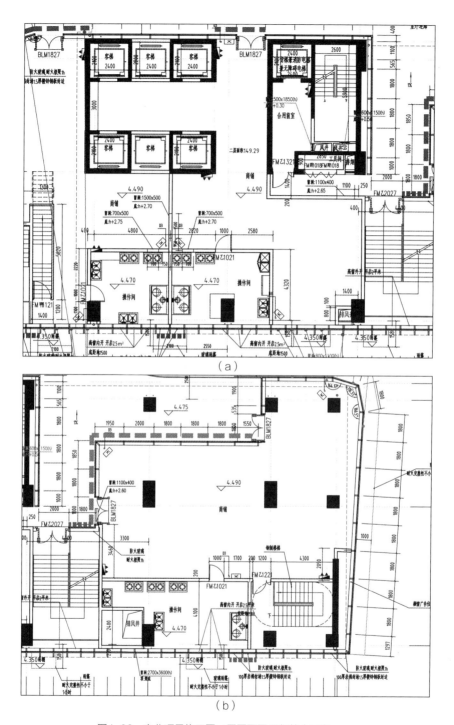

图4-82 商业项目施工图二层平面图局部放大示意

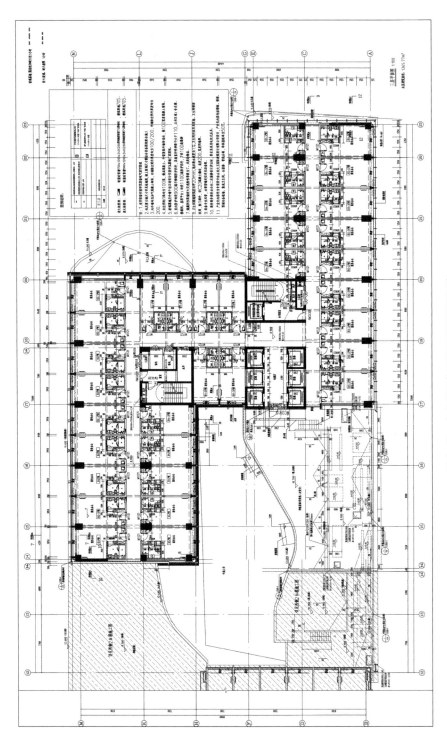

图4-83 商业项目施工图三层平面图示意

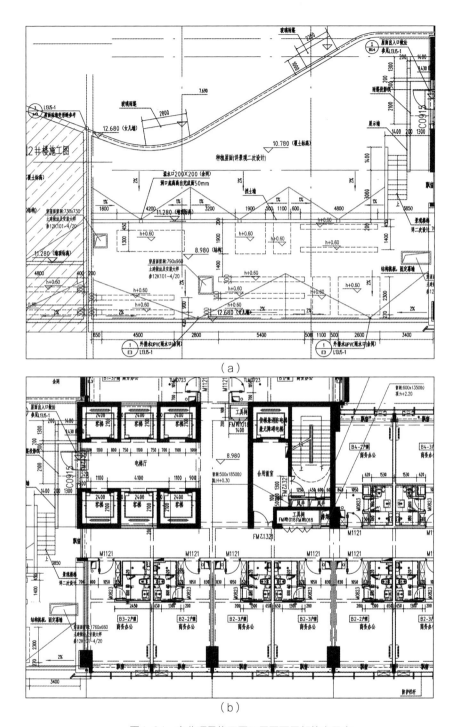

（a）

（b）

图4-84　商业项目施工图三层平面局部放大示意

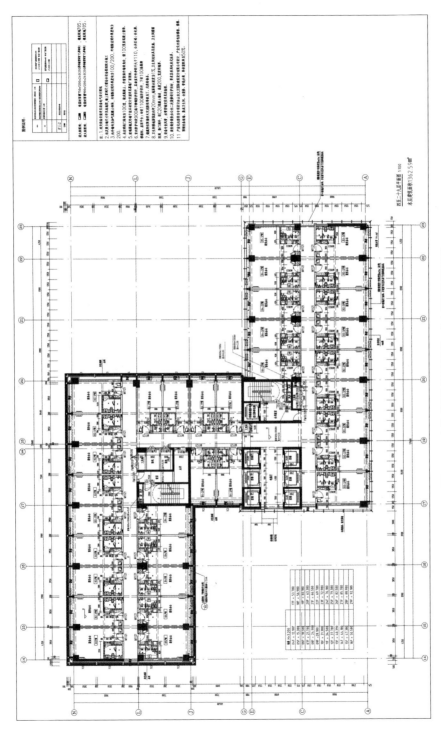

图4-85 商业项目施工图四层四至二十九层平面图图示意

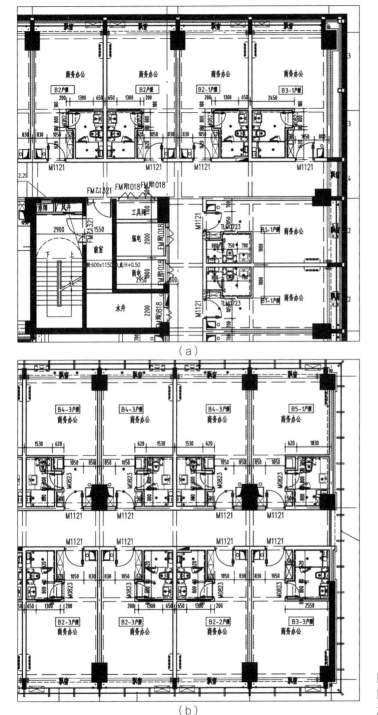

（a）

（b）

图4-86 商业项目施工图四至二十九层平面局部放大示意

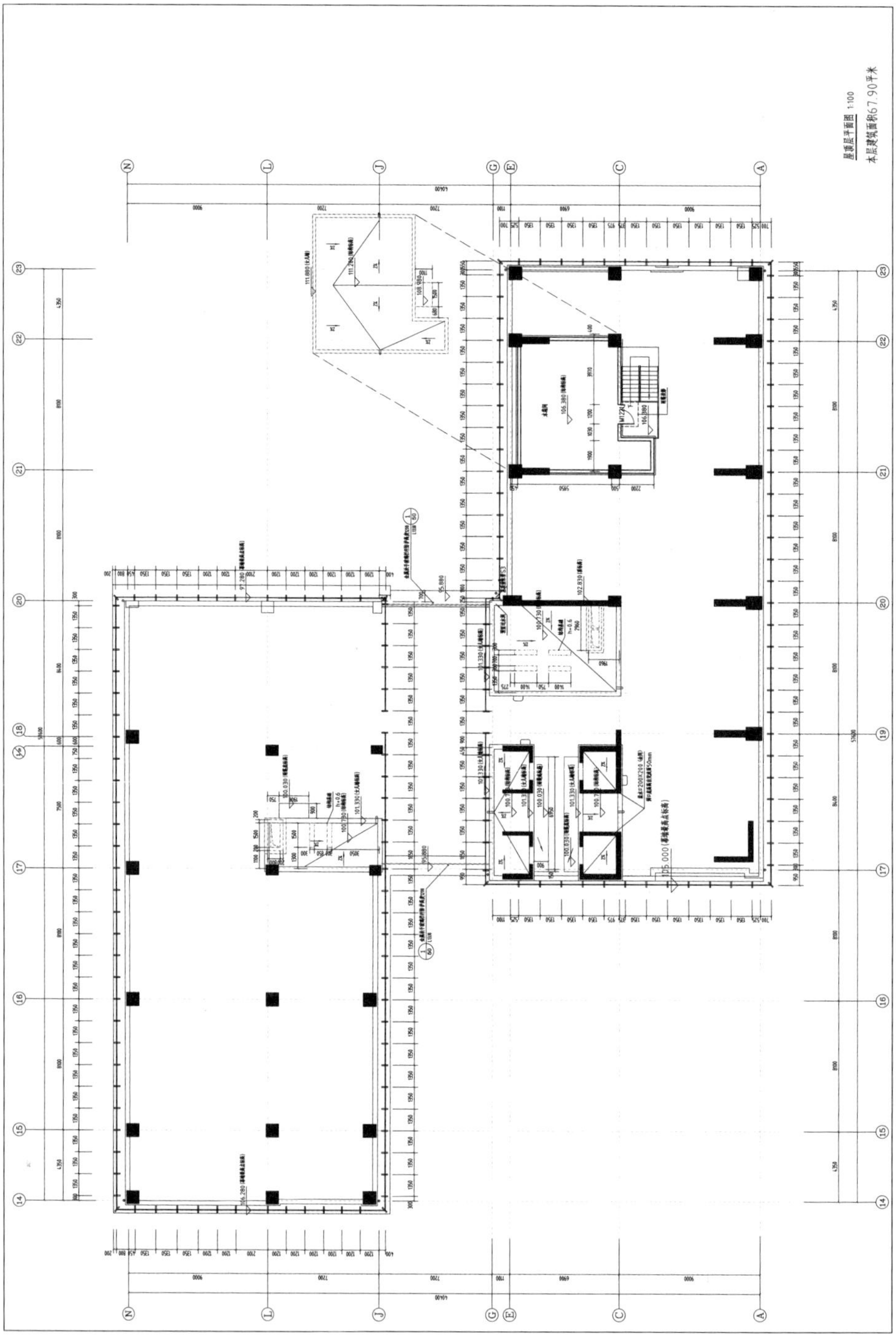

图4-87 商业项目施工图屋顶层平面图示意

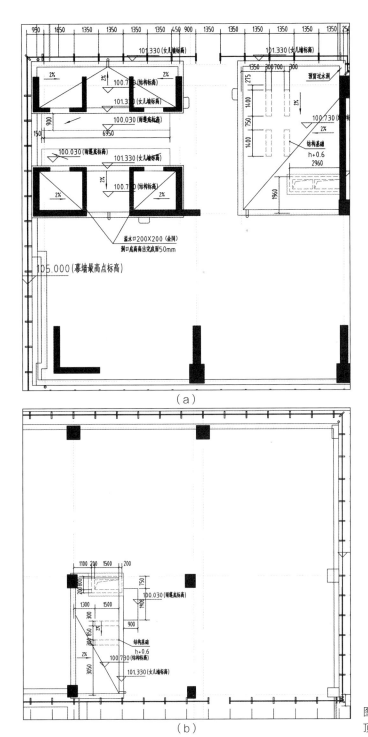

990 | 1650 | 1350 | 1350 | 1350 | 1350 | 450 | 900 | 1350 | 1350 | 1350 | 1350 | 1350 | 1350 | 250

101.330（女儿墙标高）   101.330（女儿墙标高）

2%   2%   100.7□□（结构标高）   2%

101.3□0（女儿墙标高）

900   150

100.030（雨篷底标高）
6950

100.030（雨篷底标高）

101.330（女儿墙标高）

100.7□0（结构标高）

2%   2%

溢水口200×200（条用）
洞口底高高出完成面50mm

□05.000（幕墙最高点标高）

（a）

预留过水洞

275   1400   750   1400

2%
100.730（结构标□

2%
结构基础
h+0.6
2960

1960

1100 200 1500 200

750 100

100.030（雨篷底标高）

200 800 100

1300   1500
300

900

200 150 100

结构基础
h+0.6
100.730（结构标高）

3050

2%

101.330（女儿墙标高）

（b）

图4-88　商业项目施工图屋
顶平面局部放大示意

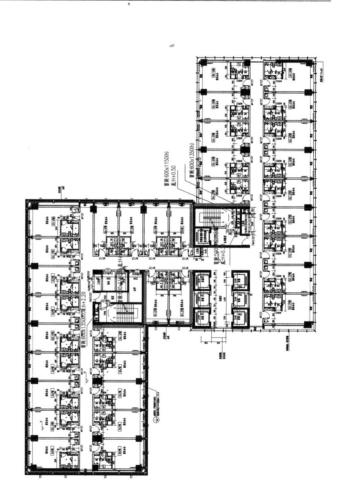

更改内容：

更改内容：1号楼3~29层分隔采暖、非采暖的墙，砌块部分取消钢化微珠

保留玻化微珠部分详见下图粗线部分

图4-89 商业项目施工图设计变更示意

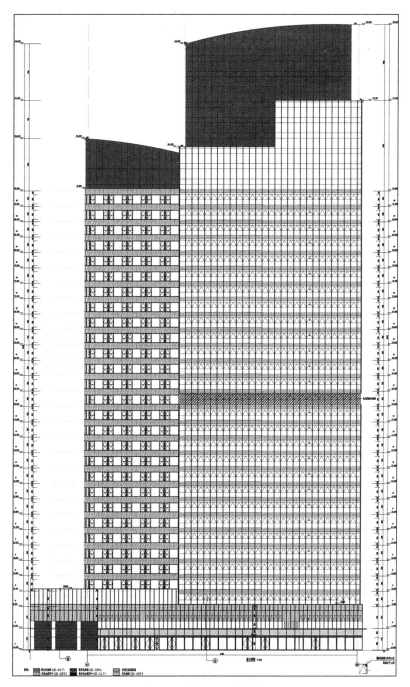

图4-90　商业项目施工图1号楼南立面图示意

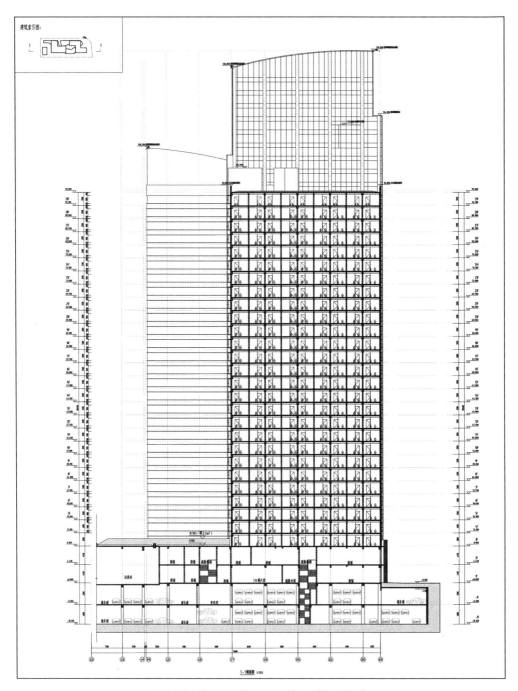

图4-91 商业项目施工图1号楼1-1剖面图示意

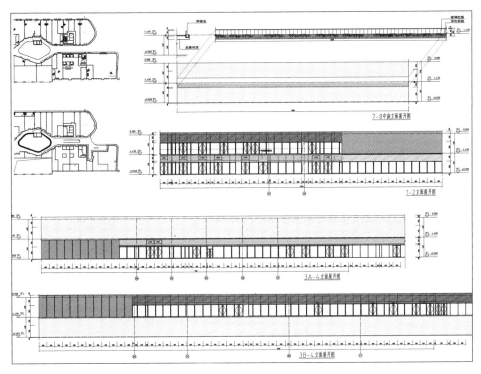

图4-92　商业项目施工图立面展开图示意

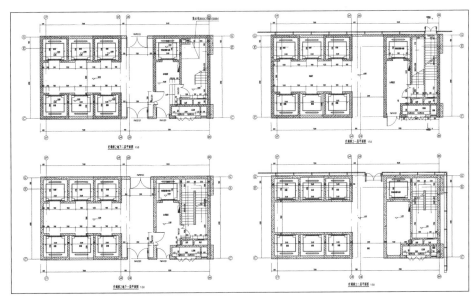

图4-93　商业项目施工图交通核大样图示意

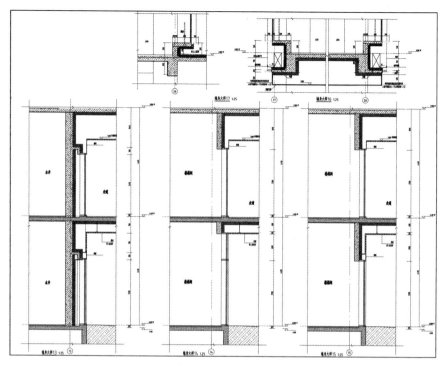

图4-94　商业项目施工图墙身大样图示意

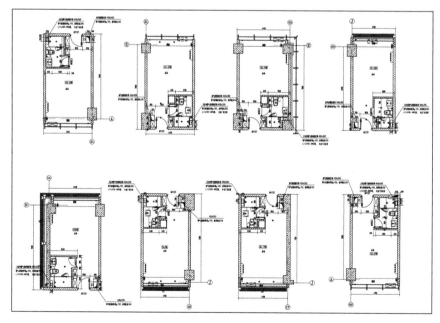

图4-95　商业项目施工图户型大样图示意

4.4.4　BIM辅助设计案例解析

BIM是一种设计组织的方式，通过使用中心文件协同设计，使得多名团队成员可以同时处理同一个项目模型，以便团队成员对中心模型的本地副本同时进行设计更改，以保证成果的实时性及惟一性，并实现正确的工作流程管理；规避冲突，全面提升工作质量及效率。由于该组织方式硬件环境要求较高，应为BIM设计师配备高性能的电脑设备以满足建模和深化设计的需求。BIM设计软件众多，分为建模、分析、造价、管控、运维等类型，从设计到运维要根据各个软件的优缺点，综合、灵活地利用，提高工作效率。

1. BIM案例概况[①]

1）BIM案例设计简介

案例为某涉外办公大楼项目，占地13.7hm²，主楼地上8层，地下1层，总建筑面积约6.5万m²，配套建设停车位约1600个，项目建成后，可满足约30个组织同时办公的需要，改善了办公环境，提高了各机构之间的沟通协调和联动效率（图4-96）。

整个设计融合了公共区域、官方区域、办公区域、物流区域四个主要功能体块，将建筑办公区域布置成圆形，建筑中心保持不变，可以容纳办公辅助项目。引领朝向城市外放的分支，根据控制好的比例，在分支与圆交接处重新规划了副中心区域，用以串联各分支机构，形成了七个分支围绕中心圆环的建筑形态，公共区域、官方区域、物流区域集中在中心圆环处，办公区域均匀分布在四周，具有良好的通达性和均好性。公共区域相对集中，可缩短步行流线，利于内部流线组织；办公区域均匀分布，保证每个分支拥有均等的采光和通风。建筑单体在总图中的布置严格满足了安防要求。同时，本项目在定位和设计方面作为示范，应用了较多的新技术、新工艺、新材料，如采光分析、雨量分析、气动研究、雨水收集、光伏发电、能耗评估、空气质量评估、施工及后期运营污染分析等，保证了建设的高能效与高环保性。

本案在前期策划及方案设计阶段即采用BIM辅助设计的组织模式，根据项目需求和设计条件，初步创建集功能布局和技术性能等相关信息的三维模型，以解

---

① 本案例方案设计公司为法国WILMOTTE & ASSOCIÉS ARCHITECTES公司。

决复杂异形建筑设计、可视化方案沟通、复杂管线综合、建筑性能模拟以及数字化协同等设计问题。该设计模式由设计单位组织驱动，也是目前BIM应用最广泛的组织模式之一。

BIM工作在整个设计过程中发挥了重要的协同作用，在施工图设计中减少了大量的"错、漏、碰、缺"问题，提高了施工图质量。通过BIM设计师与建筑设计各个专业的设计师的共同核对，在设计前期BIM模型检测中发现了多处问题，如图4-97碰撞统计所示，极大地提高了施工图设计质量。

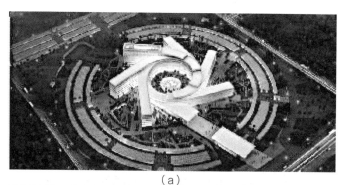

（a）

（b）

图4-96　某涉外办公大楼BIM设计方案效果图

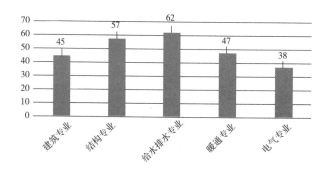

图4-97　碰撞检查报告统计

2）BIM硬件要求与设计过程（图4-98）

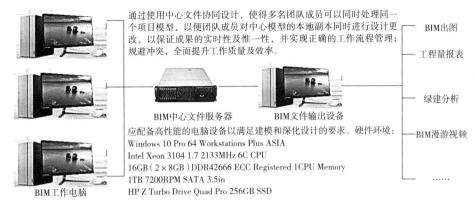

通过使用中心文件协同设计，使得多名团队成员可以同时处理同一个项目模型，以便团队成员对中心模型的本地副本同时进行设计更改，以保证成果的实时性及惟一性，并实现正确的工作流程管理；规避冲突，全面提升工作质量及效率。

BIM中心文件服务器　　BIM文件输出设备

应配备高性能的电脑设备以满足建模和深化设计的要求。硬件环境：
Windows 10 Pro 64 Workstations Plus ASIA
Intel Xeon 3104 1.7 2133MHz 6C CPU
16GB（2×8GB）DDR42666 ECC Registered 1CPU Memory
1TB 7200RPM SATA 3.5in
HP Z Turbo Drive Quad Pro 256GB SSD

BIM工作电脑

BIM出图

工程量报表

绿建分析

BIM漫游视频

……

图4-98　BIM硬件要求与设计过程

3）BIM设计与施工配合[①]

建筑与结构专业通过操作BIM软件初步建构信息化三维建筑模型，为场地分析、性能模拟、虚拟仿真，以及其他相关专业的方案比选优化提供了设计模型和依据，后续以结构设计方案为依据，深化完成施工图设计，并为后续施工的交接配合提供了可应用的BIM模型基础（图4-99）。

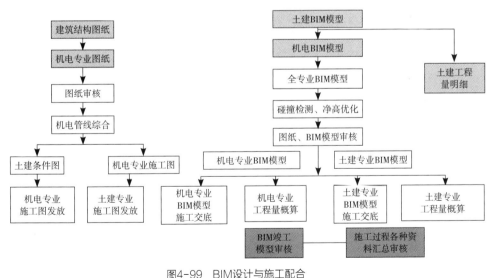

图4-99　BIM设计与施工配合

---

① 中国建筑科学研究院有限公司基于BIM平台的指挥建设多方协同管控平台（EPC）的相关文件。

4）BIM设计人员组织

设计人员事先分别统计出各自专业在本项目中的管线系统种类与数量以及这些系统管线分布在哪几种类型的图纸中，然后，按照这些统计好的信息，先创建机电各专业对应的视图种类和架构。通过多次内外部沟通和信息沟通，增加设计团队的交流及互动，使各专业相互了解工作的进展情况及图纸问题，并作出相应的调整。通过使用中心文件协同设计，使得多名团队成员可以同时处理同一个项目模型，以便团队成员对中心模型的本地副本同时进行设计更改，以保证成果的实时性及惟一性，并实现正确的工作流程管理；规避冲突，全面提升工作质量及效率（图4-100）。

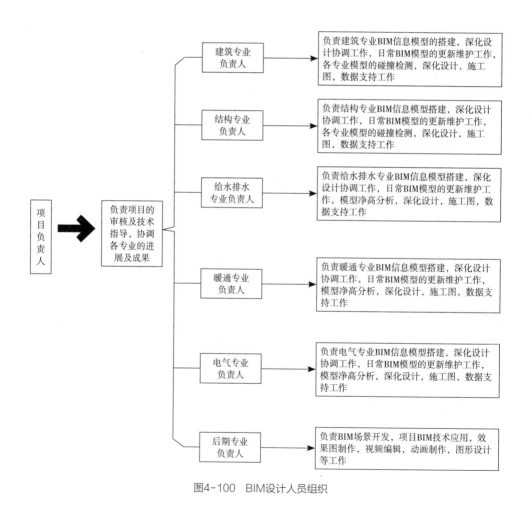

图4-100 BIM设计人员组织

2. BIM模型与各专业对接

本案BIM应用标准文件包括：BIM模型说明书、BIM文件提交清单、BIM模型冲突报告、BIM模型冲突跟踪表、BIM模型校审单、BIM常用族库以及建筑、结构、机电等样板文件。

1）建筑专业精细化模型（图4-101）

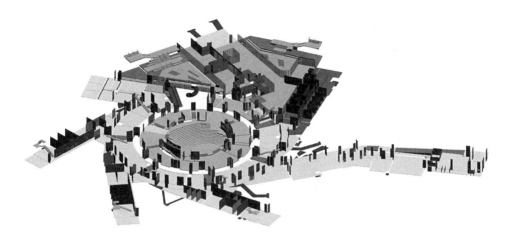

图4-101 建筑专业精细化模型

2）结构专业精细化模型（图4-102）

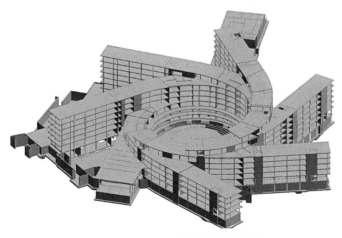

图4-102 结构专业精细化模型

3）给水排水专业精细化模型（图4-103）

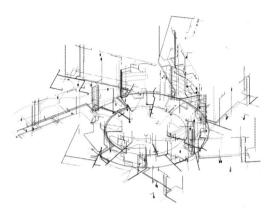

图4-103　给水排水专业精细化模型

4）暖通专业精细化模型（图4-104）

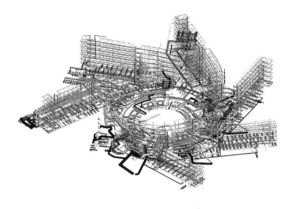

图4-104　暖通专业精细化模型

5）电气专业精细化模型（图4-105）

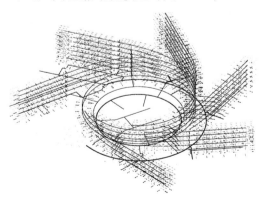

图4-105　电气专业精细化模型

3. BIM各专业对接与综合深化案例解析

1）各专业BIM对接核查（表4-19）

各专业BIM对接核查　　　　表4-19

节点	参会人	各专业碰撞（一）结构
第一轮	BIM问题各专业碰撞	1. Q：基础模板图G-4轴交G-A轴处-7.3M降板根据大样图的做法与XZD-6冲突。 A：挪动风道
		2. Q：基础模板图F-A轴与-7.3M降板在h600的阀板与h600的阀板的分界位置，导致这块降板是h600和h800拼接起来的，是否需要处理？ A：对现场施工无较大影响
		3. Q：基础大样图中D-6轴交D-B的下柱墩表里，XZD-1与基础模板图中的标注尺寸不一致。 A：新版图纸已更改
		4. Q：基础大样图中D-5轴交D-B，XZD-1有一部分在-7.3M降板处。该柱子应落在-5.5M处。 A：新版图纸已更改
		5. Q：SS1墙柱布置图轴交F-A处墙的尺寸250与DWQ3尺寸不同，剪力墙表中也无250墙。 A：修改剪力墙表，增加250厚度墙
		6. Q：SS1墙柱布置图YD轴交C-B处500×650尺寸有误。 A：此处位于建筑外圈，对建筑无影响；结构后期修改

BIM设计过程中，对发现的设计图纸"错、漏、碰、缺"问题进一步核查并提出修改措施。

2）各专业BIM设计深化（表4-20）

各专业BIM设计深化　　　　表4-20

	设计分析		解决方案	
建筑专业		SS1层建筑平面图中A-7与A-8轴处，首层卫生间的底梁和底板与楼梯平台净高为1410mm，不便通行		此处图纸增加一个梯段，并通过BIM模型单独展开此处的剖面及三维关系

		设计分析	解决方案
结构专业		SS1结构模板图、SS1组合平面图中YB轴与YA轴处，此处未设置预留洞且与楼梯发生碰撞	修改此处图纸中的预留洞问题
		SS1结构模板图、SS1组合平面图：LTA2、LTB2、LTC2、LTD2处，此处结构墙与建筑墙位置有冲突	结构修改图纸，此处以建筑图纸为依据
设备专业		在SS1F中F-9轴处，此处消火栓位于百叶窗内部，影响消火栓的使用，请明确此处门洞的做法	门洞尺寸符合现行国内规范，不影响使用
土建专业			在RDCF层中DH-5交E-C，FH-10交A-C，EH-5交F-C，BH-5交C-C，CH-5交D-C，AH-5交B-C轴处，建筑图纸同结构图纸的底图尺寸有偏差，导致此处门与结构墙发生碰撞。 解决方案为剪力墙向房间内加厚并缩短，保证门的宽度大小不变

3）BIM净高综合深化（表4-21）

BIM净高综合深化案例　　　　　　　　表4-21

案例一	净高分析	此处为SS1F层（C-1）-（C-2）轴/（C-B）-（C-C）轴，层高5500mm，梁下净高4590mm，水管最大管径为DN300mm，含一根2100mm×1500mm风管，三根桥架，吊架尺寸考虑50mm，经优化后净高为2050mm。此处净高要求为2440mm，因此，此处不满足净高	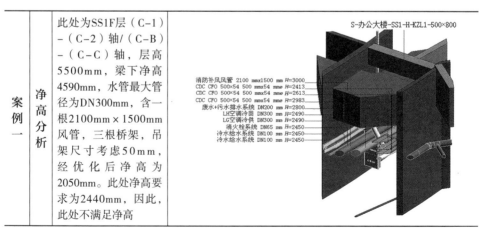

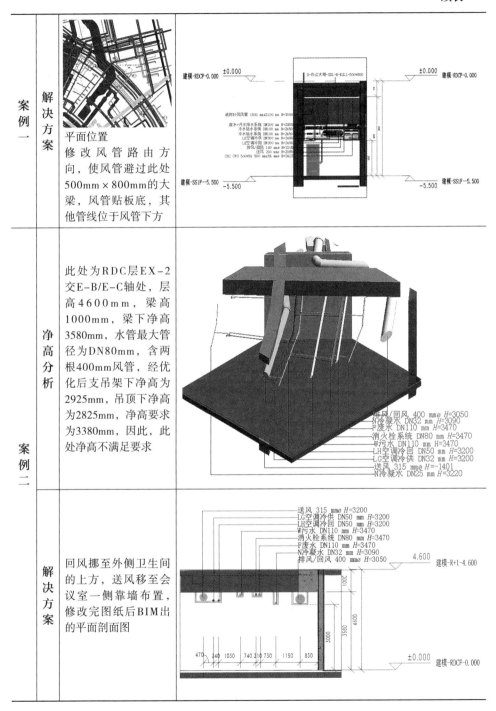

案例一	解决方案	平面位置 修改风管路由方向，使风管避过此处500mm×800mm的大梁，风管贴板底，其他管线位于风管下方
案例二	净高分析	此处为RDC层EX-2交E-B/E-C轴处，层高4600mm，梁高1000mm，梁下净高3580mm，水管最大管径为DN80mm，含两根400mm风管，经优化后支吊架下净高为2925mm，吊顶下净高为2825mm，净高要求为3380mm，因此，此处净高不满足要求
	解决方案	回风挪至外侧卫生间的上方，送风移至会议室一侧靠墙布置，修改完图纸后BIM出的平面剖面图

案例三	净高分析	此处为R+1层EH-4轴交EH-5轴，层高3520mm，梁高550mm，板厚240mm，梁下净高2950mm，板下净高3280mm，最大风管400mm×550mm，经优化后支吊架下净高为2585mm。吊顶下净高为2485mm，此处净高要求为2600mm，因此，此处不满足净高要求	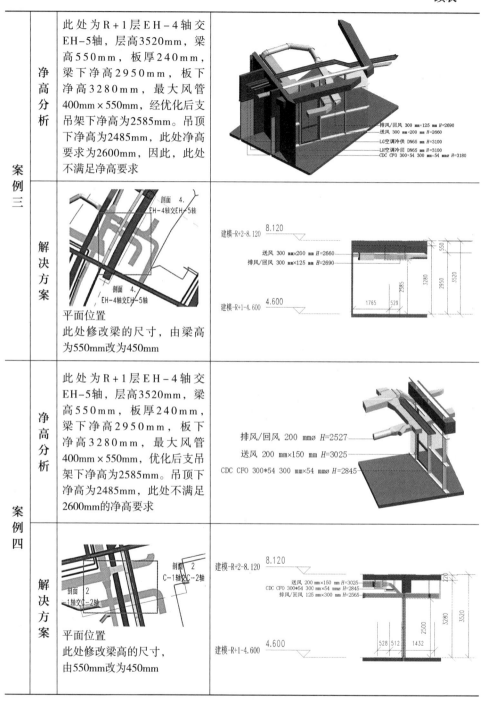
	解决方案	平面位置 此处修改梁的尺寸，由梁高为550mm改为450mm	
案例四	净高分析	此处为R+1层EH-4轴交EH-5轴，层高3520mm，梁高550mm，板厚240mm，梁下净高2950mm，板下净高3280mm，最大风管400mm×550mm，优化后支吊架下净高为2585mm。吊顶下净高为2485mm，此处不满足2600mm的净高要求	
	解决方案	平面位置 此处修改梁高的尺寸，由550mm改为450mm	

4）BIM管线综合优化（表4-22）

碰撞检测及三维管线综合的主要目的是基于各专业模型，应用BIM三维可视化技术检查施工图设计阶段的碰撞，完成建筑项目设计图纸范围内各种管线布设与建筑、结构平面布置和竖向高程相协调的三维协同设计工作，尽可能减少碰撞，避免空间冲突，避免设计错误传递到施工阶段。同时应达到空间布局合理，比如合理排布重力管线延程以减少水头损失。利用BIM软件调整各专业管线排布模型，适合优化复杂的管线排布，提升净空高度，特别是人员流动性大、层高要求高的部位。还可以根据小市政综合管线图纸（含各专项小市政施工图纸及景观图纸）进行场地和综合管线建模及分析，提出优化意见。

BIM管线综合优化　　　　　　表4-22

		BIM管线综合优化案例
机电专业	走廊、地库净高要求	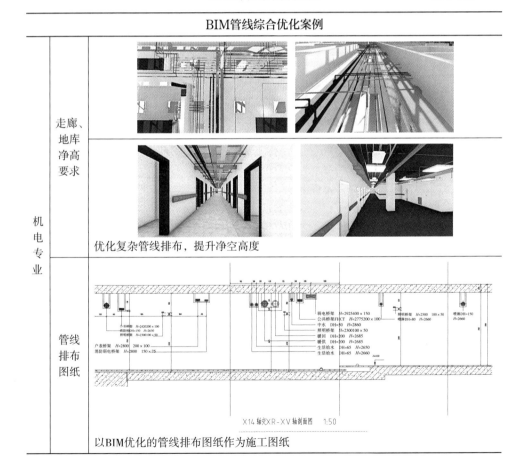 优化复杂管线排布，提升净空高度
	管线排布图纸	以BIM优化的管线排布图纸作为施工图纸

4. BIM装饰装修及施工阶段案例（表4-23）

BIM装饰装修及施工阶段案例　　　　　　　　表4-23

设计阶段	建筑场景漫游		将建筑信息模型导入具有虚拟动画制作功能的BIM软件，根据建筑项目实际场景的情况，赋予模型相应的材质
	室内漫游		然后设定视点和漫游路径，该漫游路径能反映建筑物整体布局、主要空间布置以及重要场所设置，以呈现设计表达意图
施工及竣工阶段	施工脚手架模型		
		模型中的设备和材料产品信息及生产、施工、安装信息在施工实施过程中不断更新、完善；按阶段性、区域性、专业类别输出不同作业面的设备与材料表，信息完整、准确	
	竣工交付	竣工模型根据施工变更及时更新，准确表达构件的几何信息、材质信息、厂家信息及设备的几何和属性信息，模型与工程实体一致，达到竣工交付要求。竣工验收资料可通过竣工验收模型进行检索、提取	

5. BIM为核心的项目全流程管理

建筑工业化发展与国际市场的深度接轨推进了工程建设市场的深刻变革，加速了国内工程建设与管理的专业化进程。智慧建设多方协同管控平台（EPC）应运而生，该平台有效融合了先进的项目管理理念与科学管控方式，实现了EPC项目全生命周期的多方协同与业务集成，具备高效、高质的资源配置与投资管控能力，数字一交付、消除变更、确保质量、节约投资、缩短工期。

智慧建设多方协同管控平台（EPC）基于BIM与信息化技术，通过EPC项目的参与方在数据、业务、流程上的多维协同管理，实现EPC项目设计、采购、施工的一体化综合管控，提升项目质量、降低实施成本、提高综合效益。以BIM技术为核心的项目全流程管理如图4-106所示[①]。

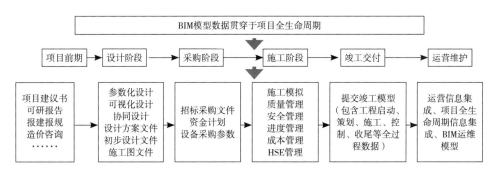

图4-106　BIM技术为核心的项目全流程管理示意图

4.4.5　施工设计配合主要内容

1. 设计交付及确认阶段要点（表4-24）

设计交付及确认阶段要点主要内容　　　　　　表4-24

节点	岗位	职责	流程表格及工作文件	建筑专业要点
设计成品交付	项目经理	设计成品交付第一责任人，组织交付工作	进度节点	项目经理将方案阶段的成品文件（方案册等）收集、整理完毕后交由项目助理依照合同要求安排交付及存档。项目助理填写《设计文件签收单》，并交项目经理确认后，进行具体的交付执行工作
	专业负责人	将本专业设计成品文件完整交予项目经理	刻录光盘表	
	项目助理	设计成品文件汇总、整理、交付的组织推进工作	晒图申请表	
	图档室	负责设计成品文件的归档、检查、验收工作	设计文件签收单	

① 中国建筑科学研究院有限公司基于BIM平台的指挥建设多方协同管控平台（EPC）的相关文件。

节点	岗位	职责	流程表格及工作文件	建筑专业要点
设计确认管理	项目技术负责人	1. 组织专业负责人或主要设计人参加设计确认。 2. 组织专业负责人执行设计确认意见	设计文件审查意见回复单	设计确认通常有以下几种：方案设计文件评标和审批；初步设计文件审查；施工图设计文件审查；施工图设计文件会审；其他外部确认活动
	专业负责人	1. 参加设计确认并与其他专业协调，负责执行设计确认意见。 2. 参加施工图会审人员准备好技术交底提纲		
	项目经理	1. 外部评审应由项目经理指定参会人做好原始记录，作为正式设计确认文件的补充。 2. 针对设计确认的书面评审结论，组织专业负责人及时对有关意见以书面形式逐条回复。 3. 对设计确认意见中需要修改的按《设计变更管理规定》的要求出具设计变更或设计修改图纸。 4. 设计确认活动的批文、会议纪要、往来文件予以保存，由项目经理负责归档		

2. 施工配合阶段工作要点（表4-25）

施工配合阶段工作要点 表4-25

节点	岗位	职责	施工配合内容
施工配合	项目经理	项目经理是项目实施阶段施工配合第一责任人。负责本项目实施阶段施工配合工作的整体协调，安排相关人员参加项目技术交底、工地例会、隐蔽工程验收、竣工验收，及时处理工地疑问，收集、汇总、分析、反馈工地信息等。需形成现场服务记录表	技术交底：由项目总负责人/项目经理组织，项目建筑师、各专业负责人等参加。参会之前各专业负责人要针对项目的具体特点，编写交底提纲，根据施工、监理、顾客提出的会审问题，研究确定处理方案。 项目工地例会：工地例会一般由项目总负责人或项目经理安排相关人员参加，必要时由相关专业负责人参加，认真做好会议记录，会后与相关专业负责人协调并及时处理提出的问题，及时反馈给工地，并负责跟踪处理结果。 处理工地疑问：工地疑问原则上均应通过项目总负责人或项目经理安排相关人员收集、反馈。 疑问的处理：由各专业负责人处理，项目建筑师签发；重大变更应由项目建筑师组织各专业负责人处理；项目总负责人或项目经理参与并跟踪处理。 参加分阶段验收：一般由项目总负责人或项目经理安排相关人员参加，项目建筑师、各专业负责人参加总体验收工作。 注意事项：现场服务记录表的使用

3. 设计变更阶段要点（表4-26）

设计变更阶段要点

表4-26

节点	岗位	职责	流程表格及工作文件	建筑专业要点
设计变更	项目总负责人/项目经理	接收、分析设计变更的外部信息，负责协商因设计变更引起的工期、费用等合同内容的修改。项目竣工后负责对设计变更情况进行总结、分析。 设计变更工作的启动 内部原因引起的变更，由专业负责人接收，与相关专业设计人员分析变更的具体原因，并与顾客协调确定设计变更的完成时间。 外部原因引起的变更，由项目总负责人/项目经理接收、判断变更的可能性后，组织各专业负责人进行设计变更工作，并以正式书面文件与顾客协调确定工期、费用等有关问题，及时索要变更依据。 设计变更工作的人员 设计变更工作由原专业负责人组织本专业设计人实施，由原核审人进行技术把关。原专业负责人、设计人、审核人/审定人因故不能进行本项工作时，应委派具备资格的专业负责人、设计人和审核人/审定人实施	《设计修改通知单》 外部原因：顾客使用要求、设备选型、场地情况、施工条件的改变等引起的变更或审查批复认为需进行设计变更并经我司确认的变更。 内部原因：从各种渠道反馈的设计图纸中存在的"错、漏、碰、缺"等问题引起的变更	设计变更的标识 所有修改图、修改通知单均要注明修改原因，修改日期。如果是外部原因引起的变更，要将变更依据一并提交核审人，交档案室存档。 设计变更的编号 设计变更一般分"修改图"和"设计修改通知单"两种形式。 标识的要求：《产品标识管理规定》的内容 ①设计过程中的产品标识：各级责任人对工程设计进行校审，审核其是否符合规定要求，发现不符合规定要求时，及时通知有关人员进行更正。 ②项目编号：由经营管理部门在立项时确定。 ③图纸编号：通常由工程编号、专业代码、图纸序号组成。按目录、说明、总施及建筑、结构、给水排水、强电、弱电、暖通、室内、景观等分类。 ④图纸版本号：用以记录项目图纸发布的版本顺序，根据项目图纸变更范围和重要程度分为大版本号和小版本号。 设计修改通知单要分专业统一编号

4.5 建筑设计评审制度

4.5.1 项目管理主导的建设单位评审制度

评审是贯穿于设计所有节点的工作，方案的评审、过程汇报的听取、图纸的审核、报批等。不依规矩，不成方圆。所谓大院设计质量高，靠的不是个人的力量，而是制度的力量。设计单位有一整套规章制度，能够保证设计质量不因岗位人员的变化而变化。比如设计院一直实行的二审三校制度，即设计人自校、自审，校对人校对，审核人审核以及重要项目的审定。一张图纸出手要经过至少三个人的签字，从而保证设计质量。

1. 建设单位的设计评审

1）方案设计评审

在收到方案设计后，设计管理部对方案设计进行施工成本估算，评估施工难度和工期；设计管理部收到方案设计后五日内，组织相关人员对方案设计进行评审，并向与会人员通报成本估算、施工难度和工期；方案设计的方案最终经总经理签字后生效。

2）初步设计评审

在收到初步设计方案后，设计管理部根据规划部门的意见，组织有关部门依据《方案/初步设计审查方案》对初步设计进行审查，在满足规划意见、市场定位要求的前提下最大限度地控制成本；最终形成的初步设计评审意见，经总工程师签字审定，报集团批准后，设计管理部交给设计单位完善初步设计。

3）扩初设计评审

扩初设计完成后，设计管理部将设计文件同时送交项目前期部，由项目前期部负责征询政府部门进行扩初评审，项目前期部取得审查意见后，应明确市政意见中的修改是修改扩初设计还是直接在施工图中予以修改；为加快进度，项目前期部应将市政部门的审查意见直接电传至设计单位、设计管理部，原件保存于企业档案室。

如市政部门的意见影响到了项目的使用功能，则设计管理部应立即与营销策划部协商并通知设计单位将该部分内容设计修改暂缓，待设计管理部和工程管理部、项目前期部、营销策划部协商，取得一致意见后，再由设计管理部通知设计单位设计修改具体内容。所有市政部门意见和集团各部门意见应由设计管理部汇总交至设计单位，作为施工图设计的依据。

根据扩初意见，设计管理部组织相关部门对扩初设计进行局部功能优化，工程管理部对设计资料进行研究，在满足使用功能且不降低项目质量的前提下提出降低成本的合理化建议。

4）施工图设计评审

设计单位开始设计施工图前，设计管理部应准备好以下资料作为设计依据，包括地质报告、甲方和市政部门的扩初设计意见和批复、市政配套的具体条件（其中市政配套的具体条件由地区企业和工程管理部取得）。设计管理部根据项目的进度要求，对设计单位的设计进程提出具体的书面要求，包括设计是否分阶段进行、施工图的出图数量、报建图出图日期、基础施工图出图日期、主体建筑施工图出图日期等。

设计单位前期阶段配合设计管理部及项目前期部的规划咨询和报建，其他各阶段的施工图均由设计管理部落实审图和变更。设计管理部的审图意见发回设计单位，用于对施工图进行修改。修改完成的施工图作为项目前期部招采的正式依据。

2. 建设单位的图纸自审

1）建设单位内部会审

图纸自审由设计管理部负责组织与安排。接到图纸后，总设计师应及时安排或组织有关人员进行自审，并提出各专业自审记录。总设计师应及时召集有关人员，组织内部会审，针对各专业自审发现的问题及建议进行讨论，明确设计意图和工程的特点及要求。图纸经自审后，应将发现的问题以及有关建议做好记录，待图纸会审时提交讨论解决。

2）图纸自审的主要内容

各专业施工图的张数、编号与图纸目录是否相符；施工图纸、施工图说明、设计总说明是否齐全，规定是否明确，三者有无矛盾；平面图所标注坐标、绝对标高与总图是否相符；图面上的尺寸、标高、预留孔及预埋件的位置以及构件平、立面配筋与剖面有无错误；建筑施工图与结构施工图是否矛盾，结构施工图与设备基础、水、电、暖、卫、通等专业施工图的轴线、位置（坐标）、标高及交叉点是否矛盾；平面图、大样图之间有无矛盾；图纸上构配件的编号、规格型号及数量与《构配件一览表》是否相符。

3）对设计输出文件的完善与总结

设计输出文件的审查，包括两个方面文件的审查：对设计结果文件的审查及对设计单位所进行设计评审、设计验证的记录的审查。审查应依据《设计任务书》《委托设计合同书》《设计管理配合要求》和设计单位编制的《设计计划》进行。

在初步设计及施工图设计等各设计阶段完成后，根据《设计控制计划》，由设计管理部组织项目前期部、营销策划部、造价管理部参加，审图企业、设计单位分别按《方案/初步设计审查方案》和《施工图审查方案》的规定对有关图纸进行审查，填写《设计输出文件审查表》，报集团公司批准后，发给设计单位，设计单位据此完善设计输出文件。此项工作反复进行直至集团公司签署《设计验收单》为止。

签署《设计验收单》后，设计管理部组织有关控制人员撰写《设计控制总结》，内容包括设计进度控制情况、设计质量控制情况和设计投资控制情况等。经总经理审核签署后报集团公司档案室备案存档。

4.5.2 质量管理主导的设计单位管理制度

1. 方案阶段设计质量管理

设计任务书的编写要突出使用功能要求和布局，明确项目运营要求是设计管理的重点。设计招标的目的是引入一家有能力的建筑设计单位。方案设计的选择应首先满足内部使用功能，再考虑外部建筑形态。参与设计方案的技术经济分析，进行价值管理。方案设计的深度必须满足国家对方案设计的深度要求，建议在方案优化设计阶段，聘请设计咨询单位进行优化。

2. 扩初阶段设计质量管理

工程建设的内在质量，包括使用功能、投资效益均在扩初设计阶段确定。项目管理此阶段的质量管理控制重在技术方案的研究和选择上，满足工艺及功能的要求，保证系统不漏项以及设计的合理性。

1）明确初步设计条件

首先要明确提供的外部设计条件，专项内容如人防、消防、节能、抗震、防雷、环保、卫生、轨道交通、技术经济指标、玻璃幕墙环评、交通评价、河道景观及防汛等是否满足，规划方面的绿化、交通、日照、给水、电力、电信、市政污水及雨水管网、供热系统的设计条件是否满足或明确；其次是建筑设计标准是否满足该类型建筑的定位及业主任务书的要求，包括结构、设备、电、空调等各专业的设计。

2）图纸深度满足要求

设计单位应根据专家等的正确意见进行设计优化。图纸深度必须满足国家对初步设计的深度要求，达到政府有关部门审批要求的深度以及主要设备材料订货和指导施工图设计的要求。

3）扩初阶段的准备工作

建议聘请专业设计咨询单位如机电、弱电、景观设计等，配合设计。在此阶段即委托审图单位。

3. 施工图阶段设计质量管理

1）施工图纸要求

施工图设计必须满足国家的深度要求和有关部门对初步设计的审批要求以及工程所有设备材料采购的要求，如规格、型号、技术参数等。

2）施工图阶段管理配合

应督促审图单位按规范进行施工图审查；应聘请专业设计咨询单位如机电、弱电、景观设计等，配合施工图设计工作。要求设计单位提交整个施工图设计图纸目录清单供项目管理单位进行图纸管理；要求设计单位提交施工图设计的建筑面积细目，审查建筑面积的准确性，确保项目的竣工实测面积与施工图设计的建筑面积相吻合。

3）二次深化和专业设计管理要点

二次深化设计和专业设计一般由设计主导单位提出技术要求，作为深化设计的技术条件，作为专业分包招标的技术文件，由分包中标单位完成深化设计。深化设计和专业设计成果应在项管单位的组织下由建筑设计单位和相关专业单位确认后实施。在设备采购完成后，由设计单位对基础、结构和相关专业作出修改通知或补充。

4. 施工阶段设计交底与图纸会审

1）施工图设计交底

设计交底与图纸会审应在施工开始前完成（也可分阶段、分系统进行）。项目管理单位、监理单位、施工单位在取得施工图后，应各自整理出图纸会审问题清单，由监理单位整理汇总后交设计单位预备解答。

项管单位组织设计交底与图纸会审的会议，由项管单位、监理单位、施工单位以及设计单位参加。

图纸会审解答内容由施工单位整理，设计、监理、管理单位签认后，由项管单位发出。

设计交底的内容一般包括：施工图设计文件总体介绍；设计意图的说明；特殊的工艺要求；建筑、结构、工艺、设备等各专业在施工中的难点和易发生的问题说明；是否有分期供图及供图时间表；管理单位、监理单位和施工单位等对图纸疑问的解释。

2）施工图图纸会审

图纸会审的目的是尽量发现和避免设计中的错、漏、碰、缺，包括：同专业图纸间有无冲突；各专业图纸间有无冲突；标注有无遗漏；总平面与施工图有无冲突；预埋、预留是否表示清楚；设备就位有无问题；图中所要求的条件是否满足；施工是否可行；新材料、新技术的应用有无问题等。

5. 建筑设计单位岗位责任制

设计单位的工作全过程为：任务接洽→合同谈判→合同签订→方案比选→方案深化→初步设计→审批→施工图设计→（分阶段收设计费）图纸归档→设计交底→工地配合→（必要时出设计变更）→参加竣工验收。建筑师主要从事建筑方案及深化、施工图设计和施工服务等技术工作以及相关的研发及管理工作。建筑专业设计人员各阶段工作主要由具备一定经验的主创人员负责主导。实习生或毕业生可以参加制图和辅助工作。设计人员可签署"制图"，随着经验积累，可以签署"设计""校对"和专业负责人。高级建筑师、一级注册建筑师或主任建筑师可以担任审核、审定和设总。

1）设计总负责人的主要职责

通过技术管理控制进度，包括：协调项目资源配置，保持各专业的专注度，保证设计成果质量；带领团队组织好服务，满足对项目的相关需求。

2）建筑专业负责人的主要职责

配合工程负责人组织和协调本专业的设计工作，对本专业设计的方案、技术、质量及进度负责。

主要职责：在工程负责人的指导下，依据各设计阶段的进度控制计划制定本专业各个设计阶段的进度计划和设计任务的分工，经室主任审定后实施；熟悉与本专业相关的法规，搜集、分析设计资料，主持本专业方案及初步设计，并对本专业的方案和技术负全面责任；方案及初步设计应该向审核人汇报，必要时，提请室技术会议，院级工程由院技术会议讨论决策，并在后续阶段实施。

负责编写方案及初步设计文件。有关专业应写好人防、消防、环保、节能等专篇；认真研究方案、初步设计阶段的审批意见，并对审批意见逐条落实，如执行有问题，应通过工程负责人向有关部门汇报认可，并获得书面批复意见。认真填写审批处理意见记录表。施工图阶段，进一步解决本专业的技术问题，协调各专业之间的矛盾，负责各阶段的汇总，及时、主动向有关专业提出要求，并以文字或图表形式向有关专业提供所需要的资料。所提资料应由专业负责人签名、签日期。组织并指导本专业设计人及制图人进行施工图设计。编写本工程统一技术规定和图纸目录。协调解决工作中出现的问题，督促本专业设计人、制图人认真自校图纸，提供出图质量。

专业负责人应检查设计人、制图人的设计文件，质量符合要求后，交校对人校对。质量差的计算书和图纸应该要求设计人修改后再校对；检查校对人工作是否到位，是否写好校审记录单。无重大问题时，交审核人审核，校对、审核后由设计人一起修改。在技术问题上，与审核人意见有矛盾时，应听取审核人意见，必要时向总工室汇报，组成讨论决策。

对本专业的设计质量进行自评。负责本专业设计文件的归档。开工前向施工单位进行设计交底。施工工程中，做好工地服务。负责洽商变更、补充图纸。参加竣工验收。负责施工阶段洽商等设计文件的归档。根据工程组的安排，进行工程回访和设计总结。

3）建筑专业设计人的主要职责

技术上、设计上接受专业负责人的指导与安排，对本人的设计进度和质量负责。根据专业负责人的安排制定设计进度计划，按时完成所承担的设计任务。

主要职责：认真研究设计基础资料，领会设计意图，掌握设计标准，做好所负责部分的方案设计，解决有关技术问题。设计计算符合本工程的统一技术规定，计算准确无误，符合本专业对计算书的质量要求。无论是手算还是电算，设计人均应该对计算结果的准确、安全、经济、合理负责。

施工图阶段在专业负责人的领导下，解决好所负责部分的工种关系，给其他专业提条件，参加各阶段汇总。施工图应该符合设计深度要求，构造合理，图面紧凑、清晰、整洁、易读。计算书、图纸认真自校，提高出手质量，对校对人、专业负责人、审核人提出的意见应该认真修改，并在校审记录单上写好处理意见。按设计文件归档要求整理好设计文件，交专业负责人统一归档。配合专业负责人做好设计交底工作，参加工地服务。对施工图实习及毕业实习学生所画图纸，设计人认真校对后，交校对人校对。

对设计管理和其他专业的职责：根据上级审核所定原则对设计文件、图纸的设计质量、图面质量及计算数据负责；对所做工作与其他专业的配合协调负责；与校对人、审核人意见不一致时，有权要求上一级直至总师作进一步仲裁，对仲裁的最后决定仍有不同意见时，可以保留备案，但必须执行；对所设计的工作因不符合规定而发生质量事故时负主要责任，应及时向上级汇报，分析原因，总结教训，进行检查处理。

4）校对人的主要职责

在专业负责人的领导下，对所校对的设计成品的质量负责。主要职责：按时完成图纸、计算书的校对任务。校对人要看相关工种的图纸及所提资料，校对过的项目要符合规范、规程和统一技术措施的要求，计算书、图纸、说明等无错误和遗漏。负有根据上级审核所定原则，校对本专业图纸、计算书的设计依据、计算方法、计算数据和图面质量的责任；填写好校审记录单。签图时，注意设计人的处理意见。凡属技术性意见，由专业负责人裁定；如发现设计文件不齐、问题太多，有权通过专业负责人退回设计人，重新自校修改后再校对。校对中发现的问题，有权要求设计人员修改，在未修改完善前有权拒绝签字；对经手校对的工作因不符合第1条规定而出现除上级审核所定的原则问题以外的重大质量事故时，与设计人负同等责任，应协助设计人进行检查处理。

5）审核人的工作内容及责任

审核人应该在各设计阶段到位，参与方案、重要技术问题的讨论、审查与决策，对各设计阶段的成品及设计文件的质量全面负责。主要职责为按设计阶段审查以下内容：

方案阶段：审查有关设计条件及主管部门的文件是否齐全并符合国家法规、规范。对设计指导思想、创优项目的创优目标及措施加以指导。分析比较各个方案，审核推荐方案。

初步设计阶段：研究方案审批意见，在方案调整及深入解决技术问题的过程中，及时指导，提建议，并参加讨论决策。对一般技术问题，多尊重专业负责人的意见，重要技术问题应指导在前。

施工图阶段：研究初步设计审批意见及有关主管部门对消防、人防、环保等专篇的审查意见，与工程负责人、专业负责人共同研究、落实。凡不能落实的，应研究解决办法，向有关部门汇报、落实、备案。对施工图阶段需要深化解决的技术问题加以指导、审核。

检查专业负责人、校对人是否到位：检查校审记录单。在审核过程中，如发现校对未到位，有权退回重校。对经验少的校对人，应加以指导，协助做好校对工作。

对各阶段设计文件进行全面审核：设计成品应符合《建设项目设计文件编制深度的规定》。设计成品应符合批准的设计任务书及国家（包括所在地区）编制的法规、规范、规程的要求。审批意见得到贯彻、落实。各阶段所定方案、技术问题、构造措施等在施工图中得到全面落实。在设计人自校、校对人校对后，全面检查审核设计文件是否齐全，计算书、图纸是否准确，图签是否规范。写好审核记录单。

6）审定人主要职责

审定人从院或室的行政领导的角度对成品质量负责。主要职责为重点审查以下内容：

设计文件是否齐全，是否符合国家的政策、法规，各主管部门的审批文件是否齐全，审批意见是否认真贯彻并有记录；对各专业中有关创新的部分，如建筑方案、各专业中采用的新材料、新技术等重大技术问题应重点审定。设计院一般要实行二审三校制度，即设计人自校、自审，校对人校对，审核人审核以及重要项目的审定。一张图纸出手要经过至少3个人的签字，确保图纸质量。

检查设计成品的质量：工程负责人、专业负责人、校对、审核是否到位，校审记录单是否齐全。计算书、图纸质量是否符合院有关质量管理的规定。检查图签栏各岗位是否符合有关注册建筑师职业规定及认定的技术岗位。

第 5 章

常用法规、标准与标准设计

工程建设法规是我国法律体系的重要组成部分，直接体现了国家对各行业、领域及工程建设全过程建筑活动的方针、政策和基本原则，是确保社会公共利益，维护建筑市场秩序和行业健康发展的保障，作为工程建设活动的参与者，无论是从事建筑设计工作，还是建设项目咨询及管理工作，都应加强对相关建设法规的学习，并在实践中灵活应用，更好地服务于工程建设工作的需要。

本章将对相关建设法规、技术标准及标准设计等内容和运用作简要介绍，并分类列举常用建设法规、现行标准、规范及标准图集以方便查找。

5.1 建设法规

5.1.1 建设法规简介

1. 建设法规的概念

建设法规是国家立法机关或其授权的行政机关组织制定的，旨在调整国家行政管理机构、企事业单位、社会团体、公民之间，在建设活动或建设行政管理活动中发生的各种社会关系的法律法规的统称。

其中，"建设活动"是指土木工程、建筑工程、线路管道和设备安装工程的新建、扩建、改建活动及建筑装修装饰活动。从广义上讲，建筑活动横向覆盖"三建三业"，即城市建设、村镇建设、工程建设和建筑业、房地产业、市政公共事业；纵向包括建设项目规划立项、资金筹措、勘察、设计、咨询、施工以及建设项目竣工运营、养护、管理和后评估等全过程。

"建设行政管理活动"是指国家及其建设行政主管部门基于建筑活动事关社会经济发展、文明进步和生命财产安全而行使的在各级建筑行政管理部门之间、各类建设活动主体及中介服务机构之间的一系列管理职能活动。

建设法规所调整的社会关系主要包括建设行政管理关系和建设民事关系。建设行政管理关系是不对等的管理和被管理关系，是行政管理主体在建设活动中行使管理职能，通过组织、指导、协调、检查、监督及控制等方式形成的社会关系。建设民事关系是平等主体的自然人、法人和非法人组织之间的人身关系和财产关系及所赋予的民事权利和义务关系。在建设活动中，平等的民事主体如建设单位、施工单位、勘察设计单位、监理单位等，通过合同建立相互的民事关系，合法的民事权益将受到建设法规的保护。

建设法规覆盖建筑活动的各个行业、领域及工程建设的全过程，保护合法的建筑活动，限制非法的建筑活动和行为，使建筑活动在政府及行业主管部门的管理下科学有序地进行。

2. 建设法规体系

建设法规作为国家法律体系的重要组成部分，既与国家宪法和相关法律保持一致，又相对独立。在建设法规体系中，以若干建设专项法律为首，再配合相应的建设行政法规、相关部门规章、地方性建设法规和地方建设规章作补充，形成纵向相互衔接、横向配套协调的层级结构体系（图5-1）。其中，建设法律的法律地位和效力最高，越往下效力越低。法律效力低的法规不能与法律效力高的法规相抵触。

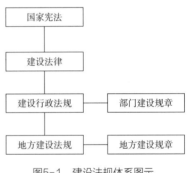

图5-1　建设法规体系图示

1）建设法律

建设法律指由国家最高权力机关全国人民代表大会及其常务委员会制定颁布的针对建设领域的专项法律。其法律地位与效力仅次于宪法，在全国范围内有效。我国颁布实施的建设法律主要有《中华人民共和国建筑法》《中华人民共和国城乡规划法》《中华人民共和国城市房地产管理法》等。

2）建设行政法规

建设行政法规指由国家最高行政机关国务院组织制定、颁布的建设专项条例规定。其法律地位和法律效力仅次于宪法和法律，高于地方性法规和各级规章，在全国范围内有效。我国现行建设行政法规有《中华人民共和国注册建筑师条例》《建设工程勘察设计管理条例》《城市房地产开发经营管理条例》《建设工程质量管理条例》等。

3）部门建设规章

部门建设规章指由国务院建设行政主管部门或其他行政职能部门制定，或联合组织制定、颁布的有关建设的规范性文件，其名称可以是"规定""办法""实施细则"等。如住房和城乡建设部制定发布的《中华人民共和国注册建筑师条例实施细则》《建设工程勘察设计资质管理规定》《建设工程勘察质量管理办法》等。

4）地方建设法规

地方性建设法规指由省、自治区、直辖市人民代表大会及其常委会根据本行政区的实际情况和需要，在不与宪法、法律、行政法规相抵触的前提下，制定颁布的仅适用于本行政区的建设专项规范性文件，如《北京市招标投标条例》《山东省历史文化名城名镇名村保护条例》《山东省民用建筑节能条例》等。

5）地方建设规章

地方建设规章指由省、自治区、直辖市人民政府制定颁布，根据法律、行政法规和本行政区地方法规制定的建设专项规范性文件，如《北京市民用建筑节能管理办法》《山东省无障碍环境建设办法》等。地方建设规章只在本行政区权限范围内有效。

3. 建设法规的实施

在现实生活中，建设法规的实施就是将建设主体的权利与义务条文规定转化为建设活动中的相关主体行为。一方面，通过对从事建设活动的行为主体明确规定"可以为""不得为"和"必须为"的法律界限，来规范和指导人们的建设行为；另一方面，对凡是符合法律法规的建设行为给予确认和保护，对违法的建设行为也明确了相应的处罚规定。

作为即将入职的专业学生，应明确建设法规是开展和从事建设活动的法律依据和准则，是规范行业活动的保障，应在各阶段工作中自觉遵守相关建设法规。因此，须重视对建设法规相关内容的了解，尤其是与工作相关的常用建设法规。通常，法律条文和行政条例的制定较为原则，而各级政府主管部门根据法律和行政条例等规定制定的实施细则更具有针对性和可操作性。

了解相关建设法规可登录政府发布机构网站检索查询，主要涉及以下政府网站：中华人民共和国中央人民政府（http://www.gov.cn），中华人民共和国住房和城乡建设部（https://www.mohurd.gov.cn），中华人民共和国国家发展和改革委员会

（https://www.ndrc.gov.cn），中华人民共和国自然资源部（http://www.mnr.gov.cn），中华人民共和国人力资源和社会保障部（http://www.mohrss.gov.cn）等（图5-2）。此外，也可查阅相关建设法规文献、报刊和书籍，但应注意时效性。地方法规及地方规章可直接登录地方政府建设网站，也可通过中华人民共和国住房和城乡建设部网站所链接的"地方政府建设网站"来了解相关地方建设法规的信息（表5-1）。

我国建设法规体系架构 表5-1

效力级别	颁布机关	地位与效力	适用范围	现行举例
建设法律	国家最高权力机关全国人民代表大会及其常务委员会	法律地位和效力仅次于宪法，高于行政法规、地方法规、各级规章	在全国范围内有效	《中华人民共和国建筑法》《中华人民共和国城乡规划法》等
建设行政法规	国务院建设行政主管部门或其他行政职能部门	法律地位和效力仅次于宪法和法律，高于地方法规、各级规章	在全国范围内有效	《中华人民共和国注册建筑师条例》《建设工程勘察设计管理条例》等
部门建设规章	国务院建设行政主管部门或其他行政职能部门	法律地位和效力比行政法规低	在全国的本部门权限范围内有效	《中华人民共和国注册建筑师条例实施细则》《建设工程勘察设计资质管理规定》等
地方建设法规	省、自治区、直辖市人民代表大会及其常委会	法律效力高于本级和下级地方政府规章	在本行政区内有效	《北京市招标投标条例》《山东省历史文化名城名镇名村保护条例》等
地方建设规章	省、自治区、直辖市人民政府有关行政主管部门	法律地位和效力最低	在本行政区权限范围内有效	《北京市民用建筑节能管理办法》《山东省无障碍环境建设办法》等

图5-2 中华人民共和国住房和城乡建设部网站检索页面

5.1.2　常用建设法规

建设法规覆盖建筑活动的各行业、领域及工程建设全过程，而相关法规条款内容繁多，且有的条款又分散于不同的法规条目里，为便于查找，针对工程建设相关问题，常用建设法规可分为七类专题，分别是工程建设程序法规、工程建设执业资格法规、土地管理法规、建设工程勘察设计法规、建设工程发包与承包法规、建设工程质量管理法规、房地产管理法规等。

1. 工程建设程序法规

工程建设是指土木工程、建筑工程、线路管道和设备安装工程及装修工程等工程项目的新建、扩建和改建，是形成固定资产的基本生产过程及相关的其他建设工作的总称。工程建设概念不仅涵盖了房屋建筑、水利、公路、铁路、港口、码头、隧道、桥梁等不同工程类型，也涵盖了建设工程的全项目周期，包括项目策划、报批、勘察、设计、施工、竣工验收、试运行、后评价以及相关的征地、拆迁、市政等建设活动。

工程建设程序也就是建设工作的程序，是人们总结客观规律制定的工程建设全过程中各项工作必须遵循的先后顺序规程。我国工程建设程序一般包括投资决策、前期准备、建设实施和交付使用等不同阶段及其相应的工作内容。从事建设活动应尊重科学规律，严格执行工程建设程序。

建设程序法规是指调整工程建设程序活动中发生的各种社会关系的法律规范的总称。工程建设涉及国计民生，具有投资大，建设周期长，牵涉面广，协作关系复杂等特点。制定实施工程建设程序法规，有助于依法管理工程建设，保证正常建设秩序，有助于科学决策，保证投资效果和工程质量。

目前，工程建设各个阶段都有相应的程序性立法，相关条款分散于多部法规中。其中，包括法律：《中华人民共和国建筑法》《中华人民共和国城乡规划法》《中华人民共和国土地管理法》《中华人民共和国招标投标法》《中华人民共和国环境影响评价法》《中华人民共和国城市房地产管理法》；行政法规：《国务院关于投资体制改革的决定》《建设工程勘察设计管理条例》《国有土地上房屋征收与补偿条例》；部门规章：《城市国有土地使用权出让转让规划管理办法》《工程建设项目报建管理办法》《建筑工程施工许可管理办法》《房屋建筑和市政基础设施工程竣工验收规定》《房屋建筑和市政基础设施工程竣工验收备案管理办法》《中央政府投资项目后评价管理办法》等。

2. 工程建设执业资格法规

我国工程建设施行执业资格制度，包括单位执业资质制度和个人执业资格制度两部分。从事建筑活动的建筑施工企业、勘察单位、设计咨询单位和工程监理单位，依法按照其拥有的注册资本、专业技术人员、技术装备和业绩等资质条件，划分资质等级，经核准后方可在其相应资质等级许可范围内从事建筑活动。从事建筑活动的专业技术人员，依法取得相应的执业资格证书，并在执业资格证书许可的范围内从事建筑活动。

施行工程建设执业资格制度有助于加强科学管理，规范工程建设主体行为和市场秩序，落实工程建设主体责任。

目前，工程建设执业资格法规主要以《建筑法》为基本法律依据，对执业资格制度作了规定，并以行政法规和部门规章作为补充，颁布了更为详细的管理规定。如对从业人员的资格管理规定有《中华人民共和国注册建筑师条例》《中华人民共和国注册建筑师条例实施细则》《注册城乡规划师职业资格制度规定》《勘察设计注册工程师管理规定》《工程咨询（投资）专业技术人员职业资格制度暂行规定》等。对从业单位的资格管理规定有《城乡规划编制单位资质管理规定》《工程咨询单位资格认定办法》《建设工程勘察设计资质管理规定》《建筑业企业资质管理规定》《房地产开发企业资质管理规定》等。

3. 土地管理法规

土地是人类赖以生存和发展的活动场所，按用途分为农用地、建设用地和未利用地。作为人口大国，土地是不可替代的有限资源，保护耕地，珍惜并合理利用土地是一项基本国策。

我国实行土地公有制，土地分属国家和劳动群众集体所有，并实行使用权与所有权分离。国有土地的所有权由国务院代国家行使，其他任何单位和个人都不得侵占、买卖或非法转让，国有土地的使用权可依法通过出让、划拨等方式转让给其他单位或个人。农村集体经济组织对拥有的土地行使经营管理权，集体土地使用权也可依法进行转让、抵押和租赁。国家因公共利益需要，可依法征收集体所有土地变为国有土地，并依法给予补偿。

在工程建设准备阶段，建设单位须依法向政府主管部门提出建设用地申请，经依法核准土地用途才能获得某种土地使用权。

土地管理法规就是调整人们在开发、利用和保护土地的过程中所形成的权利、义务关系的法律规范总称，是我国经济法律体系中的重要组成部分。

制定和施行系列土地管理法规，目的在于加强土地管理，保护有限的土地资源，切实保护耕地，合理开发和利用土地，促进经济、社会的持续健康发展。

目前主要依据的法律是《中华人民共和国土地管理法》，并辅以行政法规、部门规章和行政规范性文件，如《中华人民共和国土地管理法实施条例》《国有土地上房屋征收与补偿条例》《确定土地所有权和使用权的若干规定》《关于扩大国有土地有偿使用范围的意见》等。

4. 建设工程勘察设计法规

建设工程勘察设计包含工程勘察和工程设计。工程勘察是指根据建设工程和法规要求，查明、分析、评价建设场地的地质、地理环境特征和工程条件，编制建设工程勘察文件的活动，包括工程测量，岩土工程勘察、设计、治理、监测，水文地质勘察，环境地质勘察等工作。工程设计是指根据建设工程和法规要求，对建设工程所需的技术、经济、资源、环境等条件进行综合分析、论证，编制建设工程设计文件，提供相关专业技术服务的活动，包括总图、工艺、设备、建筑、结构、动力、储运、自动控制、技术经济等工作。

建设工程勘察设计是工程建设过程中的重要环节，勘察是基础，设计是灵魂，对整个建设工程的质量及投资效益起着决定性作用。

建设工程勘察设计法规就是调整人们在工程勘察设计活动中所产生的权利、义务关系的法律规范总称。内容涉及工程勘察设计工作管理、勘察设计文件编制、施工图审查、工程勘察设计标准等多个方面，制定和实施相关法规、推进勘察设计工作程序与技术标准化，目的在于保证工程勘察设计质量，提升技术与管理水平，促进工程项目实现经济、社会和环境效益共同提高。

目前主要依据的法律为《中华人民共和国建筑法》，行政法规为《建设工程勘察设计管理条例》，部门规章包括：《建筑工程设计文件编制深度规定》《实施工程建设强制性标准监督规定》《房屋建筑和市政基础设施工程施工图设计文件审查管理办法》《建设工程勘察设计合同管理办法》等。

在工程设计标准管理和标准设计方面主要依据的法律为《中华人民共和国标准化法》，行政法规为《中华人民共和国标准化法实施条例》，部门规章包括：《工程建设标准设计管理规定》《工程建设国家标准管理办法》《工程建设行业标准管理办法》等。

5. 建设工程发包与承包法规

随着我国市场经济体制的建立，分配工程任务的方式走向市场化、竞争性的承发包方式，建设工程勘察、设计、施工、监理、咨询等业务，由有资格的企业通过市场竞争的方式来承揽。

建设工程发包与承包是指发包方通过合同委托承包方为其完成某一建设工程的全部或部分工作的交易行为。建设工程发包方可以是建设单位，也可以是施工总承包商、专业承包商、项目管理公司等，承包方可以是工程勘察设计单位、施工分包商、劳务分包商、材料供应商等。发包方与承包方的权利、义务通过双方签订的承包合同加以规定。

制定实施建设工程发包与承包的法规有益于激励竞争、防止垄断，有效提高工程质量，严格控制工程造价和工期，促进良好的市场经济建设与发展。

目前主要以《中华人民共和国建筑法》《中华人民共和国招标投标法》为基本法律依据，并颁布了行政法规《中华人民共和国招标投标法实施条例》，部门规章《建筑工程设计招标投标管理办法》和《建筑工程方案设计招标投标管理办法》等。

6. 建设工程质量管理法规

建设工程质量是指工程满足业主需要，符合国家法律、法规、技术规范标准、设计文件及合同规定的有关工程安全、适用、经济、美观等特性的综合要求。广义的工程质量不仅指工程的实体质量，还包括形成实体质量的工作质量和服务质量。

建设工程质量责任是指工程建设法规规定的责任主体不履行或不完全履行其法定的保证工程质量的义务所应当承担的法律后果。建设工程质量控制与管理是贯穿于工程建设全过程的，并由多方参与主体共同承担实现。

由于工程质量与社会公共安全密切相关，法律规定，除直接进行工程建设的勘察设计、施工单位对自己设计、施工工程的质量负责外，建设单位、监理单位也要对所建工程的质量负监督责任，政府主管部门要对参与工程建设各方主体的行为及工程实体质量依法进行全面监督管理。

建设工程质量管理法规就是调整工程建设参与主体有关工程质量责任与义务关系的法律法规的统称。制定实施建设工程质量管理法规，推行质量体系认证制度有利于保证工程质量和社会公共安全，促进质量管控的技术和管理水平。

目前主要依据的法律为《中华人民共和国建筑法》，行政法规为《建设工程质量管理条例》，部门规章包括：《房屋建筑工程质量保修办法》《房屋建筑和市政基础设施工程竣工验收规定》《建筑工程五方责任主体项目负责人质量终身责任追究暂行办法》等。

7. 房地产管理法规

房地产是房产和地产的统称。通常，房产即房屋，是指供人们居住、工作或者其他用途的建筑物和构筑物及相关附属设施；地产即土地，是指用于建筑房屋的土地。由于我国实行土地的公有制，所谓地产是指土地的使用权，而不是所有权。

房地产开发是指在依法取得土地使用权的土地上进行基础设施、房屋建设的行为，是以土地开发和房屋建设为投资对象进行的生产经营活动，包括土地开发和房屋开发。

土地开发是房屋建设的前期准备过程，即把获得使用权的土地变为可供建造房屋和各类设施的建设用地，包括新区土地开发和旧城改造。房屋开发主要分为：①住宅开发；②生产与经营性建筑物开发，如：厂房、商店、各种仓库、办公用房等；③生产、生活服务性建筑物、构筑物开发，如交通设施、娱乐设施；④城市其他基础设施等。

房地产开发由房地产企业投资和经营，将开发的产品，如房屋、基础设施及其相应的土地使用权，作为商品在房地产市场转让，寻求利润回报。房地产开发对于落实城市规划、改善投资环境和居住条件、提高城市的综合功能和效益、促进房地产业及城市社会经济的协调发展具有重要的作用。

房地产管理法就是调整在房地产开发、经营、管理和各种服务活动中所形成的权利、义务关系的法律规范的总称。制定实施房地产管理法的目的在于加强房地产的管理，维护房地产市场秩序，保障房地产权利人的合法权益，促进房地产业健康发展。

目前主要以《中华人民共和国城市房地产管理法》《中华人民共和国土地管理法》为基本法律依据，并颁布了行政法规：《城市房地产开发经营管理条例》《国有土地上房屋征收与补偿条例》，部门规章：《城市房地产转让管理规定》《商品房销售管理办法》《商品房屋租赁管理办法》等。

5.1.3　常用建设法规要点汇编（表5-2）[①]

常用建设法规要点汇编一览表　　　　　表5-2

编号	专题分类	法规名称	发布机构	效力级别	摘要
1	工程建设程序法规	《中华人民共和国建筑法》	全国人大	法律	该法律对工程建筑实施阶段的建设程序进行了规定，明确了建筑工程在用地批准、规划许可、拆迁、资金、施工图及技术资料、质量安全措施等到位后，方可开工的建设程序
		《中华人民共和国城乡规划法》	全国人大	法律	该法律对工程建设准备阶段，申请办理建设用地规划许可、建设工程规划许可等程序以及需提交的材料进行了规定
		《中华人民共和国土地管理法》	全国人大	法律	该法律对工程建设准备阶段，有关土地利用和规划、建设用地许可申请、征地补偿、土地出让、土地划拨、土地使用等程序进行了规定
		《中华人民共和国招标投标法》	全国人大	法律	该法律对工程建设准备阶段和实施阶段，设计、施工、监理、材料供应等业务招标投标程序进行了规定，包括发布招标公告、资格预审、招标文件、投标、评标、选定中标人、签订合同等环节
		《中华人民共和国环境影响评价法》	全国人大	法律	该法律规定环境影响评价为工程建设项目的必要环节，对建设前期有关环境影响报告的内容、评价方式、审批程序以及实施后的后评价与跟踪等作了规定

[①] 鉴于我国建设法规是依据国民经济发展需求进行适时发布或修订，本列表仅作为方便系统了解常用法规的参考，具体条文及内容以政府相关机构发布的最新法规为准。

编号	专题分类	法规名称	发布机构	效力级别	摘要
1	工程建设程序法规	《中华人民共和国城市房地产管理法》	全国人大	法律	该法律对房地产开发项目在工程建设程序上有关土地使用权出让、土地使用权划拨以及设计、施工、竣工验收等环节进行了规定
		《国务院关于投资体制改革的决定》	国务院	行政法规	该法规按不同投资主体及资金来源划分了工程建设项目的审批权限。对政府投资项目中采用直接投资和资本金注入方式的，从投资决策的角度审批项目建议书和可行性研究报告；采用投资补助、转贷和贷款贴息等方式的，只审批资金申请报告。对政府投资项目之外，企业及私人投资项目实行核准或备案
		《建设工程勘察设计管理条例》	国务院	行政法规	该条例对工程建设准备阶段中的勘察设计程序进行了规定，包括：先勘察、后设计、再施工的基本原则；发包与承包应符合勘察、设计程序；所采用的新技术、新材料应先检测；建设工程施工前，勘察设计应向施工和监理单位进行技术交底
		《城市国有土地使用权出让转让规划管理办法》	住建部	部门规章	该法律对城市国有土地使用权出让、转让作出了规定，明确了土地在出让前应制定控制性详细规划、建设用地规划许可，并提交出让、转让合同等规定
		《国有土地上房屋征收与补偿条例》	国务院	行政法规	该条例对于工程建设准备阶段，有关国有土地上房屋征收的决定、征收与补偿的方式和程序等进行了规定
		《建设项目选址规划管理办法》	建设部、国家计委	部门规章	该法律对工程建设项目准备阶段，有关项目用地选址与布局的审批内容、程序作出了管理规定，以保障建设选址布局与城市规划相一致
		《工程建设项目报建管理办法》	建设部	部门规章	该项法规是有关工程建设项目报建的程序管理办法，对工程建设报建内容、报建程序及报建管理进行了规定。其中，报建内容是对建设项目前期立项的交验
		《建筑工程施工许可管理办法》	住建部	部门规章	该项规章是有关工程建设实施阶段，办理施工许可的管理办法，对房屋建筑工程和市政基础设施工程施工许可的申请条件、办理程序及所提供的资料等进行了规定

编号	专题分类	法规名称	发布机构	效力级别	摘要
1	工程建设程序法规	《房屋建筑和市政基础设施工程竣工验收规定》	住建部	部门规章	该项规章是有关工程建设竣工验收阶段的管理规定，对工程建设竣工验收条件、验收程序、相关单位要求及竣工验收文件内容作了规定
		《房屋建筑和市政基础设施工程竣工验收备案管理办法》	住建部	部门规章	该项规章是对工程建设竣工验收阶段的质量管理办法，规定了房屋建筑工程和市政基础设施工程竣工验收备案的程序管理，包括建设单位提交工程竣工验收备案表和验收报告等文件，备案机关验证文件，工程质量监督机构提交工程质量监督报告，在规定时间内办理备案手续等
		《中央政府投资项目后评价管理办法》	国家发改委	部门规章	为健全政府投资项目后评价制度，提高政府投资决策水平和效益，制定该项管理办法，该规章要求将项目建成后所达到的实际效益与项目前期可行性研究、初步设计及审批文件等内容作对比分析，总结经验，提出反馈，以形成良性决策机制
2	工程建设执业资格法规	《中华人民共和国建筑法》	全国人大	法律	该法律明确规定，从事建筑活动的建筑施工企业、勘察单位、设计单位和工程监理单位，按照其拥有的注册资本、专业技术人员、技术装备和已完成的建筑工程业绩等资质条件，划分为不同的资质等级，经资质审查合格，取得相应等级的资质证书后，方可在其资质等级许可的范围内从事建筑活动。从事建筑活动的专业技术人员应当依法取得相应的执业资格证书，并在执业资格证书许可的范围内从事建筑活动
		《中华人民共和国注册建筑师条例》	国务院	行政法规	该条例对从事房屋建筑设计及相关业务人员依法取得注册建筑师证书的程序作了规定；明确了注册建筑师的权利、义务和责任，包括注册建筑师申请资格、执业范围、社会地位、主要业务、职业道德和管理技能等
		《工程咨询单位资格认定办法》	国家发改委	部门规章	该规章明确规定，在中国境内设立的开展工程咨询业务，并具有独立法人资格的企业或事业单位，按照拥有的专业等级、技术人员和设备、职业道德和社会责任等条件申请工程咨询单位资格，经审查合格取得工程咨询单位资格证书后，可在认定的专业和服务范围内开展工程咨询业务

编号	专题分类	法规名称	发布机构	效力级别	摘要
2	工程建设执业资格法规	《建筑业企业资质管理规定》	住建部	部门规章	该规章明确规定，从事土木工程、建筑工程、线路管道设备安装工程的新建、扩建、改建等施工活动的企业，按照其拥有的资产、主要人员、已完成的工程业绩和技术装备等条件申请建筑业企业资质，经审查合格，取得建筑业企业资质证书后，方可在资质许可的范围内从事建筑施工活动
		《城乡规划编制单位资质管理规定》	住房和城乡建设部	部门规章	该规章明确规定，从事城乡规划编制的单位，按照单位拥有的注册资金、专业技术人员、软件与设备等资质条件，划分为不同的资质等级，经资质审查合格，取得相应等级的资质证书，并在资质等级许可的范围内从事城乡规划编制工作
		《建设工程勘察设计资质管理规定》	住房和城乡建设部	部门规章	该规章明确规定，从事建设工程勘察、工程设计活动的企业，应当按照其拥有的注册资本、专业技术人员、技术装备和勘察设计业绩等条件申请资质等级，经审查合格，取得建设工程勘察、工程设计资质证书后，方可在资质许可的范围内从事建设工程勘察、工程设计活动
		《房地产开发企业资质管理规定》	住房和城乡建设部	部门规章	该规章明确规定，房地产开发企业按照企业拥有的注册资金、经营年限、竣工面积、检测质量合格率、专业管理人员等企业条件，分为不同的资质等级。经审查合格，取得房地产开发资质等级证书的企业，在资质许可的范围内，从事房地产开发经营业务
		《中华人民共和国注册建筑师条例实施细则》	住房和城乡建设部、人力资源社会保障部	部门规章	该规章规定了中华人民共和国注册建筑师执业资格认定包括经考试、特许、考核认定，或者经资格互认等方式；规定经依法注册后，取得注册建筑师证书和注册建筑师执业印章，并在执业资格证书许可的范围内从事建筑设计及相关业务活动
		《注册城乡规划师职业资格制度规定》	住房和城乡建设部、人力资源社会保障部	部门规章	该规章规定为加强城乡规划师队伍建设，从事城乡规划实施、管理、研究工作的国家工作人员及相关人员，通过全国统一考试取得注册城乡规划师职业资格证书，并依法注册后，在资质许可的范围内，从事城乡规划编制及相关工作
		《勘察设计注册工程师管理规定》	住房和城乡建设部	部门规章	该规章明确规定，经考试取得注册工程师资格，并按照本规定注册，取得注册工程师证书和执业印章，在执业资格证书许可的范围内从事建设工程勘察、设计及有关业务活动

编号	专题分类	法规名称	发布机构	效力级别	摘要
2	工程建设执业资格法规	《工程咨询（投资）专业技术人员职业资格制度暂行规定》和《咨询工程师（投资）职业资格考试实施办法》	人社部、国家发改委	部门规章	该规章对工程咨询单位的资格认定及监管作了规定；对从事工程咨询（投资）业务的专业技术人员依法取得咨询工程师（投资）资格证书，并在职业资格证书许可的范围内从事咨询（投资）工作作了明确规定
3	土地管理法规	《中华人民共和国土地管理法》	全国人大	法律	该法律明确规定我国实行土地的社会主义公有制，即全民所有制和劳动群众集体所有制；定义了土地所有权和使用权，规定了依法改变土地权属和用途的法律程序；明确了珍惜、合理利用土地和切实保护耕地是基本国策；实行国家土地用途管制制度，对各级政府组织编制土地利用总体规划及审批程序作了规定，规定使用土地的单位和个人必须严格按照土地利用总体规划确定的用途使用土地
		《中华人民共和国土地管理法实施条例》	国务院	行政法规	该法规明确指出国家依法实行土地登记发证制度，对土地的所有权和使用权进行了规定，包括土地登记申请、土地变更登记申请、土地征收、土地征购、征购补偿、建设用地审批和土地利用总体规划等环节
		《中华人民共和国城镇国有土地使用权出让和转让暂行条例》	国务院	行政法规	该项法规对城镇国有土地使用权出让和转让的程序作了规定，包括使用权出让的地块、用途、年限，使用权转让的期限、条件和方式，使用权出租和抵押时其附着物的具体规定以及土地使用权终止和土地划拨的相关规定
		《国有土地上房屋征收与补偿条例》	国务院	行政法规	该法规对国有土地上房屋征收与补偿进行了规定，包括征收的条件、程序，补偿方式和标准以及征收与被征收行为主体的权利与义务等
		《确定土地所有权和使用权的若干规定》	国家土地管理局	部门规章	该项规章是对土地所有权与使用权的规定，明确了国有土地与集体土地的权属范围、国有土地使用的条件以及非农业建设用地与宅基地等集体土地建设用地的使用
		《城市国有土地使用权出让转让规划管理办法》	住建部	部门规章	该法律对城市国有土地使用权出让、转让作出了规定，明确了土地在出让前应制定控制性详细规划、建设用地规划许可，并对需提交的出让、转让合同进行了规定

编号	专题分类	法规名称	发布机构	效力级别	摘要
3	土地管理法规	《关于扩大国有土地有偿使用范围的意见》	国土资源部等八部委	行政规范性文件	该项文件从用途管制、市场配置与依法行政基本原则出发，对国有建设用地有偿使用范围、国有农用地使用制度以及国有土地开发利用和供应管理作了改进性规定，完善了国有建设用地有偿使用制度体系
4	建设工程勘察设计法规	《中华人民共和国建筑法》	全国人大	法律	该法律明确规定建筑工程的勘察、设计单位必须对其勘察、设计质量负责。要求勘察设计文件应符合有关法规和技术标准，并符合合同约定；要求所选用的材料、构配件和设备的质量、技术指标必须符合国家标准；交付竣工验收的建筑工程必须符合规定的建筑工程质量标准，有完整的工程技术经济资料和经签署的工程保修书
		《中华人民共和国标准化法》	全国人大	法律	该法律对各行业领域标准的制定作了统一的技术要求，包括标准制定、标准实施和标准监督等规定，明确将标准分为国家标准、行业标准、地方标准和团体标准、企业标准。国家标准又分为强制性标准、推荐性标准，且强制性标准必须执行
		《建设工程勘察设计管理条例》	国务院	行政法规	该法规明确规定建设工程勘察、设计单位必须依法进行建设工程勘察设计，严格执行工程建设强制性标准，并对建设工程勘察、设计的质量负责。规定国家对从事建设工程勘察、设计的单位实行资质管理制度，并允许在资质等级范围内承揽业务；对从事建设工程勘察、设计的专业技术人员实行执业资格注册管理制度，注册执业人员和其他专业技术人员只能受聘于一家建设工程勘察、设计单位。该条例还对建设工程勘察设计依法发包与承包、勘察设计文件编制与实施等方面做了明确规定
		《中华人民共和国标准化法实施条例》	国务院	行政法规	该条例对标准化的适用范围、编制、实施及监管措施作了详细规定。明确规定国务院标准化行政主管部门统一管理全国标准化工作，组织制定和实施国家标准，统一管理全国的产品质量认证；国务院有关行政主管部门分工管理本部门、本行业的标准化工作，组织制定和实施本部门、本行业标准，分管本行业产品质量认证，行业标准在相应的国家标准实施后，自行废止；省、自治区、直辖市人民政府标准化行政主管部门统一管理本行政区域的标准化工作，组织制定、实施地方标准。规定了国家标准、行业标准分为强制性标准和推荐性标准；对标准认定、编号办法进行了统一规定

编号	专题分类	法规名称	发布机构	效力级别	摘要
4	建设工程勘察设计法规	《建设工程勘察设计合同管理办法》	建设部	部门规章	该规章明确规定签订勘察设计合同应当执行《中华人民共和国合同法》和工程勘察设计市场管理的有关规定；要求所签订的勘察设计合同采用书面形式，明确约定双方的权利和义务。 认定勘察设计合同的发包人应当是法人或者自然人，承接方必须具有法人资格。甲方是建设单位或项目管理部门，乙方是持有建设行政主管部门颁发的工程勘察设计资质证书、工程勘察设计收费资格证书和工商行政管理部门核发的企业法人营业执照的工程勘察设计单位；双方应将合同文本送所在地省级建设行政主管部门或其授权机构备案。 明确规定了建设行政主管部门和工商行政管理部门对建设工程勘察设计合同的监督管理职能
		《实施工程建设强制性标准监督规定》	住建部	部门规章	该法规明确规定工程建设强制性标准是指直接涉及工程质量、安全、卫生及环境保护等方面的工程建设标准强制性条文，从事新建、扩建、改建等工程建设活动，必须执行工程建设强制性标准。要求建设项目各环节审查机构对工程建设规划阶段执行强制性标准的情况实施监督，包括规划审查机构、施工图设计文件审查单位、建筑安全监督管理机构、工程质量监督机构等，并对强制性标准监督检查的内容和惩罚措施作了具体规定
		《建筑工程设计文件编制深度规定》	住建部	部门规章	该规章规定建筑工程一般应分为方案设计、初步设计和施工图设计三个阶段，技术要求相对简单的民用建筑工程可分为方案设计和施工图设计。 规定了各阶段设计文件编制深度，即：① 方案设计文件，应满足编制初步设计文件的需要，应满足方案审批或报批的需要。②初步设计文件，应满足编制施工图设计文件的需要，应满足初步设计审批的需要。③ 施工图设计文件，应满足设备材料采购、非标准设备制作和施工的需要。 规定了各阶段设计文件的编制内容与深度要求，并对专项设计，如建筑幕墙、建筑智能化等设计文件的编制内容与深度作了规定
		《房屋建筑和市政基础设施工程施工图设计文件审查管理办法》	住建部	部门规章	该规章明确规定国家实施施工图设计文件审查制度，定义了施工图审查是指施工图审查机构按照有关法规，对施工图涉及公共利益、公众安全和工程建设强制性标准的内容进行的审查。规定了建设单位向审查机构报审时应提供的资料，并为其真实性负责。明确了审查机构应具备的条件、工作原则，审查的具体内容和审查后的处置方式

编号	专题分类	法规名称	发布机构	效力级别	摘要
4	建设工程勘察设计法规	《工程建设国家标准管理办法》和《工程建设行业标准管理办法》	建设部	部门规章	《工程建设国家标准管理办法》中，规定了由国家制定工程建设通用标准的技术范围；将国家标准分为强制性标准和推荐性标准，并规定了强制性标准的适用范围；对编制单位的条件、编制工作的程序进行了规定；明确规定工程建设国家标准由国务院工程建设行政主管部门审查批准，由国务院标准化行政主管部门统一编号，由国务院标准化行政主管部门和国务院工程建设行政主管部门联合发布。《工程建设行业标准管理办法》中，规定了在没有国家标准的情况下制定行业专用标准的范围；将行业标准分为强制性标准和推荐性标准，并规定了强制性标准的适用范围；明确规定行业标准由国务院有关行政主管部门审批、编号和发布，并报国务院工程建设行政主管部门备案；规定行业标准不得与国家标准相抵触，行业标准在相应的国家标准实施后，应当及时修订或废止
		《工程建设标准设计管理规定》	建设部	部门规章	该项规章明确定义了工程建设标准设计是指国家和行业、地方对于工程建设构配件制品、建（构）筑物、工程设施和装置等编制的通用设计文件，为新产品、新技术、新工艺和新材料推广使用所编制的应用设计文件，属于工程建设标准化的重要组成部分；对标准设计编制原则、编制程序、推广应用及质量管理作了规定；按国家标准设计、行业标准设计、地区标准设计划分了明确的监督管理部门
5	建设工程发包与承包法规	《中华人民共和国建筑法》	全国人大	法律	该法律明确规定了实行公开招标的发包程序、招标文件内容对中标者的选择要求；实行直接发包的，应保证承包单位具有相应的资质条件；规定承包建筑工程的单位应持有依法取得的资质证书，并在其资质等级许可的业务范围内承揽工程；提倡对建筑工程实行总承包，禁止将建筑工程肢解发包。规定建筑工程招标的开标、评标、定标由建设单位依法组织实施，并接受政府相关部门的监管
		《中华人民共和国招标投标法》	全国人大	法律	该法律明确规定了中国境内的工程建设在勘察、设计、施工、监理及有关设备、材料采购等环节，必须进行招标的项目范围、招标类型；对招、投标的操作原则、操作方式与程序、相关文件内容，开标、评标、中标的操作要求以及对参与方招标人、投标人、招标代理机构应具备的条件作了规定；明确规定了招、投标双方及政府职能部门各自的法律责任与义务

编号	专题分类	法规名称	发布机构	效力级别	摘要
5	建设工程发包与承包法规	《中华人民共和国招标投标法实施条例》	国务院	行政法规	该条例依据《中华人民共和国招标投标法》对招标投标法的实施作了详细规定，包括：公开招标、邀请招标、不进行招标的规定；公开或邀请招、投标的操作方式、流程及招标文件内容编制等；开标、评标和中标过程的操作规则；招、投标活动中的不合法规的投诉与处理办法；参与主体有关招标人、招标代理、投标人、评标委员会成员、有关行政监督部门及国家工作人员的法律责任等
		《建筑工程设计招标投标管理办法》	住建部	部门规章	该规章是针对建筑工程设计招标投标的管理规定，包括：公开招标、邀请招标、不进行招标的规定；公开或邀请招标公告内容、招标文件内容编制要求；参与主体相关方招标人、投标人、评标委员会成员、住房和城乡建设主管部门或有关职能部门的工作人员的操作规则等
		《建筑工程方案设计招标投标管理办法》	住建部	部门规章	该项规章是针对建筑工程方案设计招标投标的管理规定，包括：公开招标、邀请招标、不进行招标的规定；建筑工程方案设计招标条件、招标程序的规定；招标公告或投标邀请函、招标文件内容编制要求及实行资格预审的条件要求；投标人主体资格要求；开标程序、无效标处理的规定；评标委员会组建、评审原则与标准、中标推荐的规定；对大型公共建筑工程需进行有关规划、安全、技术、经济、结构、环保、节能等专项技术论证的规定等
6	建设工程质量管理法规	《中华人民共和国建筑法》	全国人大	法律	该法律对建设工程质量作了明确规定，包括：建筑工程勘察、设计、施工的质量必须符合国家有关建筑工程安全标准；对从事建筑活动的单位推行质量体系认证制度；勘察、设计单位必须对其勘察、设计的质量负责，施工企业对工程的施工质量负责；交付竣工验收的建筑工程必须符合规定的建筑工程质量标准和竣工条件；建筑工程实行质量保修制度；对违反工程质量法规，造成事故的追究法律责任
		《建设工程质量管理条例》	国务院	行政法规	该条例详细规定了建设单位、勘察单位、设计单位、施工单位、工程监理单位等主体单位在建设工程质量方面的责任与义务；规定了建设工程质量施行保修制度的相关内容；规定了施行建设工程质量监督管理制度的各级分管机构及相应的管理内容和措施；明确了违反工程质量法规的相关处罚规定
		《房屋建筑工程质量保修办法》	建设部	部门规章	该项规章对房屋建筑工程质量保修的管理进行了规定，包括保修范围、保修期限、保修责任、保修费用等内容

编号	专题分类	法规名称	发布机构	效力级别	摘要
6	建设工程质量管理法规	《房屋建筑和市政基础设施工程竣工验收规定》	住建部	部门规章	该规章对房屋建筑和市政基础设施工程的竣工验收进行了规定，包括验收的组织形式、验收程序、验收标准、工程质量报告、工程竣工验收报告等环节的具体规定
		《建筑工程五方责任主体项目负责人质量终身责任追究暂行办法》	住建部	部门规章	该规章明确规定建筑工程五方责任主体项目负责人分别是建设单位项目负责人、勘察单位项目负责人、设计单位项目负责人、施工单位项目经理以及监理单位总监理工程师；规定在工程设计使用年限内，各方对所承担的工程质量责任终身负责；规定了主管部门依法追究项目负责人终身责任的四种情形；规定工程质量终身责任实行书面承诺和竣工后永久性标牌等制度
7	房地产管理法规	《中华人民共和国城市房地产管理法》	全国人大	法律	该法律对城市规划区国有土地范围内，房地产开发、交易及实施管理作了规定，包括：以出让、划拨的方式获得国有土地使用权；除划拨方式外，实行国有土地有偿、有限期使用制度；国家为公共利益可征收国有土地上单位和个人房屋；政府建设行政部门、土地管理部门对房地产行使管理职权；土地使用权出让的程序、用途原则、使用年限、划拨条件等。 规定了房地产开发必须遵守的原则、开发项目的质量要求、房地产开发企业的执业条件等。为维护房地产交易秩序，明确了国家实行房地产价格评估制度，实行房地产成交价格申报制度；对不得转让房地产的情况、房地产转让的程序及商品房预售条件等作了规定；规定了房地产中介服务机构的准入条件，明确了国家实行房地产价格评估人员资格认证制度；规定了国家实行土地使用权和房屋所有权登记发证制度；对房地产开发、交易等过程中的法律责任进行了规定
		《中华人民共和国土地管理法》	全国人大	法律	该法律明确规定我国实行土地的社会主义公有制，即全民所有制和劳动群众集体所有制；定义了土地所有权和使用权，规定了依法改变土地权属和用途的法律程序；明确了珍惜、合理利用土地和切实保护耕地是基本国策；实行国家土地用途管制制度，授权自然资源主管部门、农业农村主管部门负责管理监督；规定各级政府负责组织编制土地利用总体规划，并对编制原则、审批程序及管控措施作了规定；规定必须严格按照土地利用总体规划确定的用途使用土地；国家实行占用耕地补偿制度、永久基本农田保护制度等措施，禁止闲置、荒芜耕地及相关处置规定；对土地转让等过程中的法律责任作了规定

编号	专题分类	法规名称	发布机构	效力级别	摘要
7	房地产管理法规	《城市房地产开发经营管理条例》	国务院	行政法规	该条例明确规定了房地产开发企业及外商投资设立房地产开发企业的准入条件、登记程序及授权监督管理房地产开发经营活动职责的政府各级行政机构；对房地产开发建设原则、用地获取方式、项目安全质量要求、开发管理程序等作了规定；对房地产经营过程中，项目转让的权利、义务，预售商品房的条件、管理程序及相关法律责任认定和处罚作了规定
		《国有土地上房屋征收与补偿条例》	国务院	行政法规	该条例明确规定了国有土地上房屋征收与补偿活动，包括为了公共利益需要，征收国有土地上单位、个人的房屋，应当对被征收人给予公平补偿，并遵循决策民主、程序正当、结果公开的原则；规定市、县级人民政府负责本行政区域的房屋征收与补偿工作，并接受上级政府的监督；对决定房屋征收的条件、征收的程序及相关工作内容等进行了规定；对房屋征收的补偿内容、补偿程序、补偿方式、价值确定、出现争议时的处理办法和征收中的附带损失补偿等作了规定；明确了房屋征收与补偿活动中各方的法律责任和处罚条例
		《城市房地产转让管理规定》	建设部	部门规章	该法规对在城市规划区国有土地范围内从事房地产转让进行了明确规定，包括：明确定义了房地产转让的合法方式；规定各级政府建设行政主管部门归口管理本行政区域内的城市房地产转让工作；规定了房地产转让及不得转让的限制条件、转让程序、转让合同条款要求、转让后的土地使用权归属等；规定了以出让、划拨等不同方式获得土地使用权，转让房地产时各自的办理程序和相应要求；规定了国家实行房地产成交价格申报制度及相关程序要求；明确了房地产转让中的相关法律责任和惩罚措施
		《商品房销售管理办法》	建设部	部门规章	该法规为保障商品房交易双方当事人的合法权益，对商品房销售行为进行了规范，包括：商品房不同销售方式的限制条件、办理程序；买卖合同、计价方式、售后变更、销售广告、销售代理、商品房交付等环节的规定；商品房交易中的相关法律责任和处罚规定
		《商品房屋租赁管理办法》	住建部	部门规章	该规章为维护商品房屋租赁双方当事人的合法权益，对商品房屋租赁行为进行了规范，包括：对租赁过程中的租赁条件、租赁合同、出租标准、出租人与承租人、租赁登记备案等进行了规定；明确了商品房屋租赁中的相关法律责任和处罚规定

5.2 工程建设标准

5.2.1 工程建设标准简介

1. 工程建设标准的概念

依据《中华人民共和国标准化法》，标准（含标准样品）是指农业、工业、服务业以及社会事业等领域需要统一的技术要求。工程建设标准是指在工程建设领域内为提升产品和服务质量，获得最佳秩序，对工程建设活动或其结果进行统一规定的技术性文件。其内容包括以下方面：①工程建设勘察、规划、设计、施工及验收等的质量要求；②工程建设安全、卫生和环境保护等的技术要求；③工程建设相关技术术语、符号、代号、量与单位、建筑模数和制图方法；④工程建设有关实验、检验和评定等方法；⑤工程建设信息技术及其他专项技术要求等。

工程建设标准通常表述为"标准""规范"或"规程"。通常，有关产品、方法、符号、概念等的基础性技术标准，采用"标准"；有关工程勘察、规划、设计、施工等的技术标准，采用"规范"；有关操作、工艺、管理等的技术标准，采用"规程"。表述方式主要依据标准的特点和性质，如《民用建筑设计术语标准》《住宅设计规范》《种植屋面工程技术规程》等。

工程建设标准要求在科技成果和实践基础上，充分调研论证和征求意见，并按照科学的工作程序制定，由国家标准化行政主管部门组织编制、审批、发布和监管实施，以保证标准的科学性、规范性、时效性和权威性。推行工程建设标准是为了有效保证工程质量，促进技术进步，保障健康和生命财产安全，提高建设投资综合效益。

2. 工程建设标准的法律属性类别

根据《中华人民共和国标准化法实施条例》，我国的工程建设标准按法律属性分为"强制性标准"和"推荐性标准"两类。

强制性标准，是指为保障人身健康和生命财产安全，维护国家安全、生态环境安全以及满足经济社会管理基本需要的技术要求而制定的标准。该类标准自发布起实施强制执行。对违反强制性标准者，将依法追究当事人的法律责任。

根据《工程建设标准编写规定》，强制性标准条文在标准文本中采用黑体字标志。

推荐性标准，是指国家鼓励自愿采用的具有指导作用而又不宜强制执行的标准。该类标准不具有强制性，允许使用者结合实际情况灵活选用。

3. 工程建设标准的分级类别

根据《中华人民共和国标准化法》《中华人民共和国标准化法实施条例》，我国工程建设标准按适用范围分为国家标准、行业标准、地方标准、企业标准等。

1）工程建设国家标准

工程建设国家标准，是指在工程建设领域中，需要在全国范围内统一，由国务院批准发布或授权批准发布，国务院标准化行政主管部门会同国务院有关行政主管部门组织编制的标准。

工程建设国家标准是工程建设标准体系中的主体，在全国范围内实施，其他类别标准的制定不得与国家标准相抵触。

依据《工程建设国家标准管理办法》，工程建设国家标准的编号由国家标准代号、发布标准的顺序号和发布标准的年号组成。1991年以前的工程建设国家标准代号采用GBJ，1991年以后，强制性标准代号采用GB，推荐性标准代号采用GB/T，发布顺序号大于50000[①]，统一格式如下：

（1）强制性国家标准的编号

GB　　50 ＊ ＊ ＊ — ＊ ＊

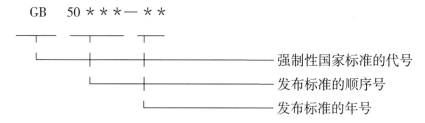

―――― 强制性国家标准的代号

―――― 发布标准的顺序号

―――― 发布标准的年号

---

① 发布顺序号大于50000者为工程建设标准，小于50000者为工业产品等标准。

（2）推荐性国家标准的编号

GB／T　50＊＊＊　—　＊＊

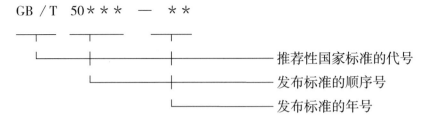

推荐性国家标准的代号
发布标准的顺序号
发布标准的年号

2）工程建设行业标准

工程建设行业标准，是指在工程建设领域中没有国家标准而需要在全国某个行业①范围内统一技术要求，由国务院有关行政主管部门组织编制和发布，并报国务院标准化行政主管部门备案的标准。

行业标准是对国家标准的补充，行业标准的制定不得与国家标准相抵触，国家标准公布实施后，相应的行业标准将及时修订或废止。

依据《工程建设行业标准管理办法》，行业标准的编号由行业标准的代号、发布标准的顺序号和发布标准的年号组成，并统一格式如下：

（1）强制性行业标准的编号

XX　　＊＊＊＊—＊＊

强制性行业标准的代号
发布标准的顺序号
发布标准的年号

（2）推荐性行业标准的编号

XX/T　＊＊＊＊—＊＊

推荐性行业标准的代号
发布标准的顺序号
发布标准的年号

---

① 行业：涉及工程建设的各个领域，包括房屋建筑、城镇建设、城乡规划、公路、铁路、水运、航空、水利、电力、电子、通信、煤炭、石油、石化、冶金、有色、机械、纺织等。

行业标准的代号随行业的不同而不同。例如"房屋建筑工程"行业标准代号按强制性和推荐性分为JGJ和JGJ/T，相应标准如《档案馆建筑设计规范》JGJ 25—2010，《民用建筑绿色设计规范》JGJ/T229-2010。"城镇建设工程"行业标准代号按强制性和推荐性分为CJJ和CJJ/T，相应标准如《城市道路绿化规划与设计规范》CJJ75-1997，《居住绿地设计标准》CJJ/T294-2019。

3）工程建设地方标准

工程建设地方标准，是指在工程建设领域中没有国家标准、行业标准或国家标准、行业标准规定不具体，且需要在本行政区域内作出统一规定的工程建设技术要求，由省、自治区、直辖市人民政府标准化行政主管部门组织编制和发布，并报国务院标准化行政主管部门备案的标准。

地方标准在本行政区域内适用，地方标准的制定不得与国家标准和行业标准相抵触。国家标准、行业标准公布实施后，相应的地方标准即行废止。

地方标准的代号随发布标准的省、市、自治区的不同而不同。强制性标准代号采用"DB+地区行政区划代码的前两位数"，推荐性标准代号在斜线后加字母T；属于工程建设标准的，不少地区在DB后另加字母J，例如河南省DBJ41 /T046-2002、北京市DBJ 01—602—2004。

4）工程建设企业标准

工程建设企业标准，是指工程建设企业生产的产品没有国家标准、行业标准或地方标准，需要在企业内统一产品技术要求和管理要求而制定的标准。

企业标准由企业组织制定，在企业内部适用，并按地方政府的规定备案。

对已有国家标准、行业标准或者地方标准的，相关法规鼓励企业制定严于国家标准、行业标准或地方标准要求的企业标准。

4. 工程建设标准的实施

工程建设标准的实施，主要包括对工程建设标准的执行、监督和管理。

1）工程建设标准的执行

工程建设标准的执行，要求从事新建、扩建、改建等工程建设活动的单位和个人，必须严格执行工程建设强制性标准。工程中拟采用的新技术、新工艺、新材料，应当符合标准化要求，对不符合现行强制性标准规定的，应提请建设单位组织专题技术论证，报标准化行政主管部门审定。

图5-3　工程建设标准化信息网页面

作为即将入职的专业学生，应充分认识实施工程建设标准化的意义，在工作中加强学习，熟练掌握相关常用建筑标准，学会依据标准合理解决工程建设中的现实问题，并在应用中注意以下方面：

（1）注意标准版本的时效性，应选用现行标准。有关工程建设现行标准的发布情况可查阅住房和城乡建设部网站（http://www.mohurd.gov.cn）"标准规范"栏目下的标准发布公告。更为系统的工程建设现行标准及强制性条文检索，可通过住房和城乡建设部标准定额研究所主办的网站——工程建设标准化信息网（http://www.ccsn.org.cn）进行查阅了解（图5-3）。

（2）注意明确标准的适用范围和技术原则。一般在标准的"总则"栏目中会明确列出相关内容，应认真阅读，有助于正确理解。

（3）注意标准文本中的黑体字条文，该条文为强制性条文，必须严格执行，违者将被追究法律责任。

（4）注意结合标准的条文说明，准确理解标准内涵。一般标准编写都有对应各条标准的条文说明，有的标准版本是两者的合订本，方便对照查阅。此外，"图解规范"类工具书也有助于更好地解读标准。

（5）注意区分现行标准的措辞，合理应用现行标准。我国现行标准条文按其要求的严格程度不同，用词分为三级。如"必须""严禁"，表示很严格，非这样做不可或绝对不可做；"应""不应"或"不得"，表示严格，正常情况下均应或不应这样做；"宜""不宜""可"，表示允许稍有选择，应用时注意区分。

2）工程建设标准的监督管理

工程建设标准的监督管理，要求各级行政主管部门按照职能分工负责对工程建设标准的实施情况进行监督检查。相关职能机构包括规划审查机构、施工图设计文件审查单位、建筑安全监督管理机构、工程质量监督机构等，监督检查采取重点检查、抽查和专项检查的方式，检查内容主要包括：有关工程技术人员是否熟悉、掌握强制性标准；工程项目的规划、勘察、设计、施工、验收等是否符合强制性标准的规定；工程项目的安全、质量，所采用的材料、设备以及工程中采用的导则、指南、手册、软件等内容是否符合强制性标准的规定。

此外，工程建设标准的管理工作还包括对标准的宣传贯彻，开展相关调研与学术交流，复审与修订标准以及对企业产品的质量、安全认证等。

5.2.2 常用建筑标准[①]

建筑专业常用的工程建设标准以国家标准或行业标准为主，根据标准的内容属性可划分为基础标准、通用标准和专用标准。

基础标准主要指对相关术语、建筑制图、建筑模数等基础性内容制定的标准，如《民用建筑设计术语标准》GB/T50504、《房屋建筑制图统一标准》GB/T50001。

通用标准指为适用于各类建筑而统一制定的有关设计、技术和评价的建筑标准。如《民用建筑设计统一标准》GB50352、《建筑设计防火规范》GB50016、《建筑工程可持续性评价标准》JGJ/T222。

专用标准是专为各类不同使用功能的建筑制定的有关设计、技术、评价的建筑标准，如《住宅设计规范》GB50096、《汽车库、修车库、停车场设计防火规范》GB50067、《住宅性能评定技术标准》GB/T50362。

---

① 鉴于我国建筑标准依据国家政策、行业发展、技术进步等因素，需适时修订或发布新的标准，本列表仅作为系统了解常用建筑标准的参考，具体标准编号及内容以政府标准制定机构发布的现行标准为准。

5.2.3 常用建筑标准要点汇编（表5-3）

常用建筑标准要点汇编一览表 　　　　表5-3

类别		名称	编号	级别	摘要
基础标准	术语	民用建筑设计术语标准	GB/T50504	国标	该标准统一规范了民用建筑设计的相关术语，包括：基本术语；建筑分类、设计文件、技术指标、前期工作、设计程序、通用空间、部件等通用术语；各类建筑、建筑物理、设备等专用术语
	制图	房屋建筑制图统一标准	GB/T50001	国标	统一规范了房屋建筑制图规则，包括图幅、图线、字体、比例、符号、图例、图样、尺寸标准、文件格式等内容。三部标准按专业区分，各有侧重，《房屋建筑制图统一标准》适用于房屋建筑设计各专业，内容较全面
		建筑制图标准	GB/T50104	国标	
		房屋建筑室内装饰装修制图标准	JGJ/T244	行标	
		总图制图标准	GB/T50103	国标	该标准统一规范了建筑总平面制图规则，包括图线、图例、图纸比例等
	模数	建筑模数协调标准	GB/T50002	国标	该标准为实现房屋工业化，制定了建筑或部件尺寸、安装位置的模数协调规则，包括基本模数值和导出模数值，模数数列、模数网格、优先尺寸、公差配合等协调原则和应用规定
		厂房建筑模数协调标准	GB/T50006	国标	为实现房屋工业化，对适于标准化的厂房、住宅厨房、住宅卫生间所制定的专项模数协调标准
		住宅厨房模数协调标准	JGJ/T262	行标	
		住宅卫生间模数协调标准	JGJ/T263	行标	
通用标准	建筑设计	民用建筑设计统一标准	GB50352	国标	为使民用建筑符合适用、经济、安全、卫生和环保等基本要求，制定该标准，适用于新建、改建和扩建的民用建筑设计，包括统一建筑分类、建筑模数、使用年限、气候区划与适应性要求、防灾避难等基本规定以及城市规划控制、场地设计、建筑设计、室内环境等分项规定
		无障碍设计规范	GB50763	国标	该标准基于安全、方便的社会福利和公平需求，规定在城市道路、广场、绿地、居住区、居住建筑、公共建筑、历史文物保护建筑等公共区域及建筑内部建设无障碍环境，并对相应设施作了具体规定

类别		名称	编号	级别	摘要
通用标准	建筑设计	民用建筑绿色设计规范	JGJ/T229	行标	该标准基于可持续发展理念，规定了民用建筑绿色设计的内容和要求，包括：因地制宜、加强专业协调、策划绿色专篇等基本规定；场地与室外环境评估和保护利用等规定；建筑与室内环境有关空间利用、墙体围护、采光通风等的设计要求；建材和工业化产品应用等规定
	建筑技术	建筑设计防火规范	GB50016	国标	为预防建筑火灾，针对新建、扩建和改建的厂房、仓库、民用建筑、储罐、堆场及交通隧道等建（构）筑物制定了该标准，包括建筑防火分类、耐火等级、布局间距、分区、安全疏散等，并对相关建筑构造、救援灭火设施等作了具体规定
		建筑内部装修设计防火规范	GB50222	国标	为预防建筑火灾，针对工业与民用建筑内部装修设计制定该标准，包括装修材料的分类和分级，特定场所按不同的规模、性质所规定的装修材料选用及安全措施要求等
		民用建筑隔声设计规范	GB50118	国标	为减少民用建筑所受噪声影响，保证良好的室内声环境，对新建、改建和扩建的住宅、学校、医院、旅馆、办公及商业建筑中主要用房的隔声、吸声、减噪设计制定该标准，包括各类建筑的室内允许噪声级、墙体、楼板、门窗等设施的隔声标准及隔声减噪措施等
		建筑采光设计标准	GB50033	国标	为了充分利用天然光，节约能源，创造良好的光环境，对新建、改建和扩建民用与工业建筑的采光设计制定该标准，包括各类建筑不同场所的采光系数和标准值、计算方法、采光质量要求与节能措施等
		民用建筑热工设计规范	GB50176	国标	为使建筑热工设计与气候区划相适应，节约能源，保证室内基本热环境要求，对新建、改建和扩建民用建筑的热工设计制定该标准，包括热工计算方法和参数，不同气候区热工设计原则，围护结构保温、隔热、防潮及自然通风、遮阳设计要求等
		地下工程防水技术规范	GB50108	国标	为确保地下工程防水设计、施工质量，对工业与民用建筑的地下工程防水设计和施工制定该标准，包括防水等级和设防要求，防水材料选用和技术指标，防水构造措施，工程防排水、挡水、截水系统及防倒灌措施等

类别		名称	编号	级别	摘要
通用标准	建筑技术	屋面工程技术规范	GB50345	国标	为确保屋面工程在防水、排水、保温、隔热、抗风雪荷载、适应结构变形等方面的设计和施工质量，制定该标准，包括屋面防水等级和设防要求，防水、保温材料选用与技术指标，屋面构造和排水系统措施等
		公共建筑节能设计标准	GB50189	国标	为改善公共建筑室内环境，提高能源利用率，降低能耗，对新建、扩建和改建公共建筑节能设计制定该标准，包括与气候区适应的建筑总体布置，建筑体形系数、朝向，开窗通风面积指标，构造措施，围护结构热工性能指标与设计要求等
		建筑工程可持续性评价标准	JGJ/T222	行标	为落实节能减排，促进建筑业可持续发展，对建筑全生命周期可持续性评价制定该标准，包括对建筑工程物化阶段、运行维护阶段、拆除处置阶段及材料、构件生产制造过程中产生的能耗与排放进行的定量测算和评价方法等
		绿色建筑评价标准	GB/T50378	国标	为落实绿色发展理念，推进绿色建筑高质量发展制定该标准，以因地制宜为原则，结合建筑所在地域的气候、环境、资源、经济和文化等特点，对建筑全寿命期内的安全耐久、健康舒适、生活便利、资源节约、环境宜居等性能制定了综合评价方法和指标
		节能建筑评价标准	GB/T50668	国标	为规范民用建筑节能评价，制定该标准，包括节能建筑设计评价和节能建筑工程评价及相应的评价等级与指标，评价内容和方法等
专用标准	建筑设计	住宅设计规范	GB50096	国标	为保证建筑设计质量，满足适用、安全、卫生、节能、环保、经济等基本要求，制定各类民用建筑专用标准，一般内容包括建筑基地选址与总平面规划，专属功能空间与室内环境设计，相关技术指标、特定技术与安全措施等
		托儿所、幼儿园建筑设计规范	JGJ39	行标	
		中小学校建筑设计规范	GB50099	国标	
		综合医院建筑设计规范	GB51039	国标	
		旅馆建筑设计规范	JGJ62	行标	
		办公建筑设计标准	JGJ/T67	行标	
		图书馆建筑设计规范	JGJ38	行标	

类别		名称	编号	级别	摘要
专用标准	建筑设计	档案馆建筑设计规范	JGJ25	行标	为保证建筑设计质量，满足适用、安全、卫生、节能、环保、经济等基本要求，制定各类民用建筑专用标准，一般内容包括建筑基地选址与总平面规划，专属功能空间与室内环境设计，相关技术指标、特定技术与安全措施等
		文化馆建筑设计规范	JGJ/T41	行标	
		镇（乡）村文化中心建筑设计规范	JGJ156	行标	
		博物馆建筑设计规范	JGJ66	行标	
		剧场建筑设计规范	JGJ57	行标	
		电影院建筑设计规范	JGJ58	行标	
		交通客运站建筑设计规范	JGJ/T60	行标	
		铁路旅客车站建筑设计规范	GB50226	行标	
		商店建筑设计规范	JGJ48	行标	
		饮食建筑设计规范	JGJ64	行标	
		体育建筑设计规范	JGJ31	行标	
		车库建筑设计规范	JGJ100	行标	
		医院洁净手术部建筑技术规范	GB50333	国标	
		疾病预防控制中心建筑技术规范	GB50881	国标	
	建筑技术	被动式太阳能建筑技术规范	JGJ/T267	行标	为在建筑中充分利用太阳能，推广应用被动式太阳能技术，规范被动式太阳能建筑设计、施工、验收、运营和维护，制定该标准，包括场地规划，建筑形体、空间与围护结构设计要求，门窗、遮阳、集蓄热装置、建筑构造等措施
		实验动物设施建筑技术规范	GB50447	国标	为确保实验动物设施的设计、施工质量，满足环保和饲养环境要求，制定该标准，适用于实验动物设施的设计、施工、检测和验收，包括选址和总平面布置，建筑设计要点、构造要求、消防及相关技术指标等
		轻型钢结构住宅技术规程	JGJ209	行标	为推广应用轻型钢结构住宅建筑技术制定本标准，适用于轻型钢框架结构体系及其配套轻质墙体、楼板、屋面等建筑系统的多层住宅，规程内容包括材料技术指标、设计和施工技术等

类别		名称	编号	级别	摘要
专用标准	建筑技术	严寒和寒冷地区居住建筑节能设计标准	JGJ26	行标	为改善居住建筑室内热环境，降低建筑能耗，制定的与气候区相适应的居住建筑节能设计标准，主要包括室内热工环境节能设计指标、建筑节能措施与热工设计，节能设计综合评价指标等
		夏热冬冷地区居住建筑节能设计标准	JGJ134	行标	
		夏热冬暖地区居住建筑节能设计标准	JGJ75	行标	
		农村居住建筑节能设计标准	GB/T50824	国标	为改善农村居住建筑室内热环境，提高能源利用率，制定本标准，适用于农村居住建筑节能设计，包括相应气候区的建筑布局与节能措施，被动太阳房设计，围护结构热工设计，因地制宜的供暖、通风系统设计及可再生能源利用等
		建筑遮阳工程技术规范	JGJ237	行标	为确保民用建筑遮阳工程质量和技术先进，制定本标准，包括设计、施工、验收与维护等相关技术内容
		外墙外保温工程技术标准	JGJ144	行标	为规范外墙外保温工程技术要求，确保工程质量，编制该标准，适用于以混凝土或砌体为基层墙体的民用建筑，包括保温系统性能指标、保温工程设计与施工、构造技术要求及工程验收等
		外墙内保温工程技术规程	JGJ/T261	行标	为规范外墙内保温工程技术要求，确保工程质量，编制该标准，适用于以混凝土或砌体为基层墙体的居住建筑，包括保温系统性能指标、保温工程设计与施工、构造技术要求及工程验收等
		汽车库、修车库、停车场设计防火规范	GB50067	国标	为防止和减少汽车库、修车库、停车场火灾危害，制定的专项防火设计标准，包括防火分类与耐火等级，总平面布置与防火间距要求，建筑构造、安全疏散、救援设施与消防设施要求等
		农村防火规范	GB50039	国标	为预防农村火灾危害，制定该防火规范，包括居住、生产、堆场、消防车道等的布局要求，建筑物间距及材料耐火极限要求，消防设施配备等
		坡屋面工程技术规范	GB50693	国标	为确保屋面工程质量和技术水平，制定该类标准，以用于相应屋面工程，主要包括相关材料技术性能指标，设计要点与构造做法，施工要点与质量验收，管理维护要求等
		倒置式屋面工程技术规程	JGJ230	行标	

类别		名称	编号	级别	摘要
专用标准	建筑技术	种植屋面工程技术规程	JGJ155	行标	为确保屋面工程质量和技术水平,制定该类标准,以用于相应屋面工程,主要包括相关材料技术性能指标,设计要点与构造做法,施工要点与质量验收、管理维护要求等
		采光顶与金属屋面技术规程	JGJ255	行标	
		金属与石材幕墙工程技术规范	JGJ133	行标	为确保幕墙工程安全可靠和技术先进,制定该类标准,以用于相应幕墙工程的设计、制作、安装施工、工程验收和使用维护,包括材料性能指标、设计要点、构造做法、防火防雷及安全措施等
		玻璃幕墙工程技术规范	JGJ102	行标	
		建筑玻璃应用技术规程	JGJ113	行标	为确保建筑玻璃在建筑工程应用中安全可靠、适用、经济、美观,制定该标准,以用于建筑玻璃的设计及安装,包括材料性能与选择、设计要点、防护措施等
		墙体材料应用统一技术规范	GB50574	国标	为确保墙体工程质量和技术水平,规范墙体材料工程应用的基本要求和原则,制定该标准,包括墙体材料性能指标,建筑与节能设计要点,构造要求等
		建筑外墙防水工程技术规程	JGJ/T235	行标	为保证建筑外墙防水工程质量和技术先进,制定该标准,适用于以砌体或混凝土作为围护结构的外墙防水工程的设计、施工及验收,包括防水材料性能指标,防水设计要点及构造做法等
		住宅室内防水工程技术规范	JGJ298	行标	为确保住宅室内防水工程质量和技术水平,制定该标准,适用于住宅卫生间、厨房、浴室、设有配水点的封闭阳台、独立水容器等室内防水工程的设计、施工和质量验收,包括防水材料性能指标,功能房间防水设计,构造与技术措施等
		中小学校体育设施技术规程	JGJ/T280	行标	为保证中小学体育设施工程质量,制定该标准,适用于中小学体育设施的设计、施工、验收及维护,包括各类运动场地、场馆的选材与设计要点、构造要求等
	建筑评价	住宅性能评定技术标准	GB/T50362	国标	为提高住宅性能,促进住宅产业现代化,统一住宅性能评价指标与方法,制定该标准,适用于城镇新建、改建住宅的性能评审认定,主要包括使用性能、环境性能、经济性能、安全性能和耐久性能等评价指标以及住宅的性能评审认定申请和评定办法等

5.3 工程建设标准设计

5.3.1 工程建设标准设计简介

1. 工程建设标准设计的概念

工程建设标准设计，简称标准设计，是指国家和行业、地方对有关工程建设构配件与制品、建筑物、构筑物、工程设施和装置等编制的通用设计文件以及为新产品、新技术、新工艺和新材料推广使用所编制的应用设计文件。

通过标准设计，有助于落实工程建设标准，促进科技成果转化、推广，因此，标准设计也是工程建设标准化的重要组成部分，对保证和提高工程质量，合理利用资源，推广先进技术都具有重要作用。

2. 工程建设标准设计的分级类别

依据《工程建设标准设计管理规定》，工程建设标准设计分为国家标准设计和行业、地方标准设计（表5-4）。

1）国家标准设计，是指跨行业、跨地区在全国范围内使用的标准设计。

国务院建设行政主管部门负责全国标准设计的监督管理工作，并委托中国建筑标准设计研究院负责组织编制和出版发行。

2）行业或地方标准设计，指没有国家标准设计而又需要在全国某个行业或地方行政区域内统一制定，并使用的标准设计。

国务院其他有关专业行政主管部门负责本行业标准设计的监督管理工作。省、自治区、直辖市建设行政主管部门负责本行政区域内标准设计的监督管理工作。依据《工程建设标准设计管理规定》，标准设计的编制要求考虑整体协调，行业和地方标准设计不宜与国家标准设计重复或抵触；地方标准设计也不宜与行业标准设计重复或抵触；在执行工程建设有关标准的前提下，不同系列的标准设计之间要求具有通用性。

标准设计分级类别		主管部门	使用范围
1	国家标准设计	国务院建设行政主管部门	全国范围内跨行业使用
2	行业标准设计	国务院非建设行业行政主管部门	行业内使用
	地方标准设计	省、自治区、直辖市建设行政主管部门	地区内使用

3. 工程建设标准设计的作用

1）保证工程质量

标准设计由具有较高技术资质的设计单位编制，经有关专业技术委员会审查，并按审批权限报主管部门批准颁发，从标准设计的立项编制到批准发行具有科学的组织管理和质量保证体系，因此，标准设计具有较高的权威性，对工程技术工作有重要的指导作用。恰当地选用标准设计，有利于保证工程质量。

2）提高工作效率

工程技术工作中包含大量重复性的施工或加工制作详图设计文件，编制标准设计为设计人员提供了可直接选用的标准化设计详图，简化了设计人员的重复劳动，有利于提高设计和工程建设效率。

3）促进行业技术进步

标准设计的编制要求随着新技术、新产品及国家产业政策的发展而适时更新，是新技术和新产品成熟的标志。因此，建筑标准设计对于促进科研成果的转化，新产品的推广应用和推动工程建设的产业化起到了重要的作用。结合工程实际积极采用现行标准设计，有利于提高工程技术的先进性。

4）促进行业标准化实施

标准设计对相关现行标准的示例和图示化内容，为专业人员正确理解和应用现行标准提供了方便和指导，对于工程建设标准化的实施起到了促进作用。

鉴于以上标准设计的重要作用，各类工程建设项目都应结合实际，积极采用和推广。

5.3.2 国家建筑标准设计图集

国家建筑标准设计图集，包括建筑、结构、给水排水、暖通空调、电气、动力、弱电、人防、市政工程、城市道路、轨道交通等多个行业内相关专业的标准设计，其中，建筑专业的标准设计图集，简称建筑专业图集，360多册，适用于民用建筑与一般工业建筑的新建、改建和扩建工程。

1. 建筑专业图集分类

依据国家标准设计网所列图集目录，建筑专业图集的编制主要包括以下四方面内容：

（1）适用于工业与民用建筑，有关建筑构造的通用做法标准设计，如《工程做法》《平屋面建筑构造》等。

（2）适用于某类建筑的通用做法标准设计，如《住宅建筑构造》《钢结构住宅》《车库建筑构造》《体育场地与设施》《医疗建筑》《地方传统建筑》等。

（3）符合国家建筑行业政策，体现新技术、新材料、新工艺的相关建筑产品标准设计，如《屋面节能建筑构造》《建筑节能门窗》《装配式砌块墙构造》《铝合金复合板建筑幕墙及装饰构造》等。

（4）通过设计图示化，规范解读相关建筑标准条文而编制的标准图集，如《民用建筑工程建筑施工图设计深度图样》《建筑防火设计规范》图示、《装配式住宅建筑设计标准》图示等。

此外，建筑专业图集按使用性质分为标准图、试用图和参考图，按技术类别又分为十大类，在图集编制中分别以相应的代码编号区分，建筑专业图集的技术类别详见表5-5。

建筑专业图集的技术分类　　　　　　　表5-5

类别号	名称	类别号	名称
0	总图与室外工程	6	门窗与天窗
1	墙体	8	设计图示
2	屋面	9	综合项目

类别号	名称	类别号	名称
3	楼地面		
4	梯		参考图
5	装修		标准设计蓝图

2. 建筑专业图集编号规定

建筑专业图集一般分别按专业代码、使用方式代码、技术类别代码、批准年份以及发行顺序号等统一编号，分为单行本图集、合订本图集。单行本编号格式为xxJxxx，xxSJxxx，xCJxxx，合订本编号格式为Jxxx—x—x（xxxx年合订本）。其中，"J"为建筑专业代码，"S"表示试用图，"C"表示参考图，无字母代码表示标准图。

例如：单行本建筑专业图集：05 SJ917–1《小城镇住宅通用（示范）设计——北京地区》

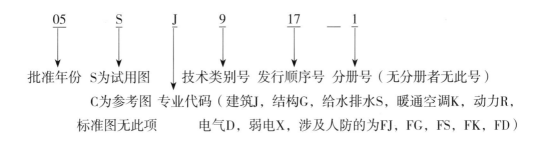

例如：合订本建筑专业图集：J502–1 ~ 3《内装修》（2003年合订本）

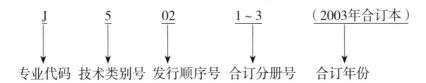

3. 标准设计图集发行

了解有关现行标准设计图集发行情况可以通过以下渠道：

（1）登录国家住房和城乡建设部网站（http://www.mohurd.gov.cn/），可通过有关标准设计的文件发布来了解即将发行的国标图集。

（2）登录国家建筑标准设计网（http://www.chinabuilding.com.cn）。该网站由中国建筑标准设计研究院主办，是有关国家建筑标准设计的大型综合性网站。通过其下设的相关栏目可了解到有关现行国家标准图集的全部信息，包括全套的现行国家建筑标准设计图集目录、内容简介、废止图集目录、全国各地国标图集的发行网点以及相关技术资料、产品信息和交流咨询频道等。

（3）地方国标图集发行网点以及建筑科技类书店。各地国标图集的发行网点可通过国家建筑标准设计网站查到。另外，有关地方、行业标准设计信息可通过国家建筑标准设计网站下设的工程建设标准设计通信栏目、地方建设网站、地方标准设计办公室网站查询，也可直接到当地国标图集发行网点及各地建筑科技类书店去了解和购买（图5-4）。

4. 建筑专业图集选用要点

（1）注意标准设计的时效性。建筑专业图集总是会随着技术和产业化发展及

图5-4　国家建筑标准设计网站——图集信息页

市场需求而不断更新、修编，因此，应关注相关信息发布，选用现行版本，及时淘汰并停止采用废止图集。

（2）注意标准设计的编制说明。在建筑专业图集的编写说明中，一般包括该图集的编写依据、适用范围、设定条件、内容概要及选用方式等，使用图集前应充分了解上述内容，有助于正确选用标准图集。特别是一般标准设计图集的修编滞后于现行标准，选用时应慎重核实。

当实际工程不符合标准图集的适用范围和设定条件时，可参考标准设计图集作相应的修改或按标准要求自行设计。

（3）注意合理采用标准设计。由于标准图集的通用性，一般都有多种标准设计可供选择，在选用时，应结合实际工程的具体要求，考虑相关专业技术条件及经济造价等因素，综合权衡，合理采用。相关经验的积累，应多向有经验的建筑师学习，并重视施工现场的实践积累。

由于地域的差异，地方建筑标准图集往往从就地取材，地方技术的成熟性、经济性以及地域的特殊性等因素出发进行编制，因此，在符合现行建筑标准的原则下，可优先考虑采用地方建筑标准设计图集。

5.3.3　国家建筑标准设计建筑专业图集分类汇编[①]（表5-6）

国家标准设计建筑专业图集分类汇编一览表　　　　表5-6

类别	序号	图集号	图集名称
总图及 室外工程	1	93J007-1	道路：行驶普通车的柔性路面
	2	93J007-2	道路：水泥混凝土路面
	3	93J007-3	道路：行驶重型车的柔性路面
	4	93J007-4	道路：水泥混凝土路面
	5	93J007-5	道路：路拱曲线与路基横断面

[①] 图集分类信息引自中国建筑标准设计网国家建筑标准设计图集目录，最新图集信息以该网站发布为准。

続表

类别	序号	图集号	图集名称
总图及室外工程	6	93J007-6	道路：人行道与简易构筑物
	7	93J007-7	道路：排水构筑物
	8	93J007-8	道路：路基边坡防护
	9	03J012-2	环境景观—绿化种植设计
	10	04J012-3	环境景观—亭、廊、架之一
	11	10J012-4	环境景观—滨水工程
	12	12J003	室外工程
	13	15J012-1	环境景观—室外工程细部构造
	14	15J001	围墙大门
	15	17J008	挡土墙（重力式、衡重式、悬臂式）
墙体	1	16J110-2、16G333	预制混凝土外墙挂板
	2	15J101、15G612	砖墙建筑 结构构造
	3	16J107、16G617	夹心保温墙建筑与结构构造
	4	13J103-7	人造板材幕墙
	5	14J105	烧结页岩多孔砖、砌块墙体建筑构造
	6	13J104	蒸压加气混凝土砌块、板材构造
	7	J111～114	内隔墙建筑构造（2012年合订本）
	8	11J122	外墙内保温建筑构造
	9	10J113-1	内隔墙—轻质条板（一）
	10	10J121	外墙外保温建筑构造
	11	03J114-1	轻集料空心砌块内隔墙
	12	03J112	中空内模金属网水泥内隔墙
	13	03J111-2	预制轻钢龙骨内隔墙
	14	03J111-1	轻钢龙骨内隔墙
	15	06J123	墙体节能建筑构造

类别	序号	图集号	图集名称
墙体	16	06J106	挡雨板及栈台雨篷
	17	07J103-8	双层幕墙
	18	04J114-2	石膏砌块内隔墙
	19	01ZJ110-1	瓷面纤维增强水泥墙板建筑构造
屋面	1	15J207-1	单层防水卷材屋面建筑构造（一）——金属屋面
	2	14J206	种植屋面建筑构造
	3	12J201	平屋面建筑构造
	4	09J202-1	坡屋面建筑构造（一）
	5	07J205	玻璃采光顶
	6	06J204	屋面节能建筑构造
	7	03J203	平屋面改坡屋面建筑构造
楼地面	1	20J333	建筑防腐蚀构造
	2	19J305	重载及特殊重载、轨道楼地面
	3	19J302	城市综合管廊工程防水构造
	4	12J304	楼地面建筑构造
	5	10J301	地下建筑防水构造
	6	08J332、08G221	砌体地沟
	7	J331、J332、G221	地沟及盖板（2009合订本）
	8	07J306	窗井、设备吊装口、排水沟、集水坑
	9	02J331	地沟及盖板
梯	1	13J404	电梯 自动扶梯 自动人行道
	2	15J403-1	楼梯 栏杆 栏板（一）
	3	15J401	钢梯
	4	03J402	钢筋混凝土螺旋梯
装修	1	16J502-4	内装修—细部构造
	2	17J509-1	住宅内装工业化设计—整体收纳
	3	16J509	铝合金护栏
	4	13J502-3	内装修—楼（地）面装修
	5	13J502-1	内装修—墙面装修

续表

类别	序号	图集号	图集名称
装修	6	12J502-2	内装修—室内吊顶
	7	11J508	建筑玻璃应用构造—栏板 隔断 地板 吊顶 水下玻璃 挡烟垂壁
	8	07SJ504-1	隔断 隔断墙（一）
	9	07J501-1	钢雨篷（一）—玻璃面板
	10	07SJ507	轻钢龙骨布面石膏板、布面洁净板隔墙及吊顶
	11	03J501-2、03G372	钢筋混凝土雨篷（建筑、结构合订本）
	12	06J505-1	外装修（一）
	13	02J503-1	常用建筑色（可撕式）
	14	03J501-2	钢筋混凝土雨篷建筑构造
	15	02J503-1	常用建筑色
门窗及天窗	1	16J602-2	彩色涂层钢板门窗
	2	19J610-3	特种门窗（三）
	3	18J621-3	通风天窗
	4	18J632	擦窗机
	5	17J610-2	特种门窗（二）
	6	17J610-1	特种门窗（一）
	7	16J604	塑料门窗
	8	16J607	建筑节能门窗
	9	16J601	木门窗
	10	13J602-3	不锈钢门窗
	11	12J609	防火门窗
	12	09J621-2	电动采光排烟天窗
	13	94J623-2	Ⅱ型混凝土天窗架建筑构造
	14	94J622-6	窗帘电动启闭设备
	15	96J622-5	立转钢侧窗电动开窗机
	16	91J622-4	中悬钢天窗、钢侧窗电动开窗机
	17	96J622-3	中悬钢侧窗螺杆式手摇开窗机
	18	98J622-2	平开窗电动开窗机

类别	序号	图集号	图集名称
门窗及天窗	19	99J622-1	钢天窗电动开窗机
	20	05J624-1	百叶窗（一）
	21	07J623-3	天窗挡风板及挡雨片
	22	J622-1 ~ 6	开窗机（2002 年合本）
	23	05J623-1	钢天窗架建筑构造
	24	05J621-1	天窗—上悬钢天窗、中悬钢天窗、平天窗
	25	04J631	门、窗、幕墙窗用五金附件
	26	04J602-1	实腹钢门窗
	27	03J611-4	铝合金、彩钢、不锈钢夹芯板大门
	28	03J601-3	模压门
	29	02J611-3	压型钢板及夹心板大门
	30	02J611-2	轻质推拉钢大门
	31	02J611-1	钢、钢木大门
	32	02J603-1	铝合金门窗
	33	01SJ606	住宅门
设计图示	1	20J813	《民用建筑设计统一标准》图示
	2	19J823	幼儿园标准设计样图
	3	18J811-1	《建筑设计防火规范》图示
	4	18J820	《装配式住宅建筑设计标准》图示
	5	12J814	《汽车库、修车库、停车场设计防火规范》图示
	6	14J818	儿童福利院标准设计样图
	7	14J819	社区老年人日间照料中心标准设计样图
	8	13J817	老年养护院标准设计样图
	9	13J815	《住宅设计规范》图示
	10	13J816	救灾物资储备库标准设计样图
	11	09J801	民用建筑工程建筑施工图设计深度图样
	12	09J802	民用建筑工程建筑初步设计深度图样
	13	06SJ803	民用建筑工程室内施工图设计深度图样
	14	06SJ805	建筑场地园林景观设计深度及图样

类别	序号	图集号	图集名称
设计图示	15	05SJ810	建筑实践教学及见习建筑师图册
	16	05SJ807	民用建筑工程设计常见问题分析及图示—建筑专业
	17	05SJ806	民用建筑工程设计互提资料深度及图样—建筑专业
	18	05J804	民用建筑工程总平面初步设计、施工图设计深度图样
综合项目	1	20J910-3	模块化钢结构房屋建筑构造
	2	21J951-1	聚乙烯丙纶卷材复合防水构造
	3	17J925-1	压型金属板建筑构造
	4	17J911	建筑专业设计常用数据
	5	19J921-1	城市地下商业空间设计示例
	6	19J921-2	城市地下空间人行出入口
	7	17J927-1	车库建筑构造
	8	17J908-2	公共建筑节能构造—夏热冬冷和夏热冬暖地区
	9	16J908-8	被动式低能耗建筑—严寒和寒冷地区居住建筑
	10	16J934-3	中小学校建筑设计常用构造做法
	11	16J914-1	公用建筑卫生间
	12	16J908-5	建筑太阳能光伏系统设计与安装
	13	16J908-6	太阳能热水系统选用与安装
	14	16J908-7	既有建筑节能改造
	15	16J916-1	住宅排气道（一）
	16	15J904	绿色建筑评价标准应用技术图示
	17	11SJ937-1（3）	不同地域特色传统村镇住宅图集（下）
	18	15J923	老年人居住建筑
	19	15J908-4	被动式太阳能建筑设计
	20	15J939-1	装配式混凝土结构住宅建筑设计示例（剪力墙结构）
	21	14J924	木结构建筑
	22	14J936	变形缝建筑构造
	23	11SJ937-2	不同地域特色村镇住宅通用图集
	24	11SJ937-1（2）	不同地域特色传统村镇住宅图集（中）

类别	序号	图集号	图集名称
	25	11SJ937-1（1）	不同地域特色传统村镇住宅图集（上）
	26	14J938	抗爆、泄爆门窗及屋盖、墙体建筑构造
	27	14J913-2	住宅厨房
	28	14J914-2	住宅卫生间
	29	13J913-1	公共厨房建筑设计与构造
	30	12J926	无障碍设计
	31	13J927-3	机械式停车库设计图册
	32	13J933-2	体育场地与设施（二）
	33	12J912-2	常用设备用房—锅炉房、冷（热）源机房、柴油发电机房、水泵房
	34	11J934-2	中小学校场地与用房
	35	11J934-1	《中小学校设计规范》图示
	36	11J935	幼儿园建筑构造与设施
	37	11J930	住宅建筑构造
综合项目	38	10J932	农村中小学校标准设计样图
	39	10J929	乡镇卫生院建筑标准设计样图
	40	08J933-1	体育场地与设施（一）
	41	09J908-3	建筑围护结构节能工程做法及数据
	42	09SJ903-1	中小套型住宅优化设计
	43	J909、G120	工程做法（2008年建筑结构合订本）
	44	04J906	门窗、幕墙风荷载标准值
	45	09J940	皮带运输机通廊建筑构造
	46	08J907	洁净厂房建筑构造
	47	08J927-2	机械式汽车库建筑构造
	48	08J931	建筑隔声与吸声构造
	49	08SJ928	社区卫生服务中心和服务站
	50	07J902-3	医疗建筑 卫生间、淋浴间、洗池
	51	07J902-2	医疗建筑 固定设施
	52	07J912-1	变配电所建筑构造
	53	06J908-1	公共建筑节能构造—严寒和寒冷地区

类别	序号	图集号	图集名称
	54	07J920	城市独立式公共厕所
	55	07J905-1	防火建筑构造（一）
	56	07J901-2	实验室建筑设备（二）
	57	07J901-1	实验室建筑设备（一）
	58	06J902-1	医疗建筑门、窗、隔断、防 X 射线构造
	59	05SJ919	小城镇住宅建筑构造
	60	05SJ918-8	传统特色小城镇住宅——浙江嘉兴、台州地区
	61	05SJ918-7	传统特色小城镇住宅——北京地区
	62	05SJ918-6	传统特色小城镇住宅——东北地区
	63	05SJ918-5	传统特色小城镇住宅——新疆伊犁、吐鲁番、喀什、和田地区
	64	05SJ918-4	传统特色小城镇住宅——山西晋中地区
	65	05SJ918-3	传统特色小城镇住宅——丽江地区
	66	05SJ918-2	传统特色小城镇住宅——泉州地区
综合项目	67	05SJ918-1	传统特色小城镇住宅——徽州地区
	68	05SJ917-9	小城镇住宅通用（示范）设计——广西南宁地区
	69	05SJ917-8	小城镇住宅通用（示范）设计——重庆地区
	70	05SJ917-7	小城镇住宅通用（示范）设计——广东东莞地区
	71	05SJ917-6	小城镇住宅通用（示范）设计——福建福州地区
	72	05SJ917-5	小城镇住宅通用（示范）设计——浙江绍兴地区
	73	05SJ917-4	小城镇住宅通用（示范）设计——陕西西安地区
	74	05SJ917-3	小城镇住宅通用（示范）设计——青海西宁地区
	75	05SJ917-2	小城镇住宅通用（示范）设计——辽宁抚顺地区
	76	05SJ917-1	小城镇住宅通用（示范）设计——北京地区
	77	05J910-2	钢结构住宅（二）
	78	05J910-1	钢结构住宅（一）
	79	05J909	工程做法
	80	03J922-1	地方传统建筑—徽州地区

类别	序号	图集号	图集名称
参考图	1	21CJ40-57	建筑防水系统构造（五十七）
	2	22CJ94-1	隔声楼面系统—HTK隔声材料
	3	21CJ104-1	水性EAU地（路）面面层工程做法——水性EAU无硫净味运动场地、复合树脂彩色路面及地坪面层
	4	21CJ86-5	抑渗特建筑防水系统构造
	5	21CJ40-59	建筑防水系统构造（五十九）
	6	21CJ40-58	建筑防水系统构造（五十八）
	7	21CJ66-2	轻质内隔墙板建筑构造——望沛自由石硫氧镁SOM板（TJ板）
	8	21CJ86-6	胜堡（SCHOMBURG）建筑防水系统构造
	9	21CJ40-56	建筑防水系统构造（五十六）
	10	21CJ95-3	装配式保温楼地面建筑构造—DN保温隔声地暖系统
	11	21CJ40-4	建筑防水系统构造（四）
	12	21CJ86-4	JX抗裂硅质刚性防水系统建筑构造
	13	21CJ40-55	建筑防水系统构造（五十五）
	14	21CJ94-2	保温隔声浮筑楼面系统构造——FC保温隔声材料
	15	21CJ101-1	装配式电梯层门门套——高力装配式电梯层门防火门套
	16	21CJ102-1	喷涂硬泡聚氨酯防水保温一体化（一）
	17	20CJ40-52	建筑防水系统构造（五十二）
	18	20CJ40-54	建筑防水系统构造（五十四）
	19	20CJ100-1	铁路隧道防护门（一）——玻璃钢轻质防护门
	20	18CJ40-37	建筑防水系统构造（三十七）
	21	20CJ93-2	地下建筑防水构造（二）
	22	20CJ40-51	建筑防水系统构造（五十一）
	23	20CJ40-44	建筑防水系统构造（四十四）
	24	20CJ90-1	喷筑墙体建筑构造—明阳高性能喷筑墙体
	25	20CJ96-1	外墙内保温建筑构造（一）——FLL预拌无机膏状保温材料内保温构造

続表

类别	序号	图集号	图集名称
	26	20CJ88-1 20CS02-1	餐厨废弃物智能处理设备选用与安装（一）
	27	20CJ86-3	凯顿（KRYTON®）建筑防水系统构造
	28	20CJ99-1 20CG49-1	纤维增强复合材料拉挤型材（FRP）建筑部品（一）——集成空调围护架、集成飘窗、围墙护栏、靠墙扶手、预制夹芯保温墙板用拉结件
	29	20CJ73-2	铝合金节能门窗——格瑞德曼外保温门窗系统
	30	20CJ40-48	建筑防水系统构造（四十八）参考图集
	31	20CJ40-1	建筑防水系统构造（一）
	32	20CJ40-49	建筑防水系统构造（四十九）—durab® 防水系统
	33	20CJ95-1	装配式保温楼地面建筑构造—FD 干式地暖系统
	34	20CJ40-50	建筑防水系统构造（五十）
	35	20CJ70-3	耐腐蚀压型金属板建筑建筑构造—欧玛覆膜板
	36	19CJ87-2	采光、通风、消防排烟天窗（二）—屋面节能通风装置
	37	19CJ40-12	建筑防水系统构造（十二）
参考图	38	19CJ40-46	建筑防水系统构造（四十六）
	39	19CJ83-4	外墙外保温系统建筑构造（四）—钢管混凝土束结构岩棉薄抹灰外墙外保温系统
	40	19CJ60-5	防火、抗爆、泄爆板建筑构造—玻特防火板、钢贝特抗爆板、保贝特泄爆板
	41	19CJ85-1	装配式建筑蒸压加气混凝土板围护系统
	42	19CJ40-2	建筑防水系统构造（二）——科顺系列防水产品
	43	19CJ92-1	建筑铜铟镓硒薄膜光伏系统设计与安装（一）
	44	19CJ81-2	发泡陶瓷墙板隔墙建筑构造—绿能 LSEE 发泡陶瓷墙板
	45	19CJ40-38	建筑防水系统构造（三十八）
	46	19CJ80-2	ANP 铝锥芯板幕墙与室内装饰应用及安装
	47	19CJ40-43	建筑防水系统构造（四十三）
	48	19CJ91-1	树脂板防腐蚀建筑构造—TDN 高分子复合板
	49	19CJ72-5	水泥基非承重墙板建筑构造—藏建 SPC 板
	50	19CJ93-1	地下建筑防水构造（一）

类别	序号	图集号	图集名称
参考图	51	19CJ89-1	(仿)古建筑屋面防水构造(一)
	52	19CJ40-6	建筑防水系统构造(六)
	53	19CJ83-3	外墙外保温系统建筑构造(三)—万华聚氨酯岩棉复合板保温系统
	54	19CJ86-2	FQY结构自防水系统构造
	55	19CJ83-2	外墙外保温系统建筑构造(二)
	56	19CJ40-42	建筑防水系统构造(四十二)
	57	18CJ87-1	采光、通风、消防排烟天窗(一)
	58	19CJ86-1	赛柏斯(XYPEX)® 建筑防水系统构造
	59	18CJ40-39	建筑防水系统构造(三十九)
	60	18CJ40-41	建筑防水系统构造(四十一)
	61	18CJ40-40	建筑防水系统构造(四十)
	62	18CJ67-2、18CG44-1	低、多层装配式建筑—远大轻型木结构建筑
	63	18CJ40-35	建筑防水系统构造(三十五)
	64	18CJ40-33	建筑防水系统构造(三十三)
	65	18CJ60-2	纤维增强水泥挤出成型中空墙板建筑构造—恒通墙板
	66	18CJ40-36	建筑防水系统构造(三十六)
	67	18CJ60-4	昆仑晶石(KL)外墙装饰挂板建筑构造
	68	18CJ84-1	AW网织增强保温板(安围板)建筑构造
	69	18CJ09-1	防水透汽膜建筑构造—特卫强防水透汽膜、隔汽膜
	70	18CJ72-4	水泥基纤维复合保温轻质板材建筑构造——冀东FCL板
	71	18CJ40-32	建筑防水系统构造(三十二)
	72	18CJ60-3	纤维增强水泥外墙装饰挂板建筑构造—金邦板幕墙、外围护复合墙体系统
	73	18CJ83-1	外墙外保温系统建筑构造(一)
	74	18CJ40-31	建筑防水系统构造(三十一)
	75	18CJ40-3	建筑防水系统构造(三)

续表

类别	序号	图集号	图集名称
参考图	76	18CJ77-3	装饰砂浆工程做法—华砂彩色装饰砂浆系统
	77	17CJ72-2、17CG41	轻型板式建筑围护构造—际洲板
	78	18CJ40-27	建筑防水系统构造（二十七）
	79	17CJ40-28	建筑防水系统构造（二十八）
	80	17CJ40-30	建筑防水系统构造（三十）
	81	17CJ40-26	建筑防水系统构造（二十六）
	82	17CJ80-1	铝合金复合板建筑幕墙及装饰构造—BHOWA 西蒙瓦楞复合板
	83	17CJ40-25	建筑防水系统构造（二十五）
	84	17CJ77-2	聚合物水泥砂浆系统工程做法—"申泰"防水、粘结系统
	85	17CJ70-2	耐腐蚀压型钢板建筑构造
	86	17CJ40-29	建筑防水系统构造（二十九）
	87	17CJ36-1	屋面防水系统建筑构造（一）
	88	17CJ74-1	钢结构箱式模块化房屋建筑构造（一）
	89	17CJ40-22	建筑防水系统构造（二十二）
	90	17CJ62-2	塑料防护排（蓄）水板建筑构造（二）——法莱宝排（蓄）水板系统
	91	17CJ76-1	泡沫玻璃保温防水紧密型系统建筑构造—风格（FOAMGLAS）
	92	17CJ40-20	建筑防水系统构造（二十）
	93	17CJ81-1	轻质陶瓷板系统建筑构造
	94	17CJ40-23	建筑防水系统构造（二十三）
	95	17CJ78-1	轻质保温装饰板建筑构造
	96	17CJ23-2	《自粘防水材料建筑构造（二）》
	97	17CJ40-18	建筑防水系统构造（十八）
	98	17CJ40-21	建筑防水系统构造（二十一）
	99	17CJ40-24	建筑防水系统构造（二十四）
	100	17CJ40-17	建筑防水系统构造（十七）
	101	17CJ40-19	建筑防水系统构造（十九）

类别	序号	图集号	图集名称
参考图	102	17CJ10-1	LEAC 丙烯酸聚合物水泥防水涂料应用构造
	103	16CJ70-1	双层金属板建筑构造（一）—艺科（ECOTEEL）双层金属板
	104	16CJ75-1	合成高分子卷材防水系统构造（一）
	105	18CJ79-1、18CG40	装配式砌块墙构造（一）
	106	16CJ35-2	膨胀珍珠岩板隔墙建筑构造——卉原膨胀珍珠岩板系列
	107	16CJ40-15	建筑防水系统构造（十五）
	108	16CJ77-1	瓷砖胶铺贴系统（陶瓷砖与石材）构造
	109	16CJ40-16	建筑防水系统构造（十六）
	110	16CJ41-2	SY 聚乙烯丙纶卷材复合防水构造
	111	16CJ40-14	建筑防水系统构造（十四）
	112	16CJ66-1	轻质内隔墙板建筑构造——达壁美轻质节能内隔墙板
	113	16CJ40-11	建筑防水系统构造（十一）
	114	16CJ71-2	柔性饰面材料（二）—TYSIN 软质仿石（砖）墙面装饰系统
	115	16CJ71-1	柔性饰面材料（一）—HCZ 宏成柔性饰面砖系统
	116	16CJ40-13	建筑防水系统构造（十三）
	117	16CJ68-1	村镇用轻型钢结构建筑混凝土板柱建筑构造
	118	16CJ65-1	玻纤增强聚氨酯节能门窗—克络蒂门窗系列产品
	119	16CJ69	垂直滑动窗
	120	16CJ23-4	自粘防水材料建筑构造（四）
	121	16CJ73-1	铝木复合节能门窗——瑞明铝木复合门窗系统
	122	16CJ40-10	建筑防水系统构造（十）
	123	16CJ67-1	古松现代重木结构建筑
	124	16CJ23-3	自粘防水材料建筑构造（三）（参考图集）
	125	15CJ40-8	建筑防水系统构造（八）
	126	15CJ40-9	建筑防水系统构造（九）
	127	15CJ64-1	建筑室内防水构造（一）

类别	序号	图集号	图集名称
参考图	128	15CJ60-1	纤维增强水泥装饰墙板建筑构造——日吉华墙板系列产品
	129	15CJ28	无机集料阻燃木塑复合条板建筑构造
	130	15CJ61	DFZ 防水保温一体化系统
	131	15CJ55	聚酯防腐板建筑构造
	132	15CJ40-7	建筑防水系统构造（七）
	133	15CJ62-1	塑料防护排（蓄）水板建筑构造——HW 高分子防护排（蓄）水异型片
	134	15CJ40-5	建筑防水系统构造（五）
	135	15CJ52	爱棍建筑外遮阳系统
	136	14CJ59	丁基自粘防水材料建筑构造
	137	14CJ58	富粘地下防水构造—机械咬合式预铺防水卷材系统
	138	14CJ54	澎内传防水系统构造
	139	14CJ50	澳绒板室内装饰装修应用构造
	140	14CJ29	VTF 与 TDF 集成防水、保温体系建筑构造
	141	14CJ49	混凝土榫卯空心砌块建筑构造—太极金圆墙体系列材料
	142	14CJ51	JY 硬泡聚氨酯复合板外墙外保温建筑构造
	143	14CJ38	不同地域特色村镇住宅设计资料集
	144	13CJ43	建筑陶瓷薄板和轻质陶瓷板工程应用（幕墙、装修）
	145	13CJ44	方兴压型合成树脂板屋面及墙体建筑构造
	146	13CJ47	防水透汽膜、隔汽膜、热反射膜建筑构造——普瑞玛、英纬系列产品
	147	13CJ48	JL 无机轻集料砂浆保温系统建筑构造
	148	13CJ45	HBL 聚氨酯板保温系统建筑构造
	149	13CJ39	混凝土密封固化楼地面
	150	13CJ42	天意无机保温板系统建筑构造
	151	13CJ41	GFZ 聚乙烯丙纶增强复合防水构造（参考图集）
	152	13CJ06-2	开窗机（二）—消防联动智能开窗机（参考图集）

类别	序号	图集号	图集名称
参考图	153	13CJ37	YT无机活性保温材料系统建筑构造（参考图集）
	154	12CJ35	珍珠岩吸声板吊顶与墙面构造—崔申珍珠岩吸声板（参考图集）
	155	12CJ34	陶粒泡沫混凝土砌块墙体建筑构造（参考图集）
	156	11CJ26、11CG13-1	房屋建筑工程施工工法图示（一）—外墙外保温系统施工工法（参考图集）
	157	11CJ33	通风采光天窗（参考图集）
	158	11CJ23-1	自粘防水材料建筑构造（一）（参考图集）
	159	11CJ24	高强度中空采光板门窗（参考图集）
	160	11CJ32	住宅太阳能热水系统选用及安装（参考图集）
	161	11CJ31	TF无机保温砂浆外墙保温构造（参考图集）
	162	11CJ25	ZL轻质砂浆内外组合保温建筑构造（参考图集）
	163	11CJ30	矿物纤维喷涂保温、吸声构造（参考图集）
	164	11CJ27	铝塑共挤节能门窗（参考图集）
	165	10CJ21	喷涂高分子橡胶沥青防水涂料建筑构造—MCT喷涂速凝防水涂料（参考图集）
	166	10CJ16	挤塑聚苯乙烯泡沫塑料板保温系统建筑构造（参考图集）
	167	09CJ19	高强薄胶泥粘贴面砖及石材构造（参考图集）
	168	09CJ18、09CG11	钢框轻型屋面板（参考图集）
	169	08CJ17	快速软帘卷门 透明分节门 滑升门 卷帘门（参考图集）
	170	08CJ14	水泥基自流平楼地面建筑构造（参考图集）
	171	08CJ13	钢结构镶嵌ASA板节能建筑构造（参考图集）
	172	07CJ12	节能铝合金门窗—蓝光系列（参考图集）
	173	07CJ11	铝塑复合板幕墙建筑构造—"加铝"开放式幕墙系统（参考图集）
	174	07CJ08	医院建筑施工图实例（参考图集）
	175	06CJ06-1	开窗机（一）（参考图集）
	176	06CJ05	蒸压轻质砂加气混凝土(AAC)砌块和板材建筑构造（参考图集）

类别	序号	图集号	图集名称
参考图	177	07CJ03-1	轻钢龙骨石膏板隔墙、吊顶（参考图集）
	178	07CJ15	波形沥青瓦、波形沥青防水板建筑构造（参考图集）
	179	06CJ07	改性膨胀珍珠岩外墙保温建筑构造—XR 无机保温材料（参考图集）
	180	05CJ04	合成树脂（复合塑料）瓦屋面建筑构造（参考图集）
	181	04CJ02	飞机库大门（参考图集）
标准设计蓝图	1	01J618(二)	天窗—轻质新型钢天窗
	2	91SJ803	中悬钢天窗（1/2、1/4 中悬）
	3	93SJ604	厂房特种门通用五金零件
	4	86J334	湿陷性黄土地区室内检漏管沟

参考文献

［1］ 丛培经．工程项目管理［M］．北京：中国建筑工业出版社，2006．

［2］ 卢达溶．工业系统概论［M］．北京：清华大学出版社，1999．

［3］ 曹善琪，解坤．当代城城乡建设实用词汇［M］．北京：中国建筑工业出版社，2014．

［4］ 中华人民共和国建设部．工程设计资质标准：2007年修订本［M］．北京：中国建筑工业出版社，2007．

［5］ 梁昊光，叶大华．中国建筑设计产业的国际比较与发展战略研究［J］．北京建筑大学学报，2014，30（3）：9-13．

［6］ 中国建筑标准设计研究院，北方工业大学建筑学院．国家建筑标准设计图集05SJ810建筑实践教学及见习建筑师图册［M］．北京：中国计划出版社，2005．

［7］ 郁煜．设计院组织结构优化探讨［N］．中华建筑报，2011-08-23（11）．

［8］ 于春普．试论勘察设计市场管理的改革［J］．北京规划建设，2001（5）：36-38．

［9］ 修璐，等．勘察设计行业调整与发展［M］．北京：机械工业出版社，2003．

［10］ 张力，马陆亭．中国特色现代大学制度建设理论与实践［M］．上海：华东师范大学出版社，2013．

［11］ 曹纬浚．注册岩土工程师执业资格考试基础考试复习教程［M］．北京：人民交通出版社，2012．

［12］ 张宏然．建筑师职业教育［M］．北京：中国建筑工业出版社，2008．

［13］ 张毅．工程项目建设程序：第2版［M］．北京：中国建筑工业出版社，2018．

［14］ 当代中国建筑设计现状与发展研究课题组．当代中国建筑设计现状与发展［M］．南京：东南大学出版社，2014．

［15］ 住房和城乡建设部执业资格注册中心．建筑经济、施工与设计业务管理［M］．北京：中国建筑工业出版社，2012．

［16］《建筑创作》杂志社．中国建筑设计三十年1978-2008［M］．天津：天津大学出版社，2009．

［17］ 张晓峰，刘嘉璐．建筑法规［M］．成都：四川大学出版社，2016．

［18］ 朱向军，等．建设高职人才培养模式研究［M］．北京：知识产权出版社，2007．

［19］ 曹亮功，曹雨佳．建筑策划原理与实务［M］．北京：中国建筑工业出版社，2018．

［20］ 潜进. 一本书看透房地产：房地产开发全流程强力剖析［M］. 北京：中国市场出版社，2015.

［21］ 约瑟夫·A. 德莫金. 建筑师职业手册［M］. 葛又情，译. 北京：机械工业出版社，2005.

［22］ 姜涌. 建筑师职能体系与建造实践［M］. 北京：清华大学出版社，2005.

［23］ 朱宏亮，张伟，卜炜玮. 建设法规教程（第二版）［M］. 北京：中国建筑工业出版社，2019.

［24］ 常丽莎，洪艳，邓小军，等. 建筑法规［M］. 杭州：浙江大学出版社，2009.

［25］ 李永福，史伟利，张绍河. 建设法规［M］. 北京：中国电力出版社，2008.

［26］ 上海市建设工程咨询行业协会编写组，同济大学复杂工程管理研究院. 建设工程项目管理服务大纲和指南［M］. 上海：同济大学出版社，2018.

［27］ 徐友彰. 工程项目管理操作手册［M］. 上海：同济大学出版社，2008.

［28］ 周颖. 手把手教您绘制建筑施工图［M］. 北京：中国建筑工业出版社，2013.

［29］ 中国建筑科学研究院有限公司基于BIM平台的指挥建设多方协同管控平台（EPC）的相关文件.

［30］ 万科集团设计管理流程，万科房地产开发有限公司管理文件.

［31］ 乐云，朱盛波. 建设项目前期策划与设计过程项目管理［M］. 北京：中国建筑工业出版社，2010.

［32］ 上海申康医院发展中心. 上海市级医院建筑信息模型应用指南（2017版）［M］. 上海：同济大学出版社，2017.